我所理解的
流体力学

王洪伟 著

（第2版）

Fluid Mechanics
as I Understand it

Second Edition

国防工业出版社

·北京·

内 容 简 介

本书是站在学习者的角度来写的，目的是通过本书让读者更深入地理解流体力学的原理，使之成为自己真正掌握并可以运用的知识。和现有教材及相关图书相比，本书的一个特色是尽量使用力学基本概念并以通俗的方式表述，更易于为学习者所接受。另一个特色是作者专门绘制了大量既精美又保持了科学性的插图，增加了学习的趣味性，并有助于对流动的理解。另外，书中还对众多生活中的流动现象进行了深入的分析，比如：下落中的雨滴是什么形状的？朝天开枪，落下来的子弹会不会打死人？用橡胶管放水时，捏扁出口为什么会使流速增加？等等。通过阅读本书，读者会发现，其实这些都是可以用基本的流体力学知识解释的。

尽管不是一本传统意义上的教材，本书各章节内容仍然基本涵盖了普通高等院校流体力学教学大纲的所有内容，适合作为相关专业的专科生、本科生教材或教学辅助资料，也适合研究生和广大工程技术人员自学和参考。

图书在版编目（CIP）数据

我所理解的流体力学 / 王洪伟著．--2版．--北京：国防工业出版社，2019.4（2024.10重印）
ISBN 978-7-118-11803-2

Ⅰ．①我… Ⅱ．①王… Ⅲ．①流体力学 Ⅳ．①O35

中国版本图书馆CIP数据核字（2019）第027643号

※

*国防工业出版社*出版发行
（北京市海淀区紫竹院南路23号 邮政编码 100048）
雅迪云印（天津）科技有限公司印刷
新华书店经售

*

开本 710×1000 1/16 印张 20 字数 355千字
2024年10月第2版第7次印刷 印数 22001—26000册 定价 79.00元

（本书如有印装错误，我社负责调换）

国防书店：（010）88540777	书店传真：（010）88540776
发行业务：（010）88540717	发行传真：（010）88540762

序 言

　　流体运动是自然界普遍存在的现象，大至宇宙，小到细胞，无所不在。人类的生活、生产活动与流体运动密切相关，人类在这过程中逐渐积累经验、增进认识。史前时期，人类所用的武器已从简单的石头棍棒发展到流线型尖矛。大禹治水，疏而不堵。李冰分流诱导，使都江堰成为迄今所知世界留存最早的水利工程，两千多年来润泽川西平原，造就天府之国。这些事实表明，在古代人类对流体运动的认识已有一定深度，并用于解决实际问题。

　　16 世纪，文艺复兴巨匠达·芬奇对流体运动的研究作出了诸多贡献，推导出了一维不可压粘性流动质量守恒方程，并对波动、漩涡等的形成进行了研究。文艺复兴开启了将流体运动的研究从经验到科学的转变，催生了现代流体力学。

　　长期以来，城市给排水系统、水利工程、船舶建造和航海业一直是流体力学研究的原动力。人类对飞向蓝天，而且飞得更快、更高，甚至太空航行的追求，催生了流体力学三个新的分支，它们是机翼理论、气体动力学和稀薄气体力学。1903 年，莱特兄弟飞机的发明，第二次世界大战后超声速飞机的问世，1957 年第一颗人造卫星的升空，既是这三个分支成果的体现，也进一步刺激和推动了它们的发展。

　　血液在血管中的流动是流体力学研究的又一重要领域。心脏搏动引起的流动非定常性，血液作为流体介质所具有的特殊性质，血管壁的特性等，涉及许多新的问题。

　　由于流体力学在国民经济、军事等诸多领域得到了广泛应用，并已经开展了系统深入的研究，因此除湍流的科学问题至今仍未得到解决外，其他部分已发展到很高的水平，在国内外也已出版了很多书籍。在这样的背景下，王洪伟博士出版这本书还有其立足之地吗？他是经过了深思熟虑的，理清思路，看准有别于已有其他书籍的特点，才下定了决心！归结起来，本书有如下特点。

　　本书的第一个特点是力求用自己的感悟点燃读者心中对流体力学求知的火焰。科学是严谨的，公式是死板的，然而对规律的数学描写却能最深刻地反映科学的内在本质。本书没有刻意回避公式，而是力求用自己对流体力学及其公式的理解，揭示出公式与生活（广义的）的紧密联系，生动活泼，生趣盎然，兴趣油然而生，足以点燃读者内心的火焰。

　　流体力学是一门科学，因而是美的。之所以美，是因为它揭示的科学规律及其数学表达是激动人心的，是和谐的，甚至有些展示流体运动的照片本身就是造诣极高的艺术作品。俄罗斯的科学家就曾以此做成图册赠送国外同行。本书的第二个特点是力求揭示流体力学内在的美。他不仅用文字，而且用大量的彩图启示读者对美的领悟，为此他精心绘制了书中所有的插图。不仅如此，排版也都是他自己完成，以保证能充分体现本书的宗旨，著者本人是很看重这一点的。

华罗庚曾说，读书要由厚到薄，再由薄到厚。由厚到薄，就是从大量材料中提炼领悟其精华。本书的第三个特点就是对流体力学知识的"再加工"。著者根据他对流体力学的深彻理解，用自己简洁生动的语言，勾划出流体力学的基础和精华，非常有助于读者深入理解流体力学的内核、本质。

本书将科学的严谨性与文字的易读性结合，用流体力学的美点燃读者内心的火焰，应该会是一本广受读者欢迎的好书。

陈懋章
2014 年 9 月

第 2 版前言

本书在 2014 年出版后,得到了广大学生和技术人员的认可,印刷了 6 次共 12000 册。经过几年的读者反馈,结合作者近几年教学中的一些新的体会,对原书进行了修订形成了第 2 版。本书相较第 1 版主要增加了一些内容,并对全文语言进行了局部改动。现把主要改动列出如下。

(1)在各章后面增加了扩展知识和思考题两部分内容。扩展知识部分在深度和相关工程应用方面进行了一些扩展,让读者能对本学科的发展现状有更深入的认识。每一章给出几个思考题,有些涉及容易混淆的基本概念,有些尝试从应用方面加深流体力学理论的理解。

(2)第 9 章的流动实例分析从 21 个增加到 25 个。其中的列车进站和机翼升力原理两个实例是科普中经常举例的流动现象,属于身边的流体力学知识,但很多科普的解释存在问题。另两个实例中的热机和压气机是使用流体为工质的流体机械。通常在相关专业书籍中讲述这类机械时使用专门的理论,本书则尝试从基本流体力学原理出发来理解它们的工作原理。

(3)部分正文增加了一些内容,比如第 4 章能量方程部分增加了焓方程和熵方程,并讨论了引起流体总焓变化的因素,以及轴功在具体流动中的表现形式。在第 4 章最后还增加了一节介绍流动方程的几个解析解。

(4)改正了几处错误。比如 3.2 节原来讲脉线的部分叙述有错误,而脉线在讲述流体力学原理上并不是十分有用,所以这一版删去了这里的脉线部分,而在该章末尾的扩展知识中对脉线做了一点补充。

(5)对一些图进行了重新绘制,希望表述更清晰。

(6)对全书进行了重新编辑和排版,希望能更方便读者阅读学习。

另外,在这一版中,页脚的翻页动画仍然保留,左侧是随雷诺数增大时圆柱绕流的流场脉线变化,右侧是随马赫数增大时圆柱绕流的压力分布变化。

最后,作者要借此机会感谢陈懋章老师在百忙之中为本书精彩作序。

王洪伟

2018 年 8 月于北京航空航天大学

第 1 版前言

本书是站在学习者的角度来写的,所以书名取为"我所理解的流体力学"。全书的核心就是"理解",没有例题,更没有习题,目的是能让读者在相对轻松的阅读中领会流体力学的原理,欣赏流体运动的美妙。

苏格拉底说:"教育的本质是点燃火焰。"近来还流行一句话:"你永远无法叫醒一个装睡的人。"学习实在是一件很私人的事,只有学习者才能决定学习的效果。教师在讲台上唾沫横飞,学生在下面埋头大睡的现象司空见惯。课本对知识的涵盖再广泛,论述再深入,逻辑再缜密,但如果没人愿意读,也就体现不了它的价值。事实上,好奇是人类的本能,而学习则是生活的本质,专门进行学习活动的教学怎么会成了磨灭学习兴趣的凶手了呢?

说一个不太沾边的,我从小到大最喜欢的书是《红楼梦》,到现在已经读了几十遍,可以说是百看不厌。但是,初中的时候,我们的语文课本是有《红楼梦》选段的,而且是很精彩的"林黛玉进贾府"。可是,无论在当时,还是现在回想起来,那个课文就根本没给我带来一丝好感,而是沉浸在段落大意和中心思想的分析之中,文字的精彩已经完全消失不见了。

说一个沾边的,现代物理中最为老百姓津津乐道的人物和理论莫过于爱因斯坦和他的相对论了。作为一个理工科大学生,按理来说应该理解并掌握这一理论。然而,除了少数物理专业的学生,绝大多数的大学生对这个一百多年前建立的理论却完全不能理解,这其中也曾包括我自己,而我还是个力学方面的大学教师!本来上大学物理的时候,有关相对论的教学内容并不少,但不是考试重点,于是也就没当回事。可是,在课外读的一些科普文章却让我理解了相对论的原理,而且发现它其实根本不像宣传的那么深奥难懂。再回去看教材,就可以在理解的基础上用相对论理论解决一些问题了。

可见,作为一本介绍科学知识的读物,无论是教材,还是专著,亦或是科普读物,能让读者感兴趣,并且能用通俗易懂的方式让读者理解那些所谓的高深理论,是非常重要的。我们的教材,真的应该放下身段,从学习者的角度去考虑问题,让更多的人可以在教材中领略科学之美,而不是非要去科普中热爱科学。严谨和通俗并不是对立的两面,为什么不能既保持论述的科学性,又能让读者更易懂一些呢?

对知识深入理解后再以他人更易懂的方式叙述出来,应该是科学工作者,尤其是教师们的责任和义务。这其实也是个创造的过程，可称为对知识的"再加工"。实际上我们所学的知识都是或多或少地被"再加工"后写出来的。作为科学书籍的编著者，更应该努力对知识进行深入的"再加工"，而不是照本宣科。原创的发现和发明固然重要，对知识的"再加工"和传播才是让其发挥作用的关键。我本人也曾本着瞻仰名著、附庸风雅的思想，买了欧几里德的《几何原本》和牛顿的《自然哲学之数学原理》，几经努力，至今也只翻过几页而已，先前还放在书架上撑门面，现在早已收入床底下了。可是，我还是对经典几何和经典力学有不错的掌握啊，这都要感谢众多理解了这些知识的前辈编写的相关书籍。可见好的教材不只是知识的简单重述，而是一个非常有贡献的创造过程。

作者本人在还是学生的时候，在课堂上学习知识之余，还有个爱好就是研究老师的讲解方式。通过对比我和老师对知识的理解，分析为什么老师这样讲就能听懂，那样讲就不容易听懂。就这样研究来研究去，最后我就也当了老师，而且很自然我热爱教学工作，也能得到学生的认可。在十多年的教学工作中，从一开始的注重备课和教学方法，到后来的注重知识的理解和学生的反应，我完成了从教育者到学习者的一个反向转化过程。现在我把每一次上课都当成自己的一次新的学习机会，在讲课过程中，我的心中不断涌起新的疑问，经常可以对知识有新的感悟，这就是一个学生在上课时应该有的状态吧。我想，既然我对所教的知识有自己独到的理解，就应该把它写出来，让更多的人能看到，说不定可以对大家有帮助呢，于是我就开始写这本书了。

但是，把自己的理解公开出版是有风险的，一不小心就可能理解错误，而且写在教科书上，误导了学生就不好了，也会很没面子。我想这也可能是很多老师虽然上课时可以眉飞色舞、鲜活生动，写出教材来却又晦涩难懂、生硬刻板的原因吧。可是，如果完全遵循原著，像流体力学这样的经典知识真的还需要再写一本书吗？于是我决定冒天下之大不韪，就要写这样一本书，而且书名就叫《我所理解的流体力学》。

当我有一次把这个想法说给一起教课的老师的时候，他说我的名字起得有点大了。我才意识到，书名字里面带"我"字的貌似都是名人。尤其是我上网一查，韩寒还出版过一个作品集叫《我所理解的生活》。真是冤枉，我之前可真没看过他的这个书名啊（不过我还真买来一本看了，还挺好看的）。不管怎么说，我的本意是：既然是自己的理解，就可能会有问题甚至错误，所以要实事求是地加上一个"我所理解的……"字样。这样还有一个好处，一旦出现错误，我就可以说："由于本人水平有限，书中不可避免地存在漏洞和错误……"。

好了，言归正传，介绍一下本书的内容和特点。

本书当然不是科普书，事实上完全可以当作教材来用，只需要辅以另外的例题和习题就可以了。书中存在着大量的公式和推导，甚至比起多数《工程流体力学》教材还要多。有人说，每多一个公式就会吓跑一个读者，我承认这可能是对的。不过，吓跑读者其实不一定需要公式，之前提到的牛顿的《自然哲学之数学原理》里面的公式其实很少，但其易读性比起相同内容的，使用众多公式的现代教材可要差多了。毕竟数学是科学的语言，作者完全没打算弱化数学的作用。相反，作者还希望通过本书对数学公式的解释，让读者更深入地理解一些数学知识。

和现有教材及相关图书相比，本书是具有鲜明特色的。其中最直观的就是书中有大量精美的彩图。这些图都是作者自己绘制的，当然参考了相关的图书，但体现在本书中时，作者力图在科学性和美观性之间达到平衡。可以保证，所有曲线图形都可以直接作为工程应用的参考，所有的流动图像都符合实际的流动图画。在本书的最后一章，作者还精选了 21 个有趣又有用的流动实例，进行了较为深入的分析，让读者体会学以致用的乐趣。比如：下落中的雨滴是什么形状的？为什么给草地浇水时捏扁出口射流速度会增大？只要勤于思考，每一个学过了流体力学基本知识的人都应该可以解释这些生活中的现象。

尽管不是一本传统意义上的教材，本书的章节和内容仍然基本涵盖了普通高等教育要求的流体力学教学的所有内容，适合作为辅助教材和学生的自学资料，也适合研究生和相关工程技术人员自学。对于初次接触流体力学的读者，采用本书作为教材或者自学资料，会发现书中大量使用了经典物理、理论力学和固体力学中的概念，因此并不需要特别地把流体力学当做一门全新的知识来学，这样学习起来会更加轻松。对于以前已经学过流体力学，现在想复习的人来说，本书以理解为核心的方式也很适合复习之用，大可把本书当作教材 + 笔记来读。

最后提一下，本书的页码中隐藏着一个彩蛋，献给亲爱的读者们。用一句话提示就是：雷诺向左，马赫向右。

王洪伟

2014 年 8 月于北京航空航天大学

目 录

第 1 章 流体与流体力学   1
  1.1 流体的概念 ……………………………………………… 2
  1.2 流体的一些性质 ………………………………………… 5
      1.2.1 流体的粘性 ……………………………………… 5
      1.2.2 液体的表面张力 ………………………………… 11
      1.2.3 气体的状态方程 ………………………………… 12
      1.2.4 气体的压缩性 …………………………………… 14
      1.2.5 气体的导热性 …………………………………… 15
  1.3 连续介质的概念 ………………………………………… 16
  1.4 流体中的作用力 ………………………………………… 16
  扩展知识 ……………………………………………………… 17
  思考题 ………………………………………………………… 18

第 2 章 流体静止时的力   19
  2.1 流体静止时的受力分析 ………………………………… 20
  2.2 重力作用下流体内部的压力分布 ……………………… 23
  2.3 惯性力作用下流体内部的压力分布 …………………… 26
  2.4 流体与固体对力的传递的异同 ………………………… 28
  扩展知识 ……………………………………………………… 30
  思考题 ………………………………………………………… 32

第 3 章 流体运动的描述   33
  3.1 流体力学中描述运动的方法 …………………………… 34
  3.2 迹线和流线 ……………………………………………… 35
  3.3 流体质点的速度、加速度和物质导数 ………………… 37
  3.4 雷诺输运定理 …………………………………………… 41
  3.5 雷诺输运定理和物质导数之间的关系 ………………… 43
  3.6 不可压缩假设 …………………………………………… 46

3.7 流体微团的运动与变形 ··· 47
    3.7.1 流体微团的线变形 ·· 51
    3.7.2 流体微团的整体旋转 ·· 52
    3.7.3 流体微团的角变形 ·· 53
扩展知识 ·· 54
思考题 ·· 56

第 4 章 流体动力学基本方程   57

4.1 积分方法和微分方法 ··· 58
4.2 连续方程 ·· 59
    4.2.1 积分形式的连续方程 ·· 59
    4.2.2 从积分方程得到微分方程 ··· 61
    4.2.3 对微控制体分析得到微分方程 ······································· 62
4.3 动量方程 ·· 66
    4.3.1 积分形式的动量方程 ·· 66
    4.3.2 微分形式的动量方程 ·· 67
4.4 伯努利方程 ··· 75
4.5 角动量方程 ··· 81
    4.5.1 积分形式的角动量方程 ·· 81
    4.5.2 微分形式的角动量方程 ·· 82
4.6 能量方程 ·· 83
    4.6.1 积分形式的能量方程 ·· 83
    4.6.2 微分形式的能量方程 ·· 88
    4.6.3 焓方程、熵方程、总焓方程和轴功 ································· 96
4.7 方程的求解 ··· 99
    4.7.1 定解条件 ·· 99
    4.7.2 流动方程的几个解析解 ·· 102
扩展知识 ·· 105
思考题 ·· 108

第 5 章 无粘流动和势流方法   109

5.1 无粘流动的特点 ··· 110
5.2 无粘旋涡运动 ·· 111
    5.2.1 粘性力产生涡量 ·· 115
    5.2.2 斜压流体中涡量的产生 ································· 117
    5.2.3 体积力无势时涡量的产生 ······························ 118
5.3 无旋流动和速度势 ·· 118
5.4 平面势流简介 ·· 120
    5.4.1 均匀流动 ·· 121
    5.4.2 点源和点汇 ··· 121
    5.4.3 点涡 ··· 122
    5.4.4 偶极子 ·· 122
    5.4.5 均匀流绕圆柱流动 ····································· 123
5.5 平面势流的复势解法 ··· 125
    5.5.1 表达式更加简洁 ·· 125
    5.5.2 可以应用保角变换 ····································· 126
    5.5.3 可以使用镜像法 ·· 126
5.6 势流法的工程应用及现阶段的地位 ·························· 127
扩展知识 ·· 128
思考题 ··· 128

第 6 章 粘性剪切流动   **129**

6.1 粘性流体的剪切运动与流态 ·································· 130
6.2 层流边界层 ··· 132
    6.2.1 普朗特层流边界层方程 ································ 134
    6.2.2 边界层的几种厚度 ····································· 138
    6.2.3 求解边界层问题的积分方法 ························· 143
6.3 湍流边界层 ··· 148
6.4 管道流动 ·· 154
    6.4.1 进口段 ·· 155
    6.4.2 完全发展段 ··· 157
6.5 射流与尾迹 ··· 162

6.5.1 射流 · · · · · · 162

6.5.2 尾迹 · · · · · · 164

6.6 边界层分离现象 · · · · · · 165

6.7 流动阻力和流动损失 · · · · · · 171

6.7.1 流动阻力 · · · · · · 171

6.7.2 流动损失 · · · · · · 180

扩展知识 · · · · · · 188

思考题 · · · · · · 192

第 7 章 可压缩流动基础　　193

7.1 声速和马赫数 · · · · · · 194

7.1.1 声速 · · · · · · 194

7.1.2 马赫数 · · · · · · 196

7.2 定常绝能等熵流动关系式 · · · · · · 198

7.2.1 静参数与总参数 · · · · · · 198

7.2.2 临界状态和速度系数 · · · · · · 202

7.2.3 气动函数 · · · · · · 206

7.3 膨胀波、压缩波和激波 · · · · · · 209

7.3.1 流体中的压力波 · · · · · · 209

7.3.2 正激波 · · · · · · 213

7.3.3 斜激波 · · · · · · 215

7.4 等熵变截面管流分析 · · · · · · 219

7.4.1 收缩喷管 · · · · · · 219

7.4.2 拉瓦尔喷管 · · · · · · 223

扩展知识 · · · · · · 228

思考题 · · · · · · 230

第 8 章 流动相似与无量纲数　　231

8.1 流动相似的概念 · · · · · · 232

8.2 无量纲数 · · · · · · 233

8.2.1 雷诺数 · · · · · · 233

8.2.2 马赫数 ··· 236
　　　8.2.3 斯特劳哈尔数 ·· 237
　　　8.2.4 弗劳德数 ··· 237
　　　8.2.5 欧拉数 ·· 238
　　　8.2.6 韦伯数 ·· 239
　8.3 控制方程的无量纲化 ·· 239
　8.4 流动建模与分析 ·· 241
　　　8.4.1 低速不可压缩流动 ·· 242
　　　8.4.2 高速可压缩流动 ··· 243
　　　8.4.3 生活中的例子——水花 ··· 244
　扩展知识 ·· 245
　思考题 ··· 246

第 9 章 一些流动现象的分析　247

　9.1 物体在外太空的形状——流体的特性 ······································ 248
　9.2 覆杯实验的原理——与液体的不易压缩性有关 ························· 249
　9.3 气塞现象——气体的易压缩性 ·· 252
　9.4 气球放气时的推力——动量定理与力 ······································ 253
　9.5 水火箭的推力——推力与介质无关 ··· 255
　9.6 涡轮喷气发动机的推力——作用在什么部件上? ······················ 256
　9.7 总压的意义和测量——总压不是流体的性质 ···························· 257
　9.8 收缩为何加速?—— 定常流动是平衡状态 ······························ 260
　9.9 冲力与滞止压力——动量方程与伯努利方程的关系 ·················· 264
　9.10 射流的压力——压力主导流动 ·· 266
　9.11 水龙头对流速的控制——管内总压决定射流速度 ··················· 268
　9.12 捏扁胶管出口增加流速——总压决定射流速度 ······················ 269
　9.13 吸气与吹气——压力主导流动 ··· 272
　9.14 建筑与风——复杂的三维非定常流动 ··································· 273
　9.15 科恩达效应——粘性作用必不可少 ······································· 275
　9.16 雨滴的形状——由表面张力和大气压力决定 ·························· 277
　9.17 赛车中的真空效应——主要与来流速度相关 ·························· 279

9.18 质量越大射程越远——尺度效应 ··· 279

9.19 河流倾向于走弯路——压力主导的通道涡 ····························· 282

9.20 旋转茶水中的茶叶向中心汇聚——也是通道涡 ······················· 283

9.21 河底的铁牛逆流而上——压力主导的马蹄涡 ·························· 284

9.22 列车通过引起的压力变化——不只是伯努利方程 ···················· 286

9.23 机翼升力原理——科恩达效应是关键 ··································· 289

9.24 热机的原理——利用工质的压缩性 ······································ 294

9.25 压气机的增压原理——非定常压力做功 ································ 298

参考文献 ·· 302

Tips

泰勒展开的意义 ··· 22

小心表面张力！ ·· 25

看懂张量表示法 ··· 50

流体中的高斯定理 ·· 62

非牛顿流体 ·· 74

气体被压缩时温度为什么会升高？ ··· 80

推动功、流动功和体积功 ·· 86

正压流体 ··· 111

科氏力 ·· 119

布拉修斯解 ·· 139

关于雷诺应力 ··· 153

进口段与完全发展段之间存在过渡段 ·· 159

有趣的空气阻力问题 ··· 178

理想气体的熵和过程参数变化 ·· 199

激波管 ·· 212

第 1 章 流体与流体力学

第 1 章
流体与流体力学

风鼓起帆，船破水前行，海鸟在天空飞翔，
流体的力在我们的生活中无处不在。

1.1 流体的概念

所谓流体指液体和气体，和流体对应的是固体。一般认为固体指不容易变形的物质，而流体指容易变形的物质。然而，物体受力才会变形，是否容易变形实际上取决于受力的情况。作为固体的尼龙绳的抗拉能力很强，但受压的时候则几乎完全没有抵抗力，用剪刀还可以轻易将其剪断。可见，需要一种更为严谨的定义来区分流体与固体。

固体、液体和气体的区别显然是由它们的微观结构决定的。图 1-1 显示了水的三种状态的微观结构示意图，图中用小球来表示氧原子和氢原子。固体的分子紧密地挤在一起，并努力保持固定的排列形式；液体的分子也紧密地挤在一起，但没有意愿保持固定的排列形式；气体的分子则既不挤在一起，也没有意愿保持固定的排列形式。

这样，我们就可以理解物质这三种状态的特点了。固体和液体的分子紧密地挤在一起，因此它们的体积基本是固定的，只要不受到巨大的压力就不会有明显的改变。气体与它们不同，受到外界压力后分子之间的间距会缩小，整体的体积也因此而改变。

液体和气体的共同特点是分子没有任何意愿要保持固定的排列形式，这种特点决定了它们易于流动的特性。对于液体，一个分子和哪些分子挨着都无所谓，只要挨着就行。这种随遇而安的特性使液体在宏观上虽然体积固定，但不会保持固定的形状。对于气体，分子基本上是完全自由的，各自独立地做着热运动。分子之间只有在相互碰撞时才发生力的作用。

我们知道，如果一个刚体所受的合外力和力矩都为零，这个物体就会保持静

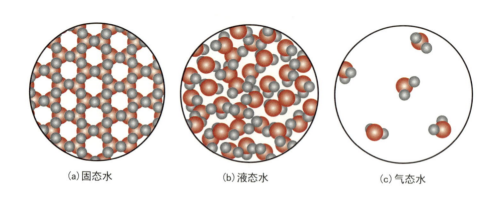

(a) 固态水　　　　　　(b) 液态水　　　　　　(c) 气态水

图 1-1　水在三种状态下的分子排列

止或匀速运动状态。对于实际的固体和流体来说，就不一定是这样了。任何固体材料都有一个强度极限，即使合外力和力矩都为零，它的内部也可能会存在拉力、压力或者剪切力。当这些内应力超过了材料的强度极限时，固体就会被破坏，从而产生运动。微观上体现为断裂处的分子（或原子）之间的化学键被破坏，失去了相互的作用力，不再能保持原有结构形式了。在材料的弹性变形范围内，固体可以在合外力和力矩为零的情况下，产生一定的变形之后静止。

流体在这一点上与固体有本质不同。流体的内部只存在压应力时，可以和固体一样产生变形并保持静止。当流体内部存在剪切力时，会产生剪切变形，但这种剪切变形完全产生不了相应的剪切力。于是，在剪切力的作用下流体将不断地变形下去，只要剪切力存在，就不会停止。这种情况有点类似于固体受力远超过其强度的情况，只不过流体对于剪切力没有任何"强度"可言，任何小的剪切力都将使其不断变形下去。因此，流体与固体的本质区别是：**流体仅仅依靠静止变形是无法在内部产生剪切应力的。**

在微观上，流体的剪切变形不能产生剪切力可以这样理解：对于液体而言，分子之间没有保持任何固定结构的意愿，只要它们能互相挨在一起就行，和谁挨着，以何种形式挨着都无所谓。剪切变形后分子虽然移动了，但分子之间的距离并没有改变，因此也就没有固体那样的剪切变形所带来的弹性剪切力。

为了更深入地理解流体和固体的差异，我们来讨论一下两个固体之间的静摩擦力。把固体方块放在一块平板上，逐渐抬起平板的一端，在一定的角度范围内方块可以在斜面上保持静止，因为沿斜面的重力分力被静摩擦力平衡了。图 1-2 表示了斜面上的固体方块的受力情况和固体的静摩擦力的微观解释，图中的箭头表示的都是方块所受的力。我们知道，两个固体之间的静摩擦力是由它们相接触处的分子（或原子，下同）之间的电磁力造成的。要产生剪切力，电磁力产生的引力或斥力就一定不是垂直于接触面的，而是沿接触面有分力。这个分力的产生可能由两种因素造成，分别对应粗糙表面和纯平表面，下面分别加以讨论。

图 1-2 中所示的是一般情况，方块底面和斜面都不是平面，它们相接触的面积其实是很小的，只有相接触的地方的分子之间才有引力和斥力。当平板从水平开始倾斜时，其实方块就会开始下滑一点，只是这个下滑的尺度很小，宏观上看不出来，当方块下滑在微观上达到图 1-2（b）~（d）中所示那样，方块上的凸出处受到平板上的凸出处的吸引力有沿斜面向上的分量，或者两凸出处之间的排斥力有沿斜面向上的分量的时候，剪切力就产生了，方块此时可以保持静止。

如果这两个平面是分子级纯平的，那么它们放在一起是不是就没有摩擦力了呢？也不是，这时候不但有摩擦力，而且可能还会很大。原因是这时候接触面积

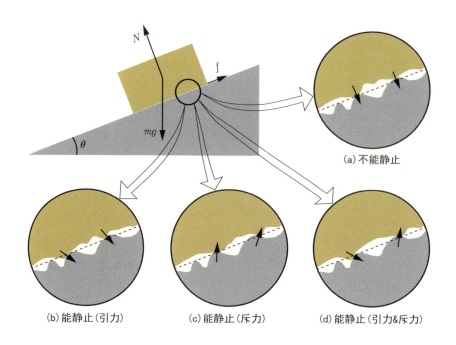

图 1-2　斜面上固体的受力及固体静摩擦力的微观解释

很大，且两个物体的分子之间会形成一定的分子键形式，有点类似于同一个物体内部的情况，从而产生剪切应力。

液体与固体相接触的地方就有点类似于两个分子级纯平的固体相接触的情况，是全面的分子间的接触。然而与两固体之间会产生静摩擦力不同，这时的液体和固体之间仍然不会表现出静摩擦力。一个典型的实例是：船漂浮在水中，施加任意小的推力都会使其运动起来。与固体相接触的那一层液体分子确实会吸附在固体表面上，形成某种相对固定的结构，也就是说这层分子与固体之间是有静摩擦力的。但与这层液体分子相邻的液体与这层之间则不能在静止的时候产生剪切力，因此固体也就没有办法仅仅通过静态的位移给流体施加剪切力了。

然而，我们发现，河水在沿着倾斜的河床流动的时候可以是匀速的，也就是说水与斜面之间是有摩擦力来平衡沿斜面的重力分量的，这个摩擦力当然是剪切力。没错，这时确实有剪切力，因为：**流体在运动状态下内部可以产生剪切力**。流体的这个性质称为粘性，将在下一节中详细讨论。

这里我们来提出一个有趣的"反例"，有时我们明明看到水是可以在斜面上静止的，不但在斜面上，在垂直的墙壁上和玻璃上也可以，例如图 1-3 所示的那样静止地依附于玻璃窗上的水滴。从形式上来看，这时的水滴是一种悬臂结构，而悬臂结构是典型的内部存在剪切应力的结构。那么，这种静止的流体内部不是应该存在剪切应力了吗？

其实不然，这样的流体内部也是不存在剪切应力的，要想分析这个问题，就要考虑到液体的表面张力特性。我们将在本章的后面介绍表面张力时，就这个问题做进一步的分析。

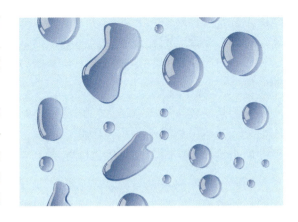

图 1-3　玻璃上静止的水滴

1.2　流体的一些性质

流体的很多性质是与固体中的定义相通的，比如密度、压力、温度等。但也有其独特的属性，这里面最典型的就是区分流体和固体的力学特性——粘性。此外，液体具有表面张力，气体具有易压缩性，这些都是流体特有的属性。

1.2.1　流体的粘性

当流体受到外界的剪切力作用的时候，它会不断地变形下去，在这种连续的剪切变形作用下的流体内部会产生剪切应力，这种性质称为流体的粘性。我们通常见到的液体和气体都有粘性，只有超流体（比如接近绝对零度时的液氦）可以认为是没有粘性的。

在讨论粘性之前，有必要澄清一下粘性力和吸附力的不同。汉字"粘"在读 nián 的时候大概可以和"黏"通用，一般日常生活中，它既表示了液体与物体的附着程度，也表示了物体在液体中运动的困难程度。实际上，附着力和粘性力是两种完全不同性质的力。粘性力是流动时的剪切力，而附着力则还包含了静态的拉力和剪切力。把两个物体用胶水粘（zhān）在一起，靠的是胶水与物体之间的吸附力，而不是我们这里说的粘性力。因为静止状态流体内部是不存在粘性力的，显然靠粘性力是无法让两个物体粘（zhān）在一起不动的。固体在流体中运动时，侧面受到流体的摩擦力作用，这种摩擦力是紧挨着固体那一层流体分子与固体的吸附力以及流体内部的粘性力两者共同作用的结果，缺一不可。

我们都知道蜂蜜的粘性要远大于水的粘性，现在来分析一下决定流体粘性力大小的内在因素。仍然用固体之间的摩擦力做类比，对于沿斜面下滑的方块而言，摩擦力等于摩擦系数与它们相互挤压的力的乘积。摩擦系数体现了两个物体的分子作用力大小及它们相接触的表面的粗糙程度，这比较容易理解。但摩擦力为什么和挤压力成正比呢？毕竟挤压力与摩擦力是垂直关系，应该没有沿摩擦力方向的分量才对。

原因是这样：挤压力越大，则两物体的接触面积就越大，这个接触面积与挤压力之间基本上是线性关系，因此摩擦力也与挤压力成正比。如果是分子级别纯平的两个物体相接触，则摩擦力就基本上与挤压力无关了。

固体的动摩擦系数与静摩擦系数一般并不相等，因为它们的产生机理不完全相同。静摩擦完全是力的平衡，而动摩擦则还包含动能向内能的转化过程。当两个固体靠在一起并相对滑动时，在摩擦面上不但发生跟静摩擦时类似的力的作用，还会发生两物体分子之间的键不断地被打破，同时又不断形成新的键，并且还伴随着分子和分子团从原物体上脱落等过程。这些过程中会伴随着分子振动能量的变化以及分子运动方向性的混乱，所以摩擦过程一定是产生热量的。图1-4显示了接触面上发生的3种典型的现象。

我们已经知道，当流体与固体相接触时，紧挨着固体的流体分子会被吸附在固体上随之运动。因此，所谓流体与固体之间的摩擦力其实也就是流体之间的摩擦力。也就是说，流体与固体之间的摩擦力只与流体的性质有关，而与固体的材料性质是无关的。

液体与固体的接触是分子级别的全面接触，因此摩擦力应该与挤压力无关。这个挤压力就是指流体内部的压力（本书中若非特别强调，压力都是指压强，即单位面积上的压力）。这可以解释为什么液体的粘性力大小基本与压力无关，但

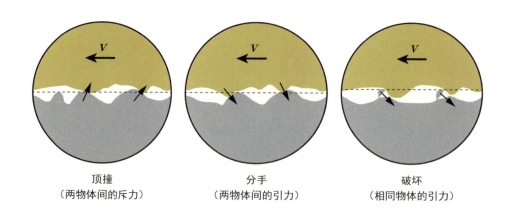

顶撞　　　　　　　　　分手　　　　　　　　　破坏
（两物体间的斥力）　（两物体间的引力）　（相同物体的引力）

图1-4　固体动摩擦力的微观解释

流体的粘性力大小与温度却有着极大的关系。我们都知道凉的糖浆较粘稠，加热后粘性降低，**一般的液体温度越高粘性力越小**。气体的粘性力较小，生活中一般较难察觉，但精密的实验已经证实，与液体相反，**气体温度越高粘性力越大**。液体和气体粘性的这些特性与产生粘性的物理本质是直接相关的，既然这两者不同，就应该分别加以分析。

对于液体而言，如果两层之间的运动速度不同，上层速度快的分子在扫过下层速度慢的分子时，会通过吸引力和排斥力带动下层运动。这种运动包含了平动和转动，下层分子平动速度的增加相当于从上层获得了额外的动能，而下层分子转动速度的增加相当于将一部分从上层分子获得的动能转化成内能了。这个过程中上层分子的动量会减小，下层分子的动量会增加，动量传递靠的就是两层分子之间的摩擦力作用。这个摩擦力对于包含上下层分子的整个体系来说是内力，所以总的动量应该是守恒的。图 1-5 显示了上层液体比下层液体速度快时，对下层分子的拖动作用。

上面讨论的由分子力引起摩擦力的作用与固体有些类似，实际上对于液体的摩擦力来说还有一个不同于固体的作用，那就是液体分子并不会安分地分层流动，而是会互相扩散。也就是说各层的分子会有与运动方向垂直的横向运动，上层的分子会跑到下层去，下层的分子也会跑到上层去。这样，上层的分子进入下层后就会推动下层的分子运动得快一些，而下层的分子跑到上层去后会拖累上层分子，使之速度减慢。这种作用也可以解释为两层之间的动量传递，既然是沿运动方向的动量传递，就有沿这个方向的力，这个力就是摩擦力。对于做层流运动的液体而言，这个作用远小于前述的分子吸引力和排斥力的作用，因此经常可以忽略，而认为液体的粘性就是由分子力造成的，其中吸引力经常是主要的。

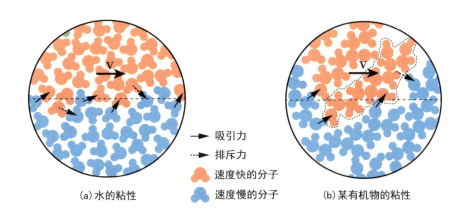

图 1-5　液体内粘性力的微观解释

我们之前曾经说过，液体的分子是随遇而安的，因此不会产生静摩擦力。当运动时，液体上下层分子之间的引力又是如何产生了沿接触面方向的分量的呢？这其实与分子的形状和极性相关，如果要精确分析，需要的是更深入的理论物理的知识，但这里至少可以进行一下定性的分析。

在我们的生活经验中，有机物的液体一般都具有较大的粘性，比如油漆、蜂蜜、血浆等。这些物质的分子较大，且形状不规则，而且具有极性，运动时自然不利索，分子之间容易纠缠不清。以甘油为例，它的分子并不是很大，但形状较为不圆滑，且具有极性，当甘油分子通过粗糙表面时就很容易卡住，甘油分子之间也较容易纠缠，因此甘油的粘性较大。金属汞的分子比甘油分子还大，但呈球形，而且没什么极性，因此汞的粘性虽然比水大不少，但比起同等分子质量的有机物液体来说还是很小的。图 1–5（b）显示了一种有机物液体的剪切运动，其中用虚线包围起来表示的是一个有机物大分子，可以直观地看出，比起图 1–5（a）中的水分子来说，这种有机物的分子个头大，形状不规则，互相的纠缠必然大，粘性也就会比较大。

当液体的温度升高时，单个分子的振动加强，分子与分子之间的纠缠就更容易松脱。手机放在泥浆上面可以保持相当长的一段时间不沉下去，如果这时候恰巧来了电话手机振动起来的话，很快就会沉下去。液体内部的粘性与此类似，因此温度升高时液体的粘性是减小的，并且通常分子之间纠缠越强的液体对温度越敏感。分子呈长条状的糖浆的粘性随温度的升高迅速降低，而分子呈球形的汞的粘性随温度的变化就要小得多。

然而，也不是所有液体的粘性都是随温度的升高而降低的，这是由粘性产生的机理决定的。比如，单一成分的润滑油的粘性随温度的升高降低很快，这给发动机这类工作温度范围大的机械部件的润滑带来了很大的问题。为了克服这一点，现代的润滑油里面添加了这样一种物质，当温度升高时，它的大分子从球形伸展为长条状，这使得该物质的粘性是随温度的升高而增大的。添加了这种物质后，润滑油的粘性就对温度不那么敏感了。

对于气体来说，分子之间几乎没有作用力——既没有吸引力也没有排斥力，其内部压力产生的机理是分子之间频繁的碰撞产生的动量传递。这种碰撞不但可以产生压力这样的正应力，也可以产生粘性力这样的剪切力。当各层分子的宏观运动速度不同时，比如上层速度快，下层速度慢时，上层的分子在热运动的作用下不断地跳入下层中，推动低速的分子运动，下层的分子也会不断地跳入上层中，拖累上层的分子使其减速。从宏观上看来，这种动量交换表现为上层和下层之间存在拖动作用，这就是气体的粘性作用。

前面我们说过，在液体中也存在这样的作用，但比起分子力来说可以忽略。在气体中，分子间几乎没有吸引力，但分子很活跃，这种动量交换才是气体粘性的本质。图1-6显示了气体粘性的这种机理，其中上层的分子运动快，下层的分子运动慢，但它们都同时还在进行着热运动，互相交换很频繁，粘性也就因此产生了。

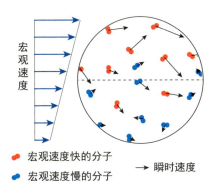

图1-6 气体内粘性力的微观解释

很显然，当温度升高时，气体内部的分子热运动加剧，各层之间分子交换频率上升，就能产生更多的动量交换，这就是气体的粘性随温度升高而增大的原因。跟液体一样，气体的粘性也基本上与压力无关，这又怎么解释呢？

对于某种理想气体来说，压力由温度和密度两个因素决定，当温度不变时，压力的变化就对应了密度的变化，所以某一温度下气体的粘性与压力无关也就意味着气体的粘性与其密度无关。这似乎是很奇怪的，因为显然密度越大，分子碰撞的频率就越大，能传递的动量就更多，似乎密度越大粘性力也应该越大才对。

实际情况是这样的，我们来看图1-6，当密度增加时，确实单位时间内有更多的分子从上层跳到了下层。但是，由于分子自由程的减小，各层之间的宏观速度差，以及单个分子碰撞所传递的动量也减小了。这种单次动量减小的比例与密度增加的比例是相同的，因此效果体现为总的动量的交换还是一样的，也就是说密度的改变并不影响粘性力的大小。

以上这些基于分子运动论的分析只能是定性的，事实上迄今为止有关粘性的物理本质问题并没有完全搞清楚，因为说到底流体内的压力和粘性力都是电磁力，这方面的研究属于基础物理学的问题。经典力学研究宏观的力学问题，最早对流体的粘性进行定量研究的是英国人牛顿（Isaac Newton，1642—1727）。他于1686年通过实验测量了液体的粘性，并建立了描述流体内部摩擦力的"牛顿内摩擦定律"。

牛顿的实验是基于图1-7所示的模型进行的，这是大概可以想到的最简单的测量粘性的流动模型了。然而很不幸的是这样的模型在理论上很简单，实现起来并不容易，所以牛顿的实验效果其实并不好。但凭借强大的理解能力，牛顿还是得到了理论上正确的结果，并在后来被泊肃叶（Jean Louis Marie Poiseuille，1799—1869）的管流实验所证实。

图 1-7 中，下壁面保持静止，上面的平板水平匀速运动。流体在与固体壁面接触的地方会依附在固体表面，与下壁面接触的流体保持静止，与上平板接触的流体以速度 U 随之运动。牛顿总结出的规律是：上平板所需的拖动力与其运动速度成正比，与两平板间的距离成反比，即

$$\frac{F}{A} \propto \frac{U}{L}$$

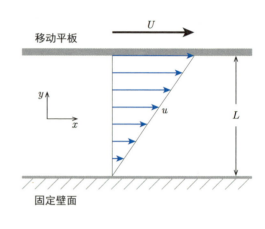

图 1-7 牛顿的流体粘性力实验

式中：F 为拖动平板的力；A 为平板和流体的接触面积；U 为上平板的运动速度；L 为两平板间的距离。

鉴于实验时流体左侧和右侧的压力相同，因此平板给予流体的 x 向拖动力在各层流体之间都是相同的，这样就可以得到任意两层流体之间的切应力。实验中还发现流体速度沿 y 方向呈线性分布，因此牛顿得到：平行流动中，任意两层流体之间的切应力可以写为

$$\tau = \mu \frac{\partial u}{\partial y} \tag{1.1}$$

式中：τ 为切应力；u 为流体的水平速度；y 为垂直坐标；μ 是一个描述流体粘性大小的系数，称为粘性系数，或动力粘性系数。μ 就是流体粘性大小的度量，不同流体的粘性系数差别很大，同一种流体的粘性系数则基本上只随温度变化。粘性系数基本都是通过实验测得的，各种液体和气体的粘性系数可以查表得到。

事实上并不是所有的流体都遵循式（1.1），牛顿实验所用的流体是满足这个关系的，基本上所有气体和粘性小的液体都是满足这个关系的，这些流体被大家称为**牛顿流体**。因为这种流体的切应力与速度梯度之间是线性关系，因此有时也称为线性流体。

自然界中也存在着大量不满足式（1.1）的流体，这一类流体统称为**非牛顿流体**。一般来说，牛顿流体的粘性比较小，那些粘性比较大的诸如油漆、蜂蜜、血浆等基本上都属于非牛顿流体。可以看出非牛顿流体一般对应着大分子的液体，这些液体的分子在有速度梯度的流场中会互相纠缠，因此粘性力与速度的关系更复杂些。所有非牛顿流体的切应力与速度梯度都不是线性关系，有些非牛顿流体的剪切力不但与速度相关，还与作用时间长短相关。

1.2.2 液体的表面张力

表面张力是一种很神奇的力，经常在科普节目中用来赚眼球，比如硬币浮在水面上，超大的肥皂泡等。图 1-8 表示了一种最常见的表面张力现象，图（a）所示是平面上呈椭球形的水珠，图（b）所示是其表面附近水分子的受力示意图。可以看到，水珠内部的水分子之间是存在一定的相互吸引力的，不过这种引力比较小，而且对于任何一个水分子来说，四周的水分子给它的吸引力互相抵消了，因此水分子之间并不体现出吸引力。表面附近的水分子则不同，这些水分子之间的距离会比内部的水分子之间的距离要大一些，从而体现出很大的分子引力，这就是表面张力。

表面张力的特性使液面趋向于最小，因此水滴都趋向于球形。受表面张力的作用，水滴内部的压力一定是高于外界大气压力的，所以在表面的水分子之间除存在吸引力之外，这些水分子还受到内部水分子的一个排斥力，这个力沿表面法线方向指向水滴外部，如图 1-8 所示的 P。

幸运的是，用水来演示表面张力效果非常好，因为水的表面张力系数几乎是液体中最大的，常见的液体中只有汞的表面张力比水大。这是因为水分子之间容易形成氢键，也就是氢原子和氧原子之间有较强的吸引力作用。有机溶剂的表面张力系数都比水小，比如酒精的表面张力系数只有水的 1/3，因此酒精形成的液滴一般要比水滴小得多。还有一些物质掺入水中后可以显著地降低水的表面张力，这些物质称为表面活性剂，在生活和生产中很有用，比如肥皂。肥皂水可以吹出比纯水大得多的气泡，并不是因为肥皂增大了水的表面张力，恰恰相反，肥皂的加入是减小了水的表面张力的。肥皂泡的原理是其上面越薄的地方肥皂含量越少，

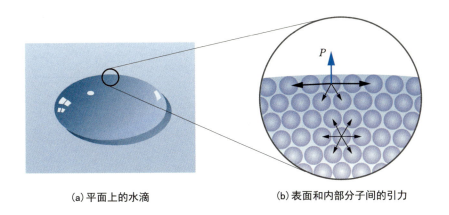

(a) 平面上的水滴　　　　　(b) 表面和内部分子间的引力

图 1-8　呈椭球形的水珠和其内部受力分析

该处的表面张力就大；越厚的地方肥皂含量越多，该处的表面张力就小。也就是说，肥皂水选择性地加强了薄弱处的表面张力，使肥皂泡得以保持。

接下来看一下前面图1-3提到的水珠问题。如图1-9所示，水滴表面的一层起到了关键的作用，事实上其内部的水分子之间可以完全没有吸引力，全靠表面的一层水膜包裹，这样就可以静止于玻璃上。打个比方，用一块布包住一些干燥的沙子，将布的四周钉在墙上，是可以保持静止的。这时内部的沙子之间可以完全没有摩擦力的作用，只要布够结实，且与墙壁钉得够牢靠就可以。

要想让水滴保持稳定，表面的水膜一定是图1-9中那样下垂的，因为在重力的作用下，内部静止的水下部的压力比上部大，表面水膜下部的曲率就要比上部大，才能在内部产生这样的压差。水膜与壁面之间的总拉力一定是斜向上的，这样才能与内部水的重量之间平衡，而不需要借助切应力。墙壁给予水的支撑力是水平方向的，这个力对于力平衡是不可缺少的。可以看出，水滴之所以可以静止地依附于墙壁上，最关键的就是水滴表面层与墙壁接触一圈的吸附力产生的拉力作用，以及这个表面层对内部水的包裹作用。通过这个例子还是要强调流体最重要的一个事实：静止的流体内部是不存在剪切力的。

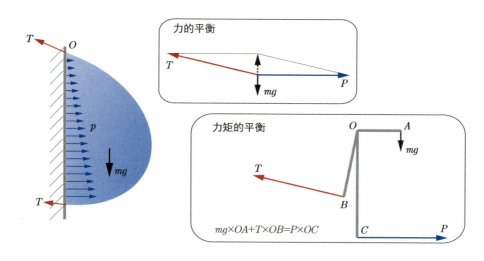

图1-9　玻璃上的水滴的受力分析

1.2.3 气体的状态方程

由热力学可知，气体的压力、密度和温度三者之间满足一定的关系，这种关系称为状态方程。**如果气体分子本身的体积和分子之间的作用力可以忽略，这种气体就称为理想气体**，其状态可以用下式来表示，即

$$p = \rho \frac{R_0}{M} T$$

式中：p 为压力；ρ 为密度；T 为温度；R_0 为理想气体常数，R_0=8.314J/(mol·K)；M 为气体的摩尔质量（单位需要用 kg 以适应其他量的国际单位）。

多数气体在常见的压力和温度范围内的分子自由程都比较大，因此都是比较符合理想气体状态方程的，在流体力学中处理的气体主要是空气，其状态方程常简写为

$$p = \rho R T \tag{1.2}$$

式中：R 是空气的气体常数，R=287.06J/(kg·K)。

在这里有必要深入讨论一下气体的密度、温度和压力这三个物理性质。它们都是气体的宏观性质，但深入的讨论必然会涉及微观的分子运动论和统计物理。为了能简单明了地说明问题，这里主要从定性的角度进行讨论。

首先，**气体密度的定义是单位体积气体的质量**。由于气体是由相互距离较大的、处于热运动中的分子构成的，因此严格来说没有点密度的说法。不过流体力学是建立在连续介质假设基础上的，某一点的密度其实是包围这一点的足够小的微团的平均密度。对于特定气体而言，密度代表了相同体积内分子数量的多少。

其次，**温度的定义是气体分子平均动能的度量**。对于特定气体而言，温度的高低代表了分子热运动平均速度的大小。如果将气体置于固定容积的空间内，则气体的密度是不变的，温度的增加显然会增加分子相互碰撞的几率，同时也增加了单位时间内分子与壁面碰撞的次数以及单次碰撞的力度，这会体现在气体的压力增加上。

压力体现为一种使气体膨胀的趋势，也体现为气体对相邻的固体或液体界面的推力作用。气体分子之间几乎没有吸引力和排斥力，这种膨胀和推力的产生是分子之间以及分子与固体或液体界面之间碰撞的效果。根据动量定理，对于一个固体壁面来说，压力的大小取决于单位时间内气体分子传递给壁面的动量。这个动量的大小与两个因素相关，一个是单个分子传递的动量，另一个是参与传递的分子的数量。前一个因素由气体的温度决定，后一个因素由气体的密度和温度共同决定。一方面，温度越高，则单个分子可传递的动量就越大，同时温度高导致的分子速度大也加大了分子撞击壁面的次数。另一方面，密度大则单位时间内撞击壁面的分子数量也会越大。因此，压力与密度和温度都是正相关的，体现在数学上就是公式（1.2）的关系。

这里顺便说一下液体的状态方程。不同于气体，液体的状态方程并没有一个统一的理想模型存在。一般的液体密度随温度升高而降低，变化率各有不同，是由很多因素决定的，很难用统一的理论描述，一般用实验确定。水是一种比较特殊的液体，在4℃时密度最大，低于或高于这个温度时密度都会减小。液体的内压力则经常与其本身的温度和密度无关，而是取决于所受的外力。

1.2.4 气体的压缩性

压缩性是指对于一定量的物质其体积的改变程度，或者其密度的改变程度。 固体和液体的分子紧密地挤在一起，任何试图让它们更靠近一些的努力都将会受到巨大的分子间排斥力的反抗，因此固体和液体都是很难压缩的。以水为例，温度为20℃时，1个大气压下水的密度为998.2kg/m³，100个大气压时水的密度为1002.7kg/m³，增加不到0.5%。

与固体和液体不同，气体的分子之间距离较大，且没什么作用力，因此气体是比较容易压缩的。由理想气体状态方程可知，气体的密度受压力和温度的影响。当温度不变时，气体的密度与压力成正比，对应于气体的等温压缩或膨胀；当压力不变时，密度与温度成反比，对应于气体的等压加热或冷却。

流体力学中所说的压缩性指的是流动的压缩性，而不是指流体的压缩性。流动的压缩性定义是：**流体微团在流动过程中的体积是否发生了改变**。虽然从物质本身来看，液体不容易压缩，气体容易压缩，但在具体流动问题中流体是否会被压缩还取决于流体的受力情况。把气体封闭在气缸内，用活塞可以轻易地对其压缩，但多数时候我们处理的流动问题都是开放式的。气体微团并不是四面八方都受到限制，它们完全可以及时让开而基本不会被压缩。或者说，在流动中任一时刻，气体微团所受的压缩力都远未达到使其自身明显被压缩的程度，因此即使是气体，也经常可以忽略压缩性的影响。例如，一辆汽车以120km/h的速度行驶时，其前面"撞上"的空气只会受到非常轻微的压缩（密度改变不到0.5%），然后就四散流动开来。

我们可以这样理解，对于开放式的气体流动问题，只要气体的逃跑速度能跟得上它受挤压的速度，就可以不被压缩。可见气体是否会被压缩与挤压的速度和气体的逃跑速度都有关系。前面的问题中，汽车的速度是挤压速度，那气体逃跑的速度呢？这个逃跑速度和气体的分子热运动速度有关，宏观上体现为气体中的**声速**。**一般认为气体在低于0.3倍声速的流动中密度变化很小，可以按不可压缩处理**，当然，根据要求精度的不同，这个标准也可以适当提高或降低。（气体密度的改变与气流速度以及声速的具体关系在第7章将有专门详细的阐述。）

气流减速引起的压缩也可以理解为气体在减速过程中后面气体的惯性力对前面气体的作用。惯性力除了可由速度的大小改变产生外,也可以由速度的方向改变产生。在高速旋转的容器中,不同旋转半径处的气体会有不同的压力,对应着不同的密度。这时,即使气体以缓慢的速度从中心流向四周,密度也会有明显的改变,因此可能是可压缩流动,这种压缩作用是离心力造成的。

除了惯性力外,重力对气体密度也会有影响,比如不同高度的大气密度有明显的不同。一般在高度差不大的情况下,重力的影响经常被忽略,例如,我们认为10层楼高处的空气与地面处的空气密度是一样的,实际上它们有千分之几的差别。如果要处理气体由地面上升到云端的流动,就必须要考虑重力给空气带来的压缩影响了。温度变化对密度的影响也不可忽略,如果气体微团在流动过程中对外传热,那么其自身温度降低,此时就会受到压缩,接受来自外界的压缩功。反之,如果气体微团在流动过程中接受外界的热量,那么其自身温度升高,此时就会膨胀,对外界做膨胀功。

若流体是不可压缩的,则没有体积功的存在,温度对流动的影响就会小得多,这时的流动问题会得到极大的简化。因此,对于温差不大,离心力不强,速度不高的气体流动来说,可以假设流体是不可压缩的,这称为不可压缩流动理论。这种流动是流体力学中研究得最多,应用也最为广泛的流动。

1.2.5 气体的导热性

热量在物体中会由温度高的地方传向温度低的地方,这种性质称为导热性。单位时间单位面积所传递的热量满足傅里叶定律,即

$$\dot{q} = -\lambda \frac{\partial T}{\partial n} \quad (1.3)$$

式中:$\dot{q}$ 为单位时间内通过单位面积的传热量;λ 为物质的导热系数;n 为温度梯度的方向。

气体中的导热与固体中的导热机理有很大不同,固体分子平均位置不动,分子动能的传递靠的是分子的振动,气体中的导热还包括分子热运动的扩散效应。扩散效应并不等同于流动中的掺混作用,因为气体的宏观速度为零时也一样存在扩散产生的导热,而气体通过宏观运动的掺混引起热量交换属于对流换热。可以看出,气体的导热性与粘性的物理本质类似,其导热系数是随温度的升高而增大的。尽管气体的导热有扩散效应在帮忙,因分子间距大,其导热能力还是要远远低于固体和液体,以至于经常可以忽略。

1.3 连续介质的概念

物质都是由基本粒子构成的,前面的分析中大量使用了分子和原子的概念。然而对于经典的固体力学和流体力学而言,去研究单个分子或原子的行为是没有必要的。即使是对于气体这样分子间距较大的物质,也可以用压力和温度等宏观特性来描述其微观力学行为。因此,**经典力学总是把物质看作是连续可分的,称为连续介质假设,固体力学和流体力学都属于连续介质力学**。

当描述流体中某一点的性质的时候,这个"点"实际上指的是一个微小的空间。在宏观上看来这个微小空间的体积应该足够小,可以近似地看成一个点;在微观上看来,这个微小空间则要足够大,能包含足够多的分子,使所关心的宏观物理量不受微观的分子热运动的随机性的影响。

判断连续介质假设是否适用的唯一标准就是所研究的流动问题的尺度与分子大小(固体和液体)或分子自由程大小(气体)的关系。对常温常压的气体而言,分子平均自由程量级为 7×10^{-5}mm,只要研究的对象远大于这个尺度,就满足连续介质假设。一般我们所见的流动满足连续性假设都没问题,像花粉颗粒这么小的尺度就不满足连续介质假设,其在静止的水中会产生布朗运动这类受水分子影响的运动。在 120km 的高空运动的火箭和飞船也不满足连续性能假设,因为此处空气分子的平均自由程达到了 0.3m。

1.4 流体中的作用力

流体力学中习惯按照作用形式将物体受到的作用力分为两类:一类是不需要接触,作用于全部流体上的力,称为体积力或质量力;另一类是直接与物体相接触而施加的力,称为表面力。

重力(万有引力)和磁力都属于体积力,如果分析问题时采用非惯性坐标,则惯性力也是一种体积力。压力和粘性力都属于表面力,压力是正应力,就是说流体中任何表面上的压力都与该面垂直。流体内部的切应力完全由粘性力产生,正应力中也有粘性力的贡献。在多数情况下,粘性正应力比起压力来说小到可以忽略,所以通常认为粘性只产生切应力。

在静止的流体中或者运动的无粘流体中,任一点的压力大小与其作用方向无关。这个性质使流体的压力具有标量属性,可以看作流体的一种状态参数。我们可以这样理解压力与方向无关的特性:对于静止的或者运动的无粘流体,压力是唯一的表面力。对流体中的某一点而言,体积力(重力和惯性力)趋向于零,来自四面八方的表面力之间要达成平衡，就必须全部相同。

图 1-10 显示了一个帆船上所受的力，其中风给予帆船推进力 T，帆船前进的阻力 f 主要由水产生。帆船的浮力 N 与重力 mg 平衡。在这些力之中，只有重力是体积力，浮力、推进力、阻力都是表面力的合力。当风突然加大时，推进力增大，与当时水的阻力之间不平衡，船就会加速前进。这时，推进力除需要克服阻力外，还需要克服船本身的惯性，以运动的船为参照物，惯性体现为惯性力，这个惯性力是一个体积力。

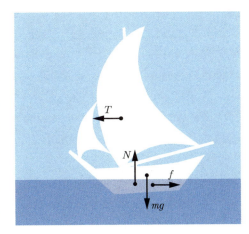

图 1-10　帆船上所受的力

扩展知识

1. 物质的状态

流体力学书中，流体与固体的差别是按照力学特性区分的。而一般物理书中，固体、液体和气体的差别是从分子和原子的排列形式区分的。实际上在现代科学分类中，物质不止有这三种状态，而且各状态的差别也未必明确。固体还可以分为晶体和非晶体两大类。有固定原子排列形式的是晶体，比如冰、食盐颗粒、固态金属等。没有固定原子排列形式的是非晶体，比如玻璃、松香、沥青等。非晶体的原子排列和液体相似，有一种说法把非晶体固体称为"流动性很小的液体"。也就是说非晶体的固体具有液体的特性。有一个著名的沥青流动实验，把固态沥青放在漏斗里，保持恒温，几年后沥青滴落了一滴，并在以后每隔几年滴落一滴。这个实验已经做了几十年，成为用时最久的实验之一。做这个实验的机构不止一家，感兴趣的读者可以在网上查找相关内容。这个实验证明了，看着是固体的沥青其实是液体。看着更像固体的玻璃呢？有人断言玻璃也是液体，还找出证据说，中世纪建造的一些教堂的玻璃现在多数下端比上端厚，说明它流动了。当然我们并不知道这些玻璃安装时的状态，所以玻璃的流动性还没有得到确切的证实。

2. 水的压缩性

水是很难被压缩的，所以通常当做不可压缩流体处理。不过至少在下面这样两种情况下需要考虑水的压缩性。一个是极高压的情况，比如利用水的冲击力来采矿的水力采矿机中水的压力高达 4000 个大气压，这时水的密度比一个大气压时增大 15%。另一个是所关心的问题对水的密度改变非常敏感的时候，比如计算水中声速的时候。声波是一种压缩和膨胀交替的波动，若水是完全不可压缩的，理论计算得到的声速将是无穷大，实际上测得的常温常压下水中声速大概是 1500m/s。声音在水中传播时引起的压缩和膨胀是非常微弱的，因为声波携带的能量非常少，这一点微弱的压缩性就足够其传播了。

3. 固体的压缩性

固体的压缩性是很少碰到的问题，即使是固体力学中也罕有对它的讨论，很显然，压缩性对于固体并不重要。一个原因当然是固体和液体一样极难压缩，但还有另一个原因。我们知道静止的固体内部可以有切应力，这种性质的效果是：一个固体并不需要体积改变来对抗外界压力。举例来说，沿轴线压一个圆柱体的时候，它变得粗短，体积则基本不变。常见的固体力学问题都是这类受力状态，固体与外界力的作用通常受固体的体积改变影响很小，主要与拉压、弯扭等变形所产生的弹性力有关。当受力达到明显改变固体体积的时候，也差不多达到材料的破坏极限了。当然也有例外的情况，就是固体受到外部均匀压力的时候，比如深海的海床和地壳深处的岩石会受到四面八方的压力，对它们进行研究的时候就需要考虑压缩性了。

 思考题

1.1 把一瓶水置于外太空，瓶子突然消失，想象一下水的变化过程和最终状态。如果把问题中的水换成空气呢？

1.2 查表得到空气的粘性系数，并结合牛顿粘性切应力公式（1.1），讨论为什么我们通常感觉不到空气具有粘性？

1.3 把一个玻璃瓶装满水拧紧盖子并沉入 5000m 深的海底，会发生什么？如果在 5000m 深的海底发现一个装满海水的无盖玻璃瓶，在海底拧紧盖子，然后拿出到海面上，会发生什么？

第 2 章

流体静止时的力

"诸位，我只用一点水，就可以把这个木桶撑裂……"

2.1 流体静止时的受力分析

流体的静止状态指的是流体各部分之间没有相对运动，或者说流体的形状不发生改变的状态。根据流体的定义可知，这时粘性完全不发生作用，流体中的表面力只有压力，因此流体静力学的核心问题就是压力与体积力的平衡关系。因为体积力一般为重力和惯性力，所以静力学的问题主要分两类：一类是重力场中静止的流体的问题；另一类是流体不变形地做变速运动的问题。

对于任何一个静止的处于其他微团包围之下的流体微团而言，四周流体给予它的表面力（压力）之和必然和它所受的体积力相互抵消。在直角坐标系中，压力产生的合力沿任一坐标的投影都与沿那个坐标轴的体积力大小相等方向相反。下面我们针对一个流体微团进行分析，并导出一般形式的关系式。

如图 2-1 所示，在静止的流体内部取一个六面体，让其六个面分别垂直于三个坐标轴。沿三个方向的边长分别为 dx, dy 和 dz，于是该六面体的体积为 $dxdydz$，质量为 $\rho dxdydz$。如果用 F_b 表示体积力，用 f_b 表示单位质量的体积力，则有如下关系式：

$$\vec{F}_b = \vec{f}_b \rho dxdydz$$

在直角坐标系中，上式可以写成分量形式，即

$$\vec{F}_b = F_{b,x}\vec{i} + F_{b,y}\vec{j} + F_{b,z}\vec{k} = \left(f_{b,x}\vec{i} + f_{b,y}\vec{j} + f_{b,z}\vec{k}\right)\rho dxdydz$$

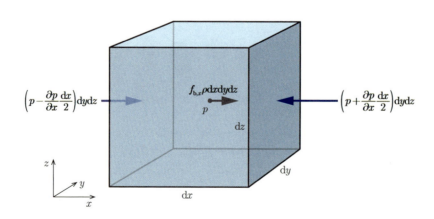

图 2-1 静止的流体微团的受力分析

与体积力平衡的压力具有标量属性，也就是说对于一点来说，压力沿任何方向的大小都是一样的。压力与其作用的面积相乘是表面力，表面力是有方向的，因为压力的作用面是有方向的。比如对于浸入水中的物体来说，只有作用在朝下的表面的水压力才能产生向上的浮力，而朝上的表面上作用的水压力都是向下的。由于要平衡作用于其内部的体积力，环绕微元体外表面的压力不能相同，而是有压差，正是这个压差产生的力与体积力之间平衡。

对于图 2-1 所示的流体微团来说，如果在 x 方向上有图中所示向右的体积力的话，则微团右侧面的表面力一定要大于左侧面的力才能平衡。假定微团中心处的压力是 p，则其左侧面上的压力小于这个值，右侧面上的压力大于这个值。那如何将侧面上的压力用中心点处的压力表示出来呢？这就要用到一种力学中常用的方法——泰勒展开。在下一页的 Tips 中有针对泰勒展开的专门论述供读者参考，这里不再详述。应用泰勒展开，并忽略二阶以上小量后，左右侧面的压力可以分别写为

$$p_{\text{left}} = p - \frac{\partial p}{\partial x}\frac{dx}{2}; \quad p_{\text{right}} = p + \frac{\partial p}{\partial x}\frac{dx}{2}$$

式中：$\partial p/\partial x$ 表示了压力沿 x 方向的变化率，也称为沿 x 方向的压力梯度。可见，左右侧面上的压力都可以用微团中心处的压力及压力梯度表示。

现在已经得出了 x 方向的体积力和左右侧面的表面力，就可以列出力的平衡关系式了，即

$$\sum F_x = f_{b,x}\rho dxdydz + \left(p - \frac{\partial p}{\partial x}\frac{dx}{2}\right)dydz - \left(p + \frac{\partial p}{\partial x}\frac{dx}{2}\right)dydz = 0$$

化简后可得

$$f_{b,x} = \frac{1}{\rho}\frac{\partial p}{\partial x}$$

类似地，也可以得到 y 方向和 z 方向的关系式，于是我们就得到了直角坐标系下分量形式的力平衡关系式如下：

$$f_{b,x} = \frac{1}{\rho}\frac{\partial p}{\partial x}; \quad f_{b,y} = \frac{1}{\rho}\frac{\partial p}{\partial y}; \quad f_{b,z} = \frac{1}{\rho}\frac{\partial p}{\partial z} \qquad (2.1)$$

式中：$\partial p/\partial x$，$\partial p/\partial y$ 和 $\partial p/\partial z$ 表示了压力沿 3 个方向的梯度。

Tips 泰勒展开的意义

在数学中学习泰勒级数时，知道它是一种可以把复杂函数表达成多项式函数的方法，并且用它可以根据空间一点处的信息来得出相邻点处的信息。现在我们来看看这是如何做到的。

下图表示了某物理量 y 随空间距离 x 的变化规律。当 y 相对 x 连续可微时，使用泰勒展开完全可以根据 O 点处的信息来估计相邻点 A 的数值。例如，仅仅使用 O 点处的值 y_O 和斜率 $(dy/dx)_O$，就可以估计出 A 点的数值为

$$y_A \approx y_O + \left(\frac{dy}{dx}\right)_O \Delta x$$

很显然这种估计只有当 y 随 x 的变化是线性时才是精确的，所以泰勒展开还有无穷多的高次项，用二次、三次和更高次的项来模拟曲线从 O 点到 A 点的走势。因此，即使物理量的变化规律不是线性，只要两点距离足够近，泰勒展开也是足够精确的。当距离 OA 趋向于无穷小时，只用线性来表示就足够了。力学中推导微分方程时都是针对微元体进行的，一般都采用线性关系式，忽略二阶以上的小量。个别情况处理有限小的尺度时，会用到二次及以上的项。

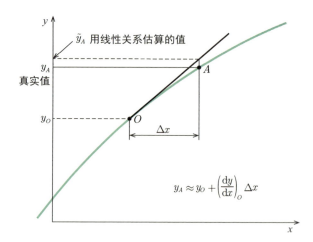

根据梯度的定义：

$$\nabla p = \frac{\partial p}{\partial x}\vec{i} + \frac{\partial p}{\partial y}\vec{j} + \frac{\partial p}{\partial z}\vec{k}$$

可以将式（2.1）写成矢量形式如下：

$$\vec{f_b} = \frac{1}{\rho}\nabla p \tag{2.1a}$$

式（2.1）和式（2.1a）就是在静止的流体内部压力与体积力的关系，也称为**欧拉静平衡方程**，是欧拉（Leonhard Euler，1707—1783）最先得出的。可以看到，当流体处于静止状态时，其内部的压力分布只与体积力相关，压力沿体积力作用方向增加。在重力场中，下层流体的压力比上层的高，在离心力场中，旋转半径大的地方的流体压力比旋转半径小的地方的大。这也可以这样理解：在重力场中上层流体的重量全靠下层流体来支撑，在离心力场中内层流体的向心力全靠外层流体来提供。

2.2 重力作用下流体内部的压力分布

当静止或做匀速运动（流体内部无相对运动）的流体处于重力场中时，其内部的压力分布只受到重力的影响。对于如图 2-2 所示的处于重力场中的液体而言，根据式（2.1），若取垂直向上为坐标 z 的正向，则欧拉静平衡方程可以写为

$$\mathrm{d}p = -\rho g \mathrm{d}z$$

当认为重力加速度与流体密度都为常数时，上面这个公式可以只对高度进行积分，得到液体内的压力公式：

$$p = p_0 + \rho g h$$

式中：p_0 为液面处的大气压力；h 为水下的深度。

可见，液体内的压力只与大气压、液体密度和深度有关。根据该公式可以有如下的论述：形状不同

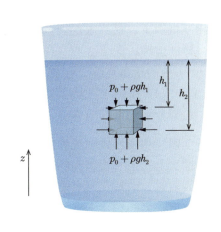

图 2-2　静止液体内的压力分布

而底面积相等的容器，内部装有相同深度的水，虽然这时容器中水的重量不同，但水对底面的力却是相同的。例如图 2-3 给出了四种不同形状，但底面积相同的容器，水对底面的力就都是相等的。这个结论最早是由帕斯卡（Blaise Pascal，1623—1662）提出来的，在当时是一个令人迷惑的现象，被人们称为"流体静力学悖论"。

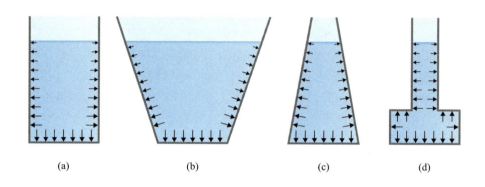

图 2-3　底面积相同时流体对底面的力相同

显然图 2-3 中的各个容器内水的重量相差很大，因此对桌面施加的力也各不相同。然而其内部的水对容器底部的力却是相同的，均为 $(p_0 + \rho g h)A$，这两者是不是矛盾呢？

当然是不矛盾的，因为水对容器底部施加的力与容器对桌面施加的力根本就没有直接关系。设想容器如果是密封的，其内部的水是上百个大气压，显然水对容器底部施加的力是很大的，但水对容器的上部也施加力。这两者方向相反，大部分都相互抵消了，最终水对容器的作用力的合力也就是水的重量而已。敞口容器也是一样的道理，图 2-3 中，用小箭头表示了各壁面上的水压力作用方向，可见容器（b）中的水虽然多，但在底面积投影之外部分的水是被杯壁支撑着的，容器（c）和（d）中的水虽然少，但其容器内部有被水向上施压的表面，这部分力会抵消一部分水对底部的力。

帕斯卡曾经利用液体中压力的特性进行过一个有趣的表演：在一个密闭的葡萄酒桶的桶盖上插入一根细高的管子，事先在桶内装满水，细管内也预装一定高度的水。表演时，他站在阳台上向细管内灌水，结果只用一杯水就把桶压裂了，这就是历史上有名的帕斯卡桶裂实验。对当时的人们这是不可思议的，即使是现在，这个实验也颇具表演性（参见本章标题页的图片）。这个实验的关键是管子要比较细，一杯水就可以让水增加足够的深度，从而在桶内产生很大的压力。

Tips 小心表面张力！

使用一杯水来做桶裂实验时，管子越细就越可以产生高的压力。但当管子太细时，比如说使用内径小于1mm的管子却可能会适得其反，桶反而会安然无恙。这是因为，对于非常细的管子来说，表面张力是很强的，强大到完全可以抵消重力产生的压差。如下图所示，在垂直放置的管内装满水，当让两端都直接通大气时，粗管内的水会马上流光，而细管内的水可能根本就不会流出来。按照流体静力学理论，管内的水只受到重力，是如何保持静止的呢？实际上，这个时候两端的水面还受到表面张力的作用，正是这两处的表面张力平衡了水的重量。大树高几十米，水分仍然可以到达顶部，靠的就是和这类似的力的作用。

因此，我们要清楚，这一章的静力学理论只适用于表面张力基本不起作用的情况。当面对尺度较小，介质又是水这样表面张力比较大的液体时，忽略表面张力可能会得出完全错误的结论。

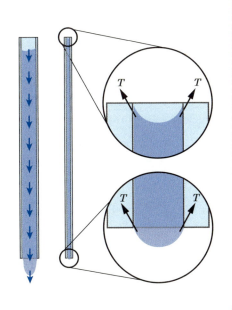

我们身边的大气压力和深海中的压力是两个由重力引起的巨大压力的例子。空气的密度虽然很小，但厚厚的大气层还是会在地面附近产生很大的压力。计算大气压力不能简单地使用 $p_0 + \rho g h$，因为大气的密度与压力和温度都相关，不同高度的密度相差是很大的，而且重力加速度也是随高度变化的。一般来讲，认为平流层的大气温度是恒定的，在对流层内温度则随着高度线性降低。根据这些关系，以及完全气体的状态方程，就可以使用欧拉静平衡方程式（2.1）计算得到不同高度的大气压力。

当一个民航客机在11km的高度飞行时，飞机外面大概是0.2个大气压多一点。人是无法适应这样的低压缺氧环境的，于是机舱内要进行增压。我们坐过飞机就会知道，起降过程中机舱内的压力是变化的，也就是说在高空飞行时机舱内并没有增压到地面的大气压力，而是要低一些。一般现代的飞机可增压到 0.8 个大气压左右，这大概相当于 2km 高度的压力。一个简单的控制规律是：在 2km 以上时飞机内的压力控制为 0.8 个大气压，当飞机降落到高度低于 2km 时，机舱开始逐步与外界压力趋于相同，这会引起很多人在降落时耳朵不适。之所以客舱不增压到一个大气压显然是出于对机体强度的考虑，随着材料和强度设计的进步，新型的客机有望提高在高空飞行时的机舱压力，让人们在进行空中旅行时更为舒适。

有一种说法，深海与太空一样对人类是神秘莫测的，其中的主要原因就是海水在深处产生的巨大压力使人们到达那里十分困难。如果不考虑往返的旅程，只考虑当地的情况的话，深海甚至比外太空还要危险得多。在外太空，飞船内外的压差也就是一个大气压，在深海，这个压差可以有几百甚至上千个大气压，这对潜水艇的密封和强度都是巨大的挑战。

浮力是流体内压力随深度增加的体现，阿基米德总结出了简单好用的定律：浸在流体中的物体受到的浮力的大小等于被该物体排开的流体的重量。这个定律里面的"排开的流体的重量"实际上是由几个变量构成的：重力加速度 g，流体的密度 ρ，物体在深度方向的尺度 Δh，物体在水平面上的投影面积 A，这几个量的乘积正好就是被排开的流体的重量。根据阿基米德定律，如果物体的体积为零，就不受到浮力。一个无厚度的平板浸入水中时，如果是水平放置，则 $\Delta h = 0$，其上下表面的压力相同，浮力为零；如果是垂直放置，则 $A = 0$，其上下的压力虽然不同，但没有作用面积，浮力还是零。

水下平面和曲面的受力问题是工程上应用广泛的一类问题，水坝、水闸、船舶等的设计中都要进行相关的计算。很多问题中除了要计算水压产生的合力，还要计算合力矩。但无论具体工程问题有多么复杂，流体静力学只有一个关系式，就是欧拉静平衡方程，理解了这个方程的物理意义，就可以举一反三地理解所有流体静力学问题。

2.3 惯性力作用下流体内部的压力分布

当流体做加减速运动时，只要加速度恒定，其内部就不会发生相对运动。这时如果与流体一起运动，则可以把加速度转化为惯性力，因此这一类问题也属于流体静力学问题。这类问题只有两种：即沿直线的恒加速运动和围绕某一中心的恒速转动。

图 2-4 表示了这两种情况下流体内部微团上的压力分布，在这两种运动中，

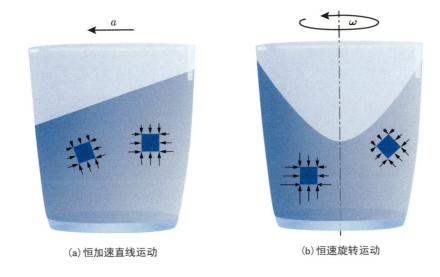

(a) 恒加速直线运动　　　　　　(b) 恒速旋转运动

图 2-4　直线加速和恒速旋转时流体内的压力分布

惯性力与重力同时作为体积力发生作用。计算中只要把这两个力进行矢量叠加，再应用欧拉静平衡方程进行求解就行了。

由式（2.1a）可以看出，沿任一方向压力的变化只取决于沿那个方向的体积力。因此求解具体问题时，沿哪个方向的体积力和深度容易得到，就可以沿哪个方向进行计算，而不必求解完整的欧拉静平衡方程。仿照重力场下液体内部的压力分布公式，重力和惯性力共同作用下的液体内部任一点的压力为

$$p = p_0 + \rho a h$$

式中：h 为沿加速度 a 方向从自由液面到该点的距离。

这里的加速度 a 并不一定指的是总的加速度，而是指沿任何方向的加速度。如图 2-5 所示，水中一点处的压力可以使用欧拉静平衡方程沿任何方向和路径积分来求解，结果都是一样的，这直接来源于压力与方向无关的特性。

图 2-6 表示了一种典型的流体静力学问题，当水箱沿斜面下滑时，水箱受到重力、支撑力和摩擦力三者的共同作用。如果摩擦力与重力沿斜面的分力平衡，则水箱静止或匀速下滑，这时其内部的水只受重力作用，水面是水平的。如果水箱与斜面间无摩擦力，则水箱自由下滑，这时沿斜面方向无体积力的作用，水面是平行于斜面的。对于最一般的有摩擦的情况，水面介于上述两种情况之间。

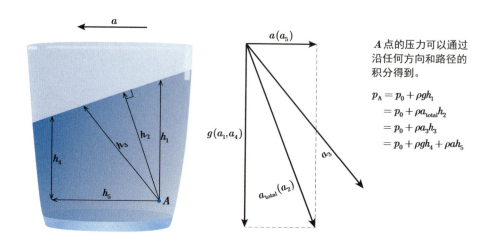

图 2-5　重力和惯性力共同作用下的液体内部任何一点的压力求解

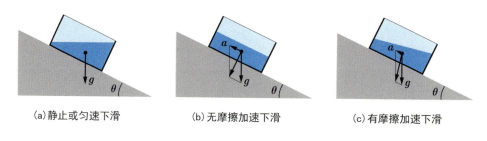

(a) 静止或匀速下滑　　　(b) 无摩擦加速下滑　　　(c) 有摩擦加速下滑

图 2-6　沿斜面下滑的水箱内的水所受的力以及自由液面形状

2.4　流体与固体对力的传递的异同

一个人最大可以发出和自己体重同等数量级的力，如果要搬动更重的东西，则可以利用杠杆和滑轮等省力装置。理论上，使用了这类省力装置后，想要多大的力都是可以的，但是要耗费更长的作用距离，原则是功或者功率不变。这类原理在流体里面也是一样的。使用液压传动装置，可以用很小的力来产生巨大的力，比如一个小孩子就可以用液压千斤顶轻松抬起一辆汽车，这需要足够长的作用距离才能做到，体现为多次按压把柄。

不仅功不会凭空产生，力也是不会凭空产生的，省力装置增加的力都是有来源的。如图 2-7（a）所示的杠杆，如果长的力臂是短的力臂的 3 倍，则在长端向下按的力为 F 时，另一端向上抬起的力是 $3F$。分析杠杆的受力可知，在支点

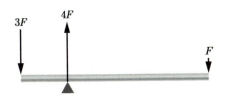
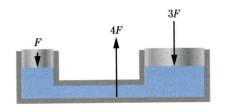

(a) 固体省力装置——杠杆所受的力　　　　(b) 流体省力装置——液体所受的力

图 2-7　杠杆和液压传动中的受力分析

上杠杆受到向上的力为 $4F$。可见，增加这部分力来源于支点。

对于流体，图 2-7（b）显示了液压省力装置的示意图，如果大活塞截面积是小活塞的 3 倍，当向下按小活塞的力为 F 时，大活塞获得的向上抬起的力是 $3F$。这个力也不是凭空产生的，实际上整个容器给予内部液体的合力是向上的，大小为 $4F$。

流体与固体的本质差别是流体在静止时其内部没有剪切力。就是这个差异使流体和固体对力的传递有着本质的不同。可以概括为："**固体传递同等大小的力，流体传递同等大小的压力（单位面积的力）**。"图 2-8 形象地表示了人们是如何利用流体和固体的这种差异的。按图钉的时候，手用多大的力，图钉就获得多大的力，由于图钉的帽和尖的面积相差很多，手并不会受伤，但比手坚固得多的木板却会被图钉穿透。这是因为单位面积的力才是引起材料破坏的关键。流体与固体不同，图 2-8（b）所示的装置中，手施加的力在流体中并不会被同等地传递

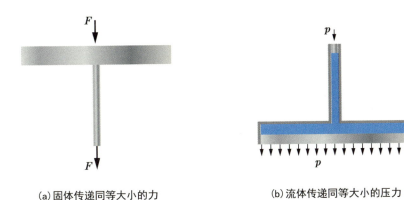

(a) 固体传递同等大小的力　　　　(b) 流体传递同等大小的压力

图 2-8　固体和流体对力的传递

到前端，等量传递的是压力。因此这时手推动小活塞时，在大活塞端产生更大的力，这部分多出来的力是由包围流体的容器来承受的。

固体中力的等量传递容易理解，流体中压力的等量传递怎么理解呢？实际情况是，为保证压力在流体内向各个方向的传递，必须有固体容器的包裹才行。从外部看，这个容器和其内部的流体一起可以看作是一个固体，对这个固体来说力也是等量传递的。内部的流体对容器内壁各处的力都垂直于当地壁面，这种可以把力改变方向进行传递的根本原因就是流体内部没有剪切力。为了便于理解，用光滑小球来代替流体充满一个容器，如图2-9所示。在不考虑球的重量的情况下，只要球与球之间没有摩擦力，这些小球就会把某处的力传遍整个容器内部，并保持力的大小不变，这与流体的情况是完全一样的。

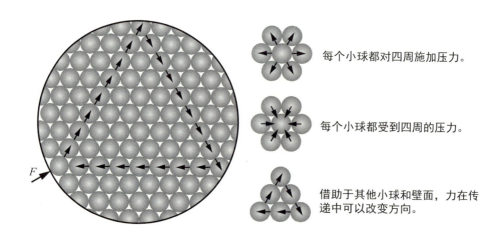

图 2-9 光滑固体小球对力的传递

扩展知识

1. 大气压力

大气压力是大气的重力产生的，随地点、季节、天气以及一天的不同时刻等都有明显的变化。以北京为例，冬季的大气压力为102kPa左右，夏季的大气压力为100kPa左右。在同一天之内的大气压力差别也可以有1kPa之多。一般中午气压低，早晚气压高。为了有一个统一的标准，在1920—1976年期间制定了大气标准，约定海平面的标准大气压力为101325Pa。在对流层内温度随高度下降，

在平流层内温度基本保持为常数。标准大气中给出的大气温度分布为

$$\begin{cases} T = 288.15 - 0.0065z & 0 < z < 11000 \\ T = 216.65 & 11000 < z < 24000 \end{cases}$$

这个关系式大概体现了世界各地各种气候下的大气温度分布的平均。

根据这个关系式，以及理想气体状态方程，可以对欧拉静平衡方程进行积分，得到大气压力随高度的分布。具体的计算过程感兴趣的读者可以自己进行，这里只给出结果（重力加速度取常数）：

$$\begin{cases} p = p_0 \left(1 - \dfrac{0.0065z}{288.15}\right)^{\frac{g}{0.0065R}} & 0 < z < 11000 \\ p = 22656 e^{\frac{g(11000-z)}{216.65R}} & 11000 < z < 24000 \end{cases}$$

其中：p_0 为地表大气压力；g 为重力加速度；R 为空气的气体常数，都采用国际单位制。利用这个关系式可以计算出任意高度上的大气压力，这里给出几个典型的压力值给读者参考。

青藏高原（4000m）： 约 0.6 个大气压

珠穆朗玛峰峰顶（8844m）： 约 0.3 个大气压

战斗机升限（20km）： 约 0.05 个大气压

飞机的飞行高度有限制，主要原因就是高空的大气压力太小，导致飞机的升力和发动机的推力都不足。

2. 压力测量

压力测量差不多是工程上最常遇到的流体问题了。压力是一种很容易测量的物理量，各种压力表和压力传感器基本都是利用测力和位移的方式测量压力的。机械式压力表是流体直接推动膜片带动指针，压电式、电容式、石英震荡式等压力传感器也都是流体推动膜片变形或移动产生电信号输出。由于一些历史原因，压力的单位非常多，比如常见的 bar，kg/cm²，PSI，mmH₂O 等。我们生活在一个大气压的环境下，其实压力很大，但我们并不感觉有压力的存在。汽车轮胎严重漏气时，用胎压表测得的压力接近为 0，但这并不说明轮胎内没有空气了，而是轮胎内压力等于外界大气压了而已。这种压力表上显示的读数称为表压力，是轮胎内空气的绝对压力减去大气压之后的压力。一般各种管路上压力表显示的都是表压力，但我们进行流体力学问题计算时，则需要使用绝对压力。

不同于密度、温度、流速等参数,压力可以通过软管引出到很远的地方测量,而不一定需要在流场中布置传感器。其实这就是利用了流体静力学的原理。只要保证引出的管路不漏气,其中的流体就保持静止状态,这时管路中相同高度的两处压力相等。只要保证压力表或者压力传感器与流场中被测点的高度一致,压力表的读数就可以代表被测点压力。如果压力表和被测点高度不同,会造成多大误差呢?显然对于液体,这样的误差是比较大的,对于气体,则要看测量精度要求。我们来看看具体的例子。

假设任务是在低速风洞中研究一个模型飞机的机翼表面压力分布,来流速度是 15m/s,机翼上下表面的典型压差是 30Pa 左右。如果实验间在一楼,而把压力传感器放在二楼,则这段高度产生的压差比 30Pa 还要大,显然这样是不合适的。所以,在低速流动的压力测量任务中,保证压力传感器与被测点在同一高度上是非常重要的。如果是一个航空发动机试车台,所要测量的压力中最小的也有 1 个大气压的量级,则一层楼所产生的几十帕的压差只占被测压力的 0.05%。这个误差一般比压力传感器本身的误差还小,这时保证压力传感器与被测点在同一高度上就没那么重要了。

思考题

2.1 假设卡车满载时的总重量是空载时的两倍,那么满载时胎压也需要达到空载时的两倍来承重吗?为什么?

2.2 水族馆里有一种可以让小孩从侧面的小口伸手进去摸小鱼的"负压鱼缸",了解它的构造,并解释它的工作原理。

第 3 章

流体运动的描述

气流滑过赛车表面,在后部形成尾流。

3.1 流体力学中描述运动的方法

在运动学中不考虑受力,只从几何的角度来描述物体的位置随时间的变化规律。在固体力学中,最简单的运动学是质点运动学,考虑物体形状的运动学是刚体运动学,如果还要考虑物体的变形,就是弹性力学和塑性力学等。流体的运动比固体要复杂一些,其内部各点在运动起来之后相互位置变动可以很大,因此针对流体的运动有专门的处理方法。

在固体力学中,一般研究什么物体的受力就着眼于这个物体,这个物体之外的都称为环境,这个物体与环境之间发生力的作用从而改变自身的运动状态,这种方法称为**拉格朗日法**。对于流体,当然也可以用这种方法,不过用起来并不太方便,因为流动中需要关注的质点太多,且各质点之间的位置变化很大。另外,工程中研究的流体力学问题多是流体对固体的作用力,而不是流体本身。因此,在流体力学中通常是研究一个特定的空间,着眼于流体经过这个空间时发生的变化以及与这个空间的相互作用,这种方法称为**欧拉法**。

在拉格朗日法中,独立的变量为时间 t 和空间坐标 $\vec{\xi}$。这里的空间坐标是用来标识流体质点的,不同的 $\vec{\xi}$ 代表不同的流体质点。因为质点是在空间内运动的,所以拉格朗日法的坐标本身也是在空间内变化的。某质点在时刻 t_0 时所在位置为 $\vec{\xi}$,在任意时刻 t,其所在空间位置、速度和加速度可表示为

$$\vec{r} = \vec{r}(\vec{\xi},t); \quad \vec{V} = \left(\frac{\partial \vec{r}}{\partial t}\right)_{\xi}; \quad \vec{a} = \left(\frac{\partial^2 \vec{r}}{\partial t^2}\right)_{\xi} \tag{3.1}$$

此处的下标 ξ 表示这些量是对于由 $\vec{\xi}$ 所标志的质点而言的。由于一般的流体问题中需要同时跟踪大量的流体质点,因此显然使用拉格朗日方法是不太方便的。

欧拉法研究的目标不是流体质点,而是发生流体运动的空间,其独立变量是时间 t 和相对于所研究空间固定不变的坐标 $\vec{r}$。**拉格朗日法这样描述流体的运动:"在 t 时刻,质点 A 的速度为……",而欧拉法这样描述流体的运动:"在 t 时刻,A 点处流体质点的速度为……"**。

有些流动问题中,当盯着空间某一点看时,会发现该点处的流动状态并不随时间改变。比如稳定流动的河水,虽然各段因坡度不同流速会不一样,但在通过观察者所站的地方时河水流速却可以是一样的,这时我们就说流动在这一点上是**定常的**。如果在我们所关心的空间内的所有点上的流动都不随时间而改变,就说这个空间内的流动是定常的。如果河水在不断地上涨,观察点的流动状态就会随时间而改变,这种流动就是**非定常的**。若河水经过一个石头,在其前后可能会产

生飞溅的浪花，这些浪花也都是非定常的。

除了与时间的关系外，根据流动与空间坐标的关系，还可以分成一维、二维和三维流动。自然界中的流动基本上都是较为复杂的三维流动，但其中有大量的流动可以简化为一维或二维流动，从而使问题得以简化。比如河水的流动，在任一截面上，河面和河底处的流速并不相同，但可以定义一个平均流速，这样河流就可以简化为一维流动。

3.2 迹线和流线

在固体力学中我们已经接触了迹线的概念，炮弹的弹道轨迹就是一条迹线，飞机在天上飞过留下的航迹云也表示了一条迹线。简单地说，**迹线就是质点的运动轨迹，是质点在各个时刻所处位置连起来形成的曲线**。很显然，迹线这种定义是建立在拉格朗日法基础上的，是追踪一个流体质点得到的。

在欧拉法中，我们更关心的是空间某点处流体的速度大小和方向，这个速度指的是这一时刻经过该点的流体质点的速度。如果流动是非定常的，每一个经过该点的流体质点的速度方向都可能不同，因此也就会形成不同的迹线，这时候用流线来描述流动更方便些。流线的定义是这样的：**在任一时刻，流场中所有点处都有一个速度方向矢量，这些矢量和相邻点的矢量连起来，可以形成很多条曲线，这些曲线就是流线**。有时也将流线定义为其上任何点的切线都代表当地的速度方向的曲线。

拍摄烟花时，用较长的曝光时间可以表示众多火星儿划出的美丽图案。形成这些图案的每条曲线都是迹线，如果曝光时间过短，拍摄到的就是一些亮点而已。有一种观察流动的方法是在物体表面粘很多柔软的短丝线，当有流动时，带动这些丝线使之顺着流动方向，于是这些丝线就指示了当地气流的方向，把这些丝线连起来就能形成流线。图3-1显示了研究新型减阻自行车头盔时所做的丝线显示实验及所得到的流线分布。

当流动是定常的时候，对空间内所有的点，任意时刻经过该点的流体质点的速度都是相同的，这时流线和迹线是重合的。当流动为非定常时，经过空间同一点的不同流体质点的运动轨迹可以不同，因此流线和迹线也是不同的。图3-2显示了圆球在流体中运动时所产生的扰动。在任意瞬间，被扰动的流体质点的速度矢量连起来形成流线，这些流线从球的前部开始，到球的后部结束。如果研究其中某一个流体质点，则会发现质点并不是沿这些流线流动，而是各有各的运动轨迹，这些运动轨迹就是各质点的迹线，图3-2（c）中给出了位于球运动中心线

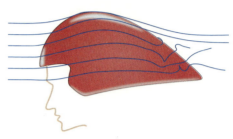

图 3-1　用丝线显示物体表面的流线

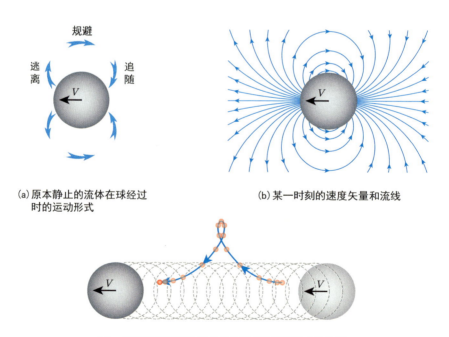

图 3-2　圆球通过静止的流体时的流线和迹线

以上的某一个流体质点的运动轨迹，也就是这个质点的迹线。

图 3-3 显示了一个草坪自驱动旋转喷头，水从中间管道向上进入旋转喷头中，从两个喷嘴喷出，驱动喷头旋转。从正上方我们可以看到两条螺旋线，这两条螺旋线是由水滴组成的，既不是迹线也不是流线。因为水一旦喷出，即做平抛运动，从正上方看一定是沿直线运动的，其迹线应该是如图所示放射状的直线。图 3-3 中并没有画出流线，因为这种流动中，水在空间中不是连续的，如果喷嘴是沿周向连续的缝，则可以看到，流线也是放射状的直线。

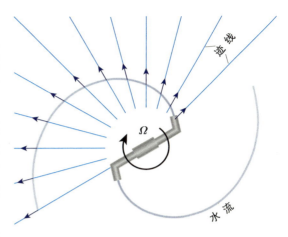

图 3-3 旋转喷头水流形成的脉线和迹线

3.3 流体质点的速度、加速度和物质导数

流体质点在空间中运动时，某一瞬时的速度是其空间坐标对时间的导数，即

$$\vec{V} = \mathrm{d}\vec{r}/\mathrm{d}t \tag{3.2}$$

写成分量形式，3 个方向的速度分别为

$$u = \mathrm{d}x/\mathrm{d}t, \ v = \mathrm{d}y/\mathrm{d}t, \ w = \mathrm{d}z/\mathrm{d}t \tag{3.2a}$$

在欧拉法中，速度指的是某一时刻位于空间某一点处的流体质点的速度，因此速度与时间和空间坐标都有关，即

$$\vec{V}(t,x,y,z) = \vec{i}u(t,x,y,z) + \vec{j}v(t,x,y,z) + \vec{k}w(t,x,y,z)$$

流体质点的加速度是速度对时间的导数：

$$\vec{a} = \frac{\mathrm{d}\vec{V}}{\mathrm{d}t} = \vec{i}\frac{\mathrm{d}u}{\mathrm{d}t} + \vec{j}\frac{\mathrm{d}v}{\mathrm{d}t} + \vec{k}\frac{\mathrm{d}w}{\mathrm{d}t} \tag{3.3}$$

其中，x 方向的加速度为 $\mathrm{d}u/\mathrm{d}t$，速度 u 是空间坐标和时间的函数，因此有

$$a_x = \frac{\mathrm{d}u(t,x,y,z)}{\mathrm{d}t} = \frac{\partial u}{\partial t} + \frac{\partial u}{\partial x}\frac{\partial x}{\partial t} + \frac{\partial u}{\partial y}\frac{\partial y}{\partial t} + \frac{\partial u}{\partial z}\frac{\partial z}{\partial t}$$

由公式（3.2a）已经知道空间坐标对时间的导数就是那一点的速度，所以 x 方向的加速度可以写为

$$a_x = \frac{\partial u}{\partial t} + u\frac{\partial u}{\partial x} + v\frac{\partial u}{\partial y} + w\frac{\partial u}{\partial z} \tag{3.3a}$$

同理可得另外两个方向的加速度分别为

$$a_y = \frac{\partial v}{\partial t} + u\frac{\partial v}{\partial x} + v\frac{\partial v}{\partial y} + w\frac{\partial v}{\partial z} \tag{3.3b}$$

$$a_z = \frac{\partial w}{\partial t} + u\frac{\partial w}{\partial x} + v\frac{\partial w}{\partial y} + w\frac{\partial w}{\partial z} \tag{3.3c}$$

3个方向的加速度可以统一写成矢量的形式，表示为

$$\vec{a} = \frac{\partial \vec{V}}{\partial t} + (\vec{V}\cdot\nabla)\vec{V} \tag{3.4}$$

此处的 $\vec{V}\cdot\nabla$ 是比较特别的一种表达方式，其展开形式为

$$\vec{V}\cdot\nabla = (\vec{i}u + \vec{j}v + \vec{k}w)\cdot\left(\vec{i}\frac{\partial}{\partial x} + \vec{j}\frac{\partial}{\partial y} + \vec{k}\frac{\partial}{\partial z}\right) = u\frac{\partial}{\partial x} + v\frac{\partial}{\partial y} + w\frac{\partial}{\partial z}$$

可见，在欧拉坐标下，加速度由两部分组成，其中的 $\partial\vec{V}/\partial t$ 只与时间相关，表示的是流体在空间某点处由于流动的非定常性而体现出来的加速度，称为当地加速度。而 $(\vec{V}\cdot\nabla)\vec{V}$ 表示的是流体质点从一点运动到另一点的过程中，由于空间的不均匀性而产生的加速度，称为对流加速度。

式（3.3）和式（3.4）在数学上相当于速度对时间的全导数，这个全导数还可以应用于其他流体性质，例如压力：

$$\frac{\mathrm{d}p}{\mathrm{d}t} = \frac{\partial p}{\partial t} + (\vec{V}\cdot\nabla)p$$

由于其特殊性，在流体力学中，这种对欧拉变量的全导数经常用大写的微分符号来表示，称为**物质导数**，或**随体导数**。设为 Φ 流体的某种性质，物质导数的一般表达形式为

$$\frac{D\Phi}{Dt} = \frac{\partial \Phi}{\partial t} + (\vec{V} \cdot \nabla)\Phi \qquad (3.5)$$

与加速度的定义一样,该式中右边的第 1 项称为当地项,第 2 项称为对流项。

流体质点是在空间内运动的,说式(3.4)中的第 1 项 $\partial \vec{V}/\partial t$ 与空间无关似乎并不合适。实际上,速度和加速度都是针对流体质点的定义,空间的坐标点是没有速度和加速度定义的。因此,可以这样理解:**总的加速度 $d\vec{V}/dt$ 表示的是在 t 时刻处于空间点 (x, y, z) 处的流体质点在运动到 $t+dt$ 时刻位置的过程中的平均加速度;而当地项 $\partial \vec{V}/\partial t$ 表示的是这段时间内,通过空间点 (x, y, z) 的不同流体质点的速度不同而构造出的加速度。因此可以这样说,$d\vec{V}/dt$ 是真正的流体质点加速度,而 $\partial \vec{V}/\partial t$ 只代表空间坐标点处速度的变化,并不是真正意义上的加速度。**

为了帮助读者进一步理解物质导数的含义,下面分几种情况来分析当地加速度与对流加速度的物理意义。

第 1 种情况:流动为非定常,但流场均匀,即:$\partial \vec{V}/\partial t \neq 0$,$(\vec{V} \cdot \nabla)\vec{V} = 0$。这时在任一时刻流场中各处都存在加速度,并且都相同。

举这样一个例子,如图 3-4(a)所示,一个竖直放置的等截面管道,一定量的水在其中下落,忽略空气阻力及水与壁面的粘性,则水做自由落体运动。水的各部分之间没有相对运动,速度都是一样的,是均匀的,因此有:$(\vec{V} \cdot \nabla)\vec{V} = 0$。水整体的加速度为 g,即 $a = dV/dt = \partial V/\partial t = g$。针对空间某点来说,当地加速度项本来表示的是一段时间内通过该点的不同质点的速度差,不过既然所有质点的加速度都相同,这个速度差也就代表了同一流体质点单位时间的速度差,也就是质点的加速度。

第 2 种情况:流动为定常,但流场不均匀,即 $\partial \vec{V}/\partial t = 0$,$(\vec{V} \cdot \nabla)\vec{V} \neq 0$。这时流场中的质点可能都有加速度,但任何一点处的速度都不随时间改变。

举这样一个例子,如图 3-4(b)所示,水箱有一个带收缩段的放水管,假设无粘流动。当水箱相较放水管足够大时,放水过程中水面可以保持基本不下降。于是可以由伯努利方程和连续方程知道,管中各截面处的流速都保持不变,即流动为定常。在收缩段,沿流动方向流速是增大的,显然流体在这里是有加速度的。某点处的加速度为 $\vec{a} = (\vec{V} \cdot \nabla)\vec{V}$,完全由对流加速度构成,这种加速是由于流体质点从低速区进入高速区而产生的。

第 3 种情况:流动为非定常,并且流场不均匀,这时流体质点的加速度是当地加速度与对流加速度两者之和。

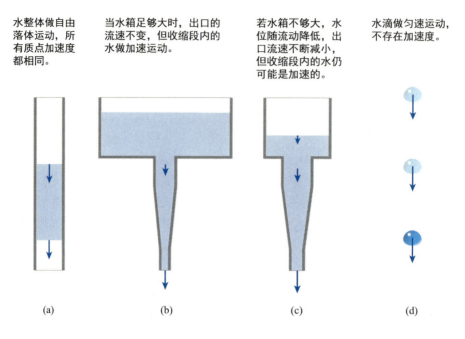

图 3-4　四种情况下流体的加速度

可以举这样一个例子，如图 3-4（c）所示，与第 2 种情况类似，只是这种流动中水箱并不大，水面随着放水而降低。放水时，放水管任一截面处的流速都随着水面的降低而减小，即 $\partial \vec{V}/\partial t < 0$；但水通过收缩段又应该加速，即 $(\vec{V} \cdot \nabla)\vec{V} > 0$。至于水质点流动过程中到底是加速还是减速，就取决于上述两种加速度的大小关系。

第 4 种情况：流动为非定常，流场也不均匀，但流体却没有加速度。即 $\partial \vec{V}/\partial t \neq 0$，$(\vec{V} \cdot \nabla)\vec{V} \neq 0$，但 $d\vec{V}/dt = \partial \vec{V}/\partial t + (\vec{V} \cdot \nabla)\vec{V} = 0$。

这样的情况较为罕见，可以举这样一个不完全合适的例子，如图 3-4(d)所示，一滴水在真空中匀速运动。在水滴将经过的路径上取一点，这点的速度本来为零，当水滴经过时突然变为水滴的速度，然后再恢复到零。显然，这是一种非定常又不均匀的流动。当水滴经过时产生的速度变化为 $\partial \vec{V}/\partial t$，空间不均匀产生的速度差异为 $(\vec{V} \cdot \nabla)\vec{V}$。因为水滴没有加速度，这两者必然是相互抵消的。

物质导数定义中，质点性质的变化率是采用拉格朗日法跟随流体质点得到的，但用的是欧拉法的坐标，因此物质导数其实是联系拉格朗日法和欧拉法的一个公式，通过这个公式，可以把本来针对质点的各种定义和物理定律应用于欧拉坐标系的空间点上。

3.4 雷诺输运定理

由于流体的运动学和力学属性都是针对流体质点的，例如，速度和加速度的定义以及牛顿第二定律等，当采用欧拉法时，需要一个能把针对流体质点的变化转换到针对空间变化的关系式，这个关系式就是前面所讲的物质导数。然而，在大多数工程问题中，并不需要知道每一个流体质点的运动状态和受力情况，而是更关心流体运动的宏观影响，例如，汽车的气动阻力是多少，流体经过一段管道的压力损失是多少等。解决这类问题一般采用积分方法，**在积分方法中联系拉格朗日法和欧拉法的关系式称为雷诺输运定理。**

积分法中，若使用拉格朗日法，研究的是一大团流体，称之为**体系**，体系之外的部分都称为环境。在流动过程中，这一团流体可能会不断地变形甚至会分裂成很多部分，但始终都是我们的研究对象。若使用欧拉法，则取一个特定的空间，研究流过这个空间的流体对这个空间的边界产生的力学和热力学作用，这个空间称为**控制体**。图 3-5 给出了几种流动问题中的体系和控制体的示意图，对于一维等截面管道流动，体系通过控制体后并不改变形状。对于空气从压力罐内喷出的流动，当打开阀门时，体系仍然将完全占据控制体，但有一部分体系的流体经喷口流出，体系的体积增加了。对于空气经过喷气发动机的流动，流体受到复杂的

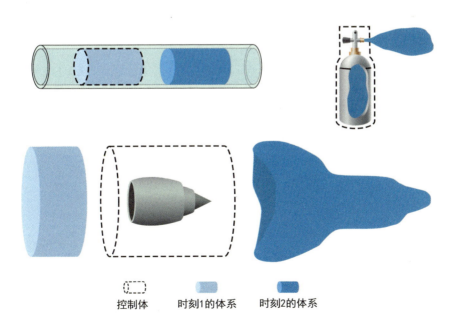

图 3-5 几种流动问题的控制体和体系

作用力，经过控制体后的体系的体积和形状都发生了显著的改变。可以看出，对于较为复杂的流动，如果只关心流体与外界的宏观作用，采用针对控制体的欧拉法要比针对体系的拉格朗日法简单得多。

假设我们想知道行驶中的汽车所受到的气动阻力，如果采用微分形式的拉格朗日法，那么需要把每个流体微团打在汽车上所传递给汽车的动量累加起来。而采用控制体积分方法时，只需要取一个控制体，包含汽车在内并跟汽车一起匀速运动，单位时间内流出控制体的气流动量比流入控制体的气流动量的减少量就是这个控制体所受到的合力，从而可以得出汽车的气动阻力。

下面我们来推导一般形式的雷诺输运定理，进一步理解体系和控制体的关系。如图3-6所示，在流场中取一个控制体，在 t 时刻控制体内的流体为所研究的体系。设 Φ 为体系所具有的某种力学性质（质量、动量、能量等），因为在 t 时刻体系和控制体是重合的，所以体系的性质就是控制体内流体的性质，即

$$\Phi_{cv}(t) = \Phi_{sys}(t)$$

式中：下标 cv 和 sys 分别代表控制体（Control Volume）和体系（System）。

经过一小段时间 dt 后[①]，控制体内的流体跑出去了一部分，体系和控制体不再重合。跑出去这部分流体所携带的 Φ 标记为 $(d\Phi)_{out}$；同时有新的流体进入了控制体，这部分携带的 Φ 标记为 $(d\Phi)_{in}$。因此在 $t+dt$ 时刻，控制体和体系分别所含有的 Φ 的关系为

$$\Phi_{cv}(t+dt) = \Phi_{sys}(t+dt) - (d\Phi)_{out} + (d\Phi)_{in}$$

单位时间内控制体内 Φ 的变化可以用微分的定义表示，并推导如下：

$$\begin{aligned}
\frac{d\Phi_{cv}}{dt} &= \frac{\Phi_{cv}(t+dt) - \Phi_{cv}(t)}{dt} \\
&= \frac{\Phi_{sys}(t+dt) - (d\Phi)_{out} + (d\Phi)_{in} - \Phi_{cv}(t)}{dt} \\
&= \frac{\Phi_{sys}(t+dt) - \Phi_{cv}(t)}{dt} - \frac{(d\Phi)_{out} - (d\Phi)_{in}}{dt} \\
&= \frac{\Phi_{sys}(t+dt) - \Phi_{sys}(t)}{dt} - \frac{(d\Phi)_{out} - (d\Phi)_{in}}{dt} \\
&= \frac{d\Phi_{sys}}{dt} - \frac{(d\Phi)_{out} - (d\Phi)_{in}}{dt}
\end{aligned}$$

注①：严格来说，这里的 dt 应该写成 δt，并在下面的推导中使用极限概念，这里为了清楚简洁，直接使用了微分形式，用 dt 表示时间增量，$d\Phi$ 表示 Φ 的增量。本书后面还将多次使用这种方式。

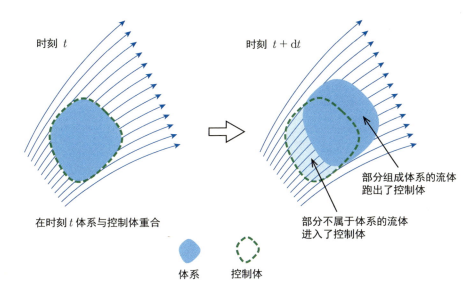

图 3-6　体系和控制体——雷诺输运定理的推导

从而得到

$$\frac{\mathrm{d}\Phi_{\mathrm{sys}}}{\mathrm{d}t} = \frac{\mathrm{d}\Phi_{\mathrm{cv}}}{\mathrm{d}t} + \frac{(\mathrm{d}\Phi)_{\mathrm{out}} - (\mathrm{d}\Phi)_{\mathrm{in}}}{\mathrm{d}t} \qquad (3.6)$$

式（3.6）就是雷诺输运定理，它表示了某一时刻控制体的变化和体系的变化之间的关系，应用这个公式可以把原本适用于体系的基本物理定律变换成适用于控制体的，因此在使用积分形式的欧拉法时，雷诺输运定理是基础。

式（3.6）中 Φ 是通过控制体的边界进出控制体的，这个边界称为控制面（Control Surface），用 cs 表示。比较严谨的一般形式的雷诺输运定理可以写为

$$\frac{\mathrm{d}\Phi_{\mathrm{sys}}}{\mathrm{d}t} = \frac{\mathrm{d}\Phi_{\mathrm{cv}}}{\mathrm{d}t} + \iint_{\mathrm{cs}} \phi(\vec{V} \cdot \vec{n}) \mathrm{d}A \qquad (3.6\mathrm{a})$$

式中：ϕ 代表单位体积的 Φ；$\mathrm{d}A$ 表示控制面上的微元面积；式中的积分项表示了单位时间内净流出控制体的 Φ。

3.5　雷诺输运定理和物质导数之间的关系

物质导数给出了在欧拉坐标系下如何表达流体质点的性质随时间的变化，雷诺输运定理给出了在欧拉坐标系下如何表达流体团（即体系）的性质随时间的变

化。所以从本质上说，这两者原本表达的是一回事，是分别针对质点和质点系的不同表达方式。表 3-1 给出了物质导数表达式（3.5）和雷诺输运定理表达式（3.6a）中各项的含义及对应关系。

表 3-1 物质导数和雷诺输运定理公式中各项的含义对比

$\dfrac{\mathrm{D}\Phi}{\mathrm{D}t}=\dfrac{\partial\Phi}{\partial t}+(\vec{V}\cdot\nabla)\Phi$		**物质导数**表示了空间点和经过这点的流体质点的参数变化之间的关系
$\dfrac{\mathrm{d}\Phi_{\mathrm{sys}}}{\mathrm{d}t}=\dfrac{\mathrm{d}\Phi_{\mathrm{cv}}}{\mathrm{d}t}+\iint_{\mathrm{cs}}\phi(\vec{V}\cdot\vec{n})\mathrm{d}A$		**雷诺输运定理**表示了有限空间（控制体）和经过这个空间的流体团（体系）的参数变化之间的关系
流体性质 Φ 的变化	$\dfrac{\mathrm{D}\Phi}{\mathrm{D}t}$	流体质点的 Φ 随时间的变化
	$\dfrac{\mathrm{d}\Phi_{\mathrm{sys}}}{\mathrm{d}t}$	体系的 Φ 随时间的变化
当地项（非定常项）	$\dfrac{\partial\Phi}{\partial t}$	空间点的 Φ 随时间的变化
	$\dfrac{\mathrm{d}\Phi_{\mathrm{cv}}}{\mathrm{d}t}$	控制体的 Φ 随时间的变化
对流项（不均匀项）	$(\vec{V}\cdot\nabla)\Phi$	单位时间内净流出空间点的 Φ
	$\iint_{\mathrm{cs}}\phi(\vec{V}\cdot\vec{n})\mathrm{d}A$	单位时间内净流出控制体的 Φ

在数学上，物质导数是微分形式的表达式，雷诺输运定理是积分形式的表达式，下面我们来证明这两者之间是等价的。

把式（3.6a）中的几项都表示成一般的形式如下：

$$\frac{\mathrm{d}}{\mathrm{d}t}\iiint_{\mathrm{sys}}\phi\mathrm{d}B=\frac{\mathrm{d}}{\mathrm{d}t}\iiint_{\mathrm{cv}}\phi\mathrm{d}B+\iint_{\mathrm{cs}}\phi(\vec{V}\cdot\vec{n})\mathrm{d}A \quad (3.6\mathrm{b})$$

其中 $\mathrm{d}B$ 表示微元体积。对于式（3.6b）右端的第一项，控制体的体积 B 是一个不变量，因此对 ϕ 和 B 两者乘积的导数就只剩下了对 ϕ 的偏导数这一项，即

$$\frac{\mathrm{d}}{\mathrm{d}t}\iiint_{\mathrm{cv}}\phi\mathrm{d}B=\iiint_{\mathrm{cv}}\frac{\partial\phi}{\partial t}\mathrm{d}B$$

对式（3.6b）右端的第二项使用高斯定理：

$$\iint_{cs} \phi(\vec{V}\cdot\vec{n})\mathrm{d}A = \iiint_{cv} \nabla\cdot(\phi\vec{V})\mathrm{d}B$$

其中右端项积分号内的表达式可展开为

$$\nabla\cdot(\phi\vec{V}) = (\vec{V}\cdot\nabla)\phi + \phi(\nabla\cdot\vec{V})$$

于是式（3.6b）的右端可写为

$$\frac{\mathrm{d}}{\mathrm{d}t}\iiint_{cv}\phi\mathrm{d}B + \iint_{cs}\phi(\vec{V}\cdot\vec{n})\mathrm{d}A = \iiint_{cv}\left[\frac{\partial\phi}{\partial t} + (\vec{V}\cdot\nabla)\phi + \phi(\nabla\cdot\vec{V})\right]\mathrm{d}B \quad (3.7)$$

对于式（3.6b）的左端项，体系的体积不是固定的，因此不能直接把微分符号作用于积分符号内，而是要考虑这个体积的变化，现推导如下：

$$\begin{aligned}\frac{\mathrm{d}}{\mathrm{d}t}\iiint_{sys}\phi\mathrm{d}B &= \iiint_{cv}\frac{\mathrm{d}\phi}{\mathrm{d}t}\mathrm{d}B + \iiint_{sys}\phi\frac{\mathrm{d}(\delta B)}{\mathrm{d}t} \\ &= \iiint_{cv}\frac{\mathrm{d}\phi}{\mathrm{d}t}\mathrm{d}B + \iiint_{sys}\phi\frac{\mathrm{d}(\delta B)}{\mathrm{d}t}\frac{1}{\delta B}\delta B \\ &= \iiint_{cv}\frac{\mathrm{d}\phi}{\mathrm{d}t}\mathrm{d}B + \iiint_{cv}\phi(\nabla\cdot\vec{V})\mathrm{d}B \\ &= \iiint_{cv}\left[\frac{\mathrm{d}\phi}{\mathrm{d}t} + \phi(\nabla\cdot\vec{V})\right]\mathrm{d}B\end{aligned} \quad (3.8)$$

上面这个推导中使用了一个概念，就是速度的散度代表了体系体积的变化：

$$\nabla\cdot\vec{V} = \frac{1}{\delta B}\frac{\mathrm{d}(\delta B)}{\mathrm{d}t}$$

将式（3.7）和式（3.8）代入式（3.6b）中，可得

$$\iiint_{cv}\left[\frac{\mathrm{d}\phi}{\mathrm{d}t} + \phi(\nabla\cdot\vec{V})\right]\mathrm{d}B = \iiint_{cv}\left[\frac{\partial\phi}{\partial t} + (\vec{V}\cdot\nabla)\phi + \phi(\nabla\cdot\vec{V})\right]\mathrm{d}B$$

因为控制体是任意取的，所以两边的积分符号都可以去掉，从而可以得到

$$\frac{\mathrm{D}\phi}{\mathrm{D}t} = \frac{\partial\phi}{\partial t} + (\vec{V}\cdot\nabla)\phi$$

这就是物质导数的公式。

上述推导过程很不严谨，主要体现在 d 和 δ 的混用上。读者可去相关书中查阅较为严谨的推导过程（比如书末参考文献【3】的第 1.2 节），这里采用这种不严谨的推导方式主要是为了在物理概念上更易理解。

3.6 不可压缩假设

在学过了物质导数之后，在这里进一步讨论一下不可压缩假设。不可压缩假设的定义是流体微团在流动过程中不收缩也不膨胀，因此流体微团的密度是否随流动变化是判断流动是否可压的唯一标准。显然，不可压缩假设是用拉格朗日法定义的，根据物质导数的表达式，流体微团的密度随时间的变化可以表示为

$$\frac{\mathrm{D}\rho}{\mathrm{D}t} = \frac{\partial \rho}{\partial t} + (\vec{V}\cdot\nabla)\rho \tag{3.9}$$

也就是说，在欧拉坐标系中，流体微团密度的变化由当地项 $\partial\rho/\partial t$ 和对流项 $(\vec{V}\cdot\nabla)\rho$ 两部分组成，其中的当地项表示了空间某一点处密度的变化，而对流项表示了空间相邻点之间密度的不同。当说一个流动是不可压缩的时候，并不要求这两项都为零，只要求它们可以互相抵消就可以了。

来看一个下雨的例子，空气和雨滴的密度分别为定值，空间某点处的密度则取决于那个时刻该点是空气还是水。图 3-7 表示了雨滴前沿刚进入微控制体的情况，在这之后的一小段时间 dt 内，微控制体内的密度随时间上升，式（3.9）中的当地项为正，即 $\partial\rho/\partial t > 0$。由于前部空气的密度小于后部雨滴的密度，因此沿速度方向上密度的梯度为负，即 $\partial\rho/\partial x < 0$，对图 3-7 中所示的一维流动，相当于物质导数公式中的对流项是负的，即 $(\vec{V}\cdot\nabla)\rho < 0$。

现在我们将雨滴进入控制体的运动简化成一维流动的形式，来定量地看一下当地项和对流项的大小。如图 3-7（c）所示，水以速度 u 进入，取圆柱形微控制体，底面积为 A，长度为 δx，水的密度为 ρ_{water}，空气的密度为 ρ_{air}，则物质导数公式中的对流项可以表示为

$$(\vec{V}\cdot\nabla)\rho = u\frac{\partial\rho}{\partial x} = u\frac{\rho_{\text{air}} - \rho_{\text{water}}}{\delta x} \tag{3.10}$$

对于当地项，假设在时刻 t 时水进入控制体的长度为 δx_0，则此时控制体内的平均密度为

$$\rho_t = \frac{\delta x_0 \rho_{\text{water}} + (\delta x - \delta x_0)\rho_{\text{air}}}{\delta x}$$

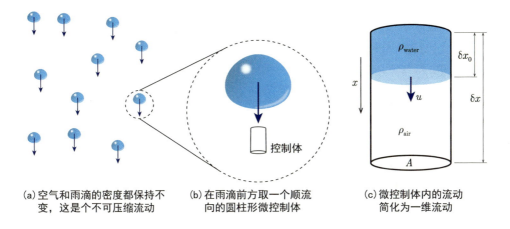

(a) 空气和雨滴的密度都保持不变，这是个不可压缩流动　　(b) 在雨滴前方取一个顺流向的圆柱形微控制体　　(c) 微控制体内的流动简化为一维流动

图 3-7　雨滴下落运动的不可压缩特性分析

经过时间 dt 后，控制体内多出的水的体积为 $Audt$，因此在 $t+dt$ 时刻，控制体内的平均密度变为

$$\rho_{t+dt} = \frac{(\delta x_0 + udt)\rho_{water} + (\delta x - \delta x_0 - udt)\rho_{air}}{\delta x}$$

从上面两个式子可以得到当地项的表达式为

$$\frac{\partial \rho}{\partial t} = \frac{\rho_{t+dt} - \rho_t}{dt} = u\frac{\rho_{water} - \rho_{air}}{\delta x} \qquad (3.11)$$

从式（3.10）和式（3.11）可以看出，对流项与当地项正好抵消，对应了水和空气的密度分别保持不变的事实，或者说任一流体微团的密度都不随时间变化。

3.7　流体微团的运动与变形

在 3.3 节中讨论了流体质点的运动规律，这一节我们来讨论一下流体微团的运动与变形。图 3-8 表示了流体经过一个二维收缩通道时的运动方式，一块原本是矩形的流体在经过一段时间后，不但运动了一定的距离，还产生了复杂的变形。很显然要描述这种运动，刚体运动学是无能为力的，那么我们如何来描述这种看起来很复杂的运动呢？

无论流体的运动形式有多复杂，在微团的尺度上都可以认为变形是线性的（即可以忽略二阶及以上的小量），从而可以把运动分解为几种简单的运动或变形的

叠加，即图 3-9 所示的四种基本运动：**整体平移、整体旋转、线变形（拉伸和压缩）和角变形（剪切变形）**。

对于一个流体微团而言，变形相当于微团内各质点空间位置的改变，只要建立了各质点空间位置的关系，就可以用

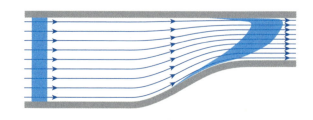

图 3-8　流体经过二维收缩通道的变形

3.3 节所介绍的质点运动学描述变形了。对任意一个流体微团，取其中的两点进行观察，P 点作为参考点，A 点代表微团中任意一点，其与 P 点的空间距离在三个方向上分别为 δx，δy 和 δz。任一时刻，P 点的速度可以表示为

$$\vec{V}_P(t, x, y, z)$$

同一时刻 A 点的速度可表示为

$$\vec{V}_A(t, x+\delta x, y+\delta y, z+\delta z)$$

通过泰勒展开，可以建立这两点速度的关系为

$$\vec{V}_A(t, x+\delta x, y+\delta y, z+\delta z) = \vec{V}_P(t, x, y, z) + \left(\frac{\partial \vec{V}}{\partial x}\right)_P \delta x + \left(\frac{\partial \vec{V}}{\partial y}\right)_P \delta y + \left(\frac{\partial \vec{V}}{\partial z}\right)_P \delta z$$

这里忽略了二阶以上小量，因此上式只有当 A 点与 P 点的距离无限小时才精确成立。两点的速度差写成分量形式可以得到

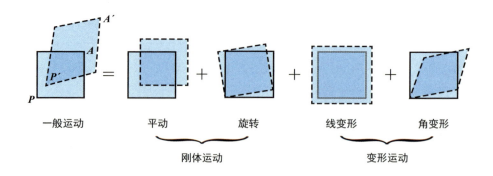

图 3-9　流体微团一般运动的分解

$$\vec{V}_A - \vec{V}_P = \left[\left(\frac{\partial u}{\partial x}\right)_P \delta x + \left(\frac{\partial u}{\partial y}\right)_P \delta y + \left(\frac{\partial u}{\partial z}\right)_P \delta z\right]\vec{i}$$
$$+ \left[\left(\frac{\partial v}{\partial x}\right)_P \delta x + \left(\frac{\partial v}{\partial y}\right)_P \delta y + \left(\frac{\partial v}{\partial z}\right)_P \delta z\right]\vec{j}$$
$$+ \left[\left(\frac{\partial w}{\partial x}\right)_P \delta x + \left(\frac{\partial w}{\partial y}\right)_P \delta y + \left(\frac{\partial w}{\partial z}\right)_P \delta z\right]\vec{k}$$

从上式可以看出，A 点相对 P 点速度的变化可以用速度分量的 9 个偏导数表示，这 9 个偏导数也就是 P 点处的 3 个速度分量分别沿 3 个坐标方向的变化率，它们表示了流体微团的所有变形方式，并且组成了一个二阶张量如下（有关张量表示法请见下一页 Tips 中的介绍）：

$$\frac{\partial u_j}{\partial x_i} = \begin{bmatrix} \frac{\partial u}{\partial x} & \frac{\partial u}{\partial y} & \frac{\partial u}{\partial z} \\ \frac{\partial v}{\partial x} & \frac{\partial v}{\partial y} & \frac{\partial v}{\partial z} \\ \frac{\partial w}{\partial x} & \frac{\partial w}{\partial y} & \frac{\partial w}{\partial z} \end{bmatrix} \quad (3.12)$$

式（3.12）包含了流体微团内任意相邻两点之间所有相对运动形式的描述，包括旋转、线变形和角变形，一般运动都是由这 3 种运动叠加得到的。因此，应该可以把公式（3.12）改写成三项叠加的形式，分别表示这 3 种运动，变化后的形式如下：

$$\frac{\partial u_j}{\partial x_i} = \begin{bmatrix} \frac{\partial u}{\partial x} & 0 & 0 \\ 0 & \frac{\partial v}{\partial y} & 0 \\ 0 & 0 & \frac{\partial w}{\partial z} \end{bmatrix} + \begin{bmatrix} 0 & \frac{1}{2}\left(\frac{\partial u}{\partial y}-\frac{\partial v}{\partial x}\right) & \frac{1}{2}\left(\frac{\partial u}{\partial z}-\frac{\partial w}{\partial x}\right) \\ \frac{1}{2}\left(\frac{\partial v}{\partial x}-\frac{\partial u}{\partial y}\right) & 0 & \frac{1}{2}\left(\frac{\partial v}{\partial z}-\frac{\partial w}{\partial y}\right) \\ \frac{1}{2}\left(\frac{\partial w}{\partial x}-\frac{\partial u}{\partial z}\right) & \frac{1}{2}\left(\frac{\partial w}{\partial y}-\frac{\partial v}{\partial z}\right) & 0 \end{bmatrix} \quad (3.12a)$$

$$+ \begin{bmatrix} 0 & \frac{1}{2}\left(\frac{\partial u}{\partial y}+\frac{\partial v}{\partial x}\right) & \frac{1}{2}\left(\frac{\partial u}{\partial z}+\frac{\partial w}{\partial x}\right) \\ \frac{1}{2}\left(\frac{\partial u}{\partial y}+\frac{\partial v}{\partial x}\right) & 0 & \frac{1}{2}\left(\frac{\partial v}{\partial z}+\frac{\partial w}{\partial y}\right) \\ \frac{1}{2}\left(\frac{\partial u}{\partial z}+\frac{\partial w}{\partial x}\right) & \frac{1}{2}\left(\frac{\partial v}{\partial z}+\frac{\partial w}{\partial y}\right) & 0 \end{bmatrix}$$

Tips 看懂张量表示法

张量是一种包含标量和矢量的数学表示法。用 3^N 来表示张量在直角坐标系中的分量数,N 为张量的阶数。标量是 0 阶张量,矢量是 1 阶张量。我们这里讨论的是有 9 个分量的 2 阶张量。下面是一些最基本的表示法。

(1)用 1,2,3 代表 3 个坐标,则 x_1, x_2, x_3 代表 x, y, z;u_1, u_2, u_3 代表 u, v, w。

(2)a_i, a_k 这样的式子表示了一个矢量,其中的 i 和 k 称为自由下标,分别取 1,2,3,用分量形式表示如下:

$$u_i = u_1 \vec{i} + u_2 \vec{j} + u_3 \vec{k} \ ; \quad \frac{\partial p}{\partial x_i} = \frac{\partial p}{\partial x_1}\vec{i} + \frac{\partial p}{\partial x_2}\vec{j} + \frac{\partial p}{\partial x_3}\vec{k}$$

(3)同一项中含有两个自由下标时,则它们分别取 1,2,3,于是这一项将包含 9 个分量,成为一个二阶张量,用矩阵表示如下:

$$\tau_{ij} = \begin{bmatrix} \tau_{11} & \tau_{12} & \tau_{13} \\ \tau_{21} & \tau_{22} & \tau_{23} \\ \tau_{31} & \tau_{32} & \tau_{33} \end{bmatrix} ; \quad \frac{\partial u_i}{\partial x_k} = \begin{bmatrix} \partial u_1/\partial x_1 & \partial u_1/\partial x_2 & \partial u_1/\partial x_3 \\ \partial u_2/\partial x_1 & \partial u_2/\partial x_2 & \partial u_2/\partial x_3 \\ \partial u_3/\partial x_1 & \partial u_3/\partial x_2 & \partial u_3/\partial x_3 \end{bmatrix}$$

(4)同一项中如果有两个相同的下标,则要从 1 到 3 求和,有时这相当于两个矢量的点乘,比如:

$$u_i x_i = u_1 x_1 + u_2 x_2 + u_3 x_3 \ ; \quad \frac{\partial u_k}{\partial x_k} = \frac{\partial u_1}{\partial x_1} + \frac{\partial u_2}{\partial x_2} + \frac{\partial u_3}{\partial x_3}$$

(5)同一项中如果既有相同的下标,也有不同的下标,则要同时满足上面的(3)和(4),比如下面这个式子其实表示了一个矢量:

$$u_j \frac{\partial u_i}{\partial x_j} = \left(u_1 \frac{\partial u_1}{\partial x_1} + u_2 \frac{\partial u_1}{\partial x_2} + u_3 \frac{\partial u_1}{\partial x_3} \right) \vec{i}$$
$$+ \left(u_1 \frac{\partial u_2}{\partial x_1} + u_2 \frac{\partial u_2}{\partial x_2} + u_3 \frac{\partial u_2}{\partial x_3} \right) \vec{j}$$
$$+ \left(u_1 \frac{\partial u_3}{\partial x_1} + u_2 \frac{\partial u_3}{\partial x_2} + u_3 \frac{\partial u_3}{\partial x_3} \right) \vec{k}$$

式（3.12a）中，第一个矩阵是对角矩阵，有 3 个独立变量；第二个矩阵是反对称矩阵，也有 3 个独立变量；第三个矩阵是对称矩阵，也有 3 个独立变量。因此，从式（3.12）变换到式（3.12a）后，流体的变形仍然是由 9 个独立分量构成。接下去我们将分别证明，式（3.12a）中第一个矩阵代表了流体微团的线变形；第二个矩阵代表了流体微团的整体旋转；第三个矩阵代表了流体微团的角变形。

3.7.1 流体微团的线变形

第一种变形方式如图 3-10 所示，取一个矩形的流体微团，在运动过程中它的变形方式仅仅是沿 x 方向伸长。假设该微团的左侧边运动速度为 u，则右侧边的运动速度可以表示为

$$u + \frac{\partial u}{\partial x}\delta x$$

经过一小段时间 δt，其右侧边相对左侧边多运动的距离为

$$\left(\frac{\partial u}{\partial x}\delta x\right)\delta t$$

因此，该微团沿 x 方向的相对伸长量为

$$\left(\frac{\partial u}{\partial x}\delta x\right)\delta t \bigg/ \delta x = \frac{\partial u}{\partial x}\delta t$$

单位时间内的相对伸长量为

$$\left(\frac{\partial u}{\partial x}\delta t\right)\bigg/\delta t = \frac{\partial u}{\partial x}$$

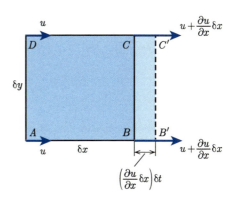

图 3-10　流体微团的线变形

这表示了该微团沿 x 方向的线变形率。

同理，也可以得到另外两个方向的线变形率，从而流体微团的线变形率可以用如下 3 个量来表示：

$$\frac{\partial u}{\partial x},\ \frac{\partial v}{\partial y},\ \frac{\partial w}{\partial z}$$

这 3 个量就是式（3.12a）中第一个矩阵中的 3 个量，可见这个矩阵表示了流体微团的线变形。

对于图 3-10 所示的情况来说，流体微团只在 x 方向伸长，在其他两个方向

不发生变化，这时该微元体的体积增大了，显然这是一种可压缩流动。如果流动是不可压缩的，则流体微团在一个方向上伸长，在另两个方向上至少有一个会缩短。这种变形可以通俗地表示为：拉伸使物体变长变细，压缩使物体变短变粗。下面我们来看看在不可压缩流动中的线变形是怎样的。

对于图 3-10 所示的变形，x 方向的线变形造成的体积变化为

$$d(\delta B)_x = \delta y \delta z \left(\frac{\partial u}{\partial x} \delta x\right) \delta t$$

同理，另外两个方向的线变形造成的体积变化分别为

$$d(\delta B)_y = \delta z \delta x \left(\frac{\partial v}{\partial y} \delta y\right) \delta t$$

$$d(\delta B)_z = \delta x \delta y \left(\frac{\partial w}{\partial z} \delta z\right) \delta t$$

总的体积变化为这三者之和：

$$d(\delta B) = d(\delta B)_x + d(\delta B)_y + d(\delta B)_z$$
$$= \left(\frac{\partial u}{\partial x} \delta x \delta y \delta z + \frac{\partial v}{\partial y} \delta x \delta y \delta z + \frac{\partial w}{\partial z} \delta x \delta y \delta z\right) \delta t$$

单位时间内的相对体积变化量称为体积变化率，可以表示为

$$\frac{1}{\delta B} \frac{d(\delta B)}{dt} = \frac{1}{\delta x \delta y \delta z} \left(\frac{\partial u}{\partial x} \delta x \delta y \delta z + \frac{\partial v}{\partial y} \delta x \delta y \delta z + \frac{\partial w}{\partial z} \delta x \delta y \delta z\right)$$
$$= \frac{\partial u}{\partial x} + \frac{\partial v}{\partial y} + \frac{\partial w}{\partial z}$$
$$= \nabla \cdot \vec{V}$$

可见，流体微团的体积变化率就是其速度的散度 $\nabla \cdot \vec{V}$。很显然对于不可压缩流动，流场中各处速度的散度都应该为零。

3.7.2 流体微团的整体旋转

第二种变形方式如图 3-11 所示，流体微团绕某一轴转动。设图中 A 点的两个速度分量分别为 u 和 v，则 B 点沿 y 轴方向的速度可以表示为

$$v_B = v + \frac{\partial v}{\partial x} \delta x$$

以逆时针方向为正，AB 边绕 A 点的旋转角速度为

$$\Omega_{AB} = \frac{v_B - v}{\delta x} = \frac{\frac{\partial v}{\partial x}\delta x}{\delta x} = \frac{\partial v}{\partial x}$$

D 点沿 x 轴方向的速度可以表示为

$$u_D = u + \frac{\partial u}{\partial y}\delta y$$

AD 边绕 A 点的旋转速度为

$$\Omega_{AD} = \frac{u - u_D}{\delta y} = \frac{-\frac{\partial u}{\partial y}\delta y}{\delta y} = -\frac{\partial u}{\partial y}$$

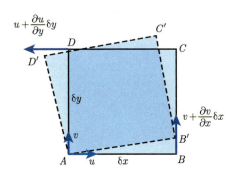

图 3-11　流体微团的旋转

如果流体微团是做刚体旋转的，则这两个角速度应该相等，即 $\Omega_{AB} = \Omega_{AD}$，对于一般情况，流体微团在旋转的同时还有角变形，其角速度应该用所有质点旋转角速度的平均值来表示。可以证明，在流体微团内取任意两条互相垂直的直线，它们的旋转角速度的平均值就相当于所有质点的角速度的平均值。因此，AB 和 AD 的旋转角速度的平均值就是流体微团的旋转角速度，于是就得到了流体微团绕 z 轴的旋转角速度为

$$\Omega_z = \frac{1}{2}(\Omega_{AB} + \Omega_{AD}) = \frac{1}{2}\left(\frac{\partial v}{\partial x} - \frac{\partial u}{\partial y}\right)$$

同理可得流体微团绕 x 轴和 y 轴的角速度分别为

$$\Omega_x = \frac{1}{2}\left(\frac{\partial w}{\partial y} - \frac{\partial v}{\partial z}\right)$$

$$\Omega_y = \frac{1}{2}\left(\frac{\partial u}{\partial z} - \frac{\partial w}{\partial x}\right)$$

这 3 个角速度就是式（3.12a）中第二个矩阵中的 3 个独立分量，可见这个矩阵表示了流体微团的旋转运动。

3.7.3　流体微团的角变形

第三种变形方式如图 3-12 所示，AB 和 AD 两条边各转动一个角度，造成了 ∠BAD 的改变，流体微团发生了角变形，或剪切变形。如前所述，B 点和 D 点的速度分别为

$$v_B = v + \frac{\partial v}{\partial x}\delta x$$

$$u_D = u + \frac{\partial u}{\partial y}\delta y$$

单位时间内 AB 和 AD 的转动造成的 ∠BAD 的变化量分别为

$$\delta\alpha_B = \frac{(v_B - v)\cdot \delta t}{\delta x}\bigg/\delta t = \frac{\partial v}{\partial x}$$

$$\delta\alpha_D = \frac{(u_D - u)\cdot \delta t}{\delta y}\bigg/\delta t = \frac{\partial u}{\partial y}$$

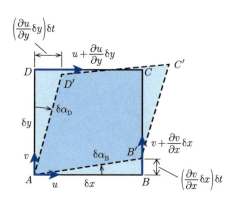

图 3-12　流体微团的角变形

单位时间内 ∠BAD 的总变化量为上面两项之和

$$\delta\alpha = \delta\alpha_B + \delta\alpha_D = \frac{\partial u}{\partial y} + \frac{\partial v}{\partial x}$$

∠BAD 的变化量代表了 x-y 平面内的角变形，单位时间内的角变形称为角变形率，一般用 ε 表示。由上面的推导可知，流体微团在直角坐标定义的 3 个平面内的角变形率分别为

$$\varepsilon_{xy} = \frac{\partial u}{\partial y} + \frac{\partial v}{\partial x}; \quad \varepsilon_{yz} = \frac{\partial v}{\partial z} + \frac{\partial w}{\partial y}; \quad \varepsilon_{zx} = \frac{\partial w}{\partial x} + \frac{\partial u}{\partial z}$$

这 3 个角变形率分别是式（3.12a）中第三个矩阵的 3 个独立分量的 2 倍，因此这个矩阵表示了流体微团的角变形。

扩展知识

1. 脉线及其用途

脉线是由流场中那些相继经过空间某一固定点的流体微团串连起来而形成的曲线。在定常流动中，脉线、迹线和流线都是重合的；在非定常流动中，这三者都不重合。虽然脉线的定义不如迹线和流线那样物理意义清晰，它却是最容易观察到的，脉线经常作为实验中的观察手段。例如，本章标题页中所示的流过汽车表面的曲线就是一种脉线，这些曲线对应在风洞中汽车前面释放的一排烟线所形成的图像。如果是在水中做实验，则经常使用的是染色剂。图 3-3 所示的螺旋形水流也可以看作是一种脉线，只不过和严格的定义不同，这些水是从旋转着的喷嘴流出的，而不是固定的一点。本书左侧页脚表示了流动随雷诺数变化的动画中所画的流动曲线都是脉线，可以直观地表示流动形态，但并不能表示流动方向，因此在这些曲线上画上箭头其实是不太合适的。

2. 流线坐标

在分析流动问题时，有时采用相对于当地流动方向的坐标更容易理解问题。例如，图 3-13 所示的流动中，既可以采用相对空间固定的坐标，也可以采用相对当地流线的坐标。在流线坐标中，用 s 表示流向，n 表示与流向垂直的法向，分别用单位向量 $\vec{s}$ 和 $\vec{n}$ 表示。很显然，流线坐标最大的问题是必须先知道流线才能确定坐标，这是很矛盾的，因为流线是求解之后才能得到的，所以，使用流线坐标时，通常是先假设一个流线，经过迭代来得到最终解。流线坐标还有一种应用，是定性地判断流动，这时并不需要精确知道流线。

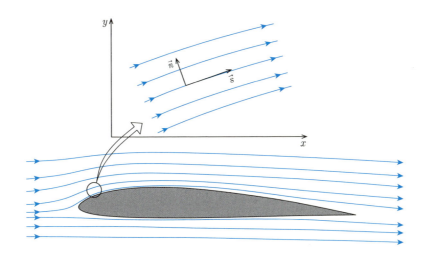

图 3-13 绕机翼流动与流线坐标

定义了流向和法向单位向量后，速度向量可以表示为

$$\vec{V} = V\vec{s}$$

加速度向量可以表示为

$$\vec{a} = \frac{D\vec{V}}{Dt} = a_s \vec{s} + a_n \vec{n}$$

对于定常流动，通过一些变换（请参考书末参考文献【45】的第 4.2 节的推导过程），可以得到流向和法向加速度分别为

$$a_s = V\frac{\partial V}{\partial s}; \quad a_n = \frac{V^2}{R}$$

式中：R 表示当地流线的曲率半径。

流向加速度表示了流体速度大小的改变程度，法向加速度表示了流体速度方向的改变程度，也就是向心加速度。在图 3-13 中，流线是向着机翼弯曲的，于是法向加速度指向机翼表面。从力学角度可知，向心力是压差力提供的，下部流线的压力应该小于上部流线的压力。这可以解释为什么这个地方机翼表面的压力低于外部未受扰动的大气压力。

思考题

3.1 思考图 3-2（c）中的流体质点的速度大小和方向随时间的变化规律，以及该质点所受压差力的变化规律。

3.2 流体在锥形的收缩圆管内流动，已知进出口直径和收缩段长度，试推导加速度沿长度方向的变化。（假设流动不可压，即流速与横截面积成反比。）

3.3 在一个装满水的容器中，一滴油匀速从水底上升到水面。以容器为控制体，这个流动是定常还是非定常流动？可压缩还是不可压缩流动？这个流动中整个流场有加速度吗？

3.4 图 3-10 所示的线变形中实际上含有角变形，这个角变形量是多少？不含角变形的纯线变形是什么样子的？不可压缩流动中，流体微团是否存在没有角变形的变形？

第 4 章

流体动力学基本方程

雨伞在有风时会产生升力，进而引发灾难……

4.1 积分方法和微分方法

流体与固体一样遵循三大基本物理定律，即：质量守恒定律、动量定理（牛顿第二定律）以及热力学第一定律。这三大定律都是基于质点或体系的，在流体力学中要将其应用于欧拉坐标下的空间点或控制体，需要通过物质导数或者雷诺输运定理进行变换。**针对质点或空间点的研究方法称为微分方法，针对体系或控制体的研究方法称为积分方法。**

欧拉法中的积分方法又被称为控制体分析方法。针对具体问题的需要，选取一个控制体，只分析控制体表面的受力和进出控制体的流体性质，而不需要研究控制体内部的变化。积分方法最为广泛的应用是针对一维流动的，当流动是较为复杂的二维和三维流动时，仅仅使用积分方法很难得出有用的结果，这时的积分方法更多是用于定性分析。研究流场中详细的流动信息需要使用微分方法，这种方法更能反映流动问题的本质，但控制方程较为复杂，不易求解。

图 4-1 给出了用这两种方法来求解机翼的升力和阻力的示意图。图（a）是积分方法，通过测量气流经过机翼所产生的动量改变来计算机翼施加给流体的力，这个力同时也就是气流给予机翼的力。图（b）是微分方法，通过测量机翼表面所有点的压力和粘性力，将这些力与微元面积的乘积进行积分，从而得到气流给予机翼的力。很显然，在这个问题中，积分法较为简单和可行，微分法则较难实现一些。如果换个问题，现在想知道机翼表面的最高和最低压力点，则积分方法是无能为力的，只能通过微分方法进行。

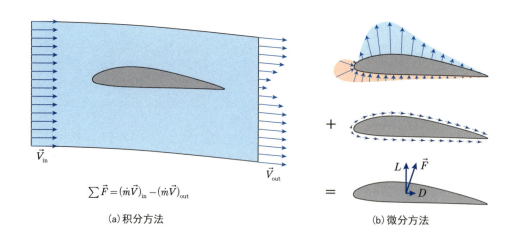

(a) 积分方法　　　　　　　(b) 微分方法

图 4-1　机翼上的气动力——积分方法和微分方法

在数学上，积分方法和微分方法可以互相变换，将微分方程在有限控制体内积分就可以得到积分方程，将积分方程应用于无穷小的控制体或者流体微团就可以得到微分方程。在本章中，我们将分别推导三大基本物理定律在流体力学中的积分和微分形式，并深入分析它们的物理意义。

4.2 连续方程

4.2.1 积分形式的连续方程

对于一个体系而言，其质量保持不变，所以连续方程为

$$\frac{\mathrm{d}m_{\mathrm{sys}}}{\mathrm{d}t} = \frac{\mathrm{d}}{\mathrm{d}t}\iiint\limits_{\mathrm{sys}} \rho \mathrm{d}B = 0$$

应用雷诺输运定理，可以把上式转换为适用于控制体的关系式。令雷诺输运定理公式（3.6b）中的 ϕ 代表单位体积的质量，即密度 ρ，则有

$$\frac{\mathrm{d}}{\mathrm{d}t}\iiint\limits_{\mathrm{sys}} \rho \mathrm{d}B = \frac{\partial}{\partial t}\iiint\limits_{\mathrm{cv}} \rho \mathrm{d}B + \iint\limits_{\mathrm{cs}} \rho\left(\vec{V}\cdot\vec{n}\right)\mathrm{d}A$$

从上面两式可以得到针对控制体的质量守恒关系式：

$$\frac{\partial}{\partial t}\iiint\limits_{\mathrm{cv}} \rho \mathrm{d}B + \iint\limits_{\mathrm{cs}} \rho\left(\vec{V}\cdot\vec{n}\right)\mathrm{d}A = 0 \tag{4.1}$$

这个关系式称为**控制体积分形式的连续方程**。

在式（4.1）中，第一项表示单位时间内控制体内流体质量的增加量，第二项表示了单位时间内通过控制面流出该控制体的流体质量。该式的物理意义十分明确：**控制体内增加的流体只可能来源于边界的流入**。

对于定常流动，控制体内流体质量保持不变，式（4.1）中的第一项为零，于是有

$$\iint\limits_{\mathrm{cs}} \rho\left(\vec{V}\cdot\vec{n}\right)\mathrm{d}A = 0$$

也就是说，对于定常流动，进出控制体的流体质量保持动态平衡，任一时刻从任何方向进入控制体多少质量，就必然同时从其他方向流出控制体同样多的质量。

对于一维定常流动，连续方程可以写成更为实用的形式，即

$$\dot{m}_{\text{in}} = \dot{m}_{\text{out}}$$

式中：$\dot{m} = \mathrm{d}m/\mathrm{d}t$ 表示单位时间通过的质量，称为流量。

图 4-2 给出了一维管道流动示意图，通过任一截面的流量可以表示为

$$\dot{m} = \frac{\rho \mathrm{d}B}{\mathrm{d}t} = \frac{\rho A \mathrm{d}x}{\mathrm{d}t} = \rho A V$$

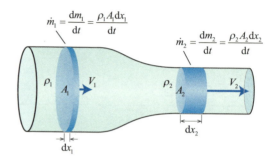

单位时间内两个截面处通过的质量相等

图 4-2 变截面管流中的流量连续

这个关系式也可以通过式（4.1）中的第二项直接得到。对于一维流动，流动参数只沿流向变化，任意流动截面上的密度和速度都是均匀的，可以提到积分号外面，于是有

$$\dot{m} = \iint_{\text{cs}} \rho \left(\vec{V} \cdot \vec{n} \right) \mathrm{d}A = \rho A V$$

这样，一维定常流动的连续方程就可以写成工程上常用的形式，即

$$\rho_1 A_1 V_1 = \rho_2 A_2 V_2 \tag{4.2}$$

其中的下标 1 和 2 代表了沿流向的不同截面，通常表示控制体的进口和出口。该式表明：**对于一维定常流动，任意截面处的管道截面积、密度和速度三者的乘积为常数。**

如果选取的流动截面处于收缩或扩张处，则式（4.2）是有一定误差的，这个误差的来源有两个，一个是速度在该截面上并不均匀，另一个是速度与该截面并不是处处垂直。实际应用中只要保证所选取控制体的进出口处的流动是一维的，那么不管控制体内部的流动是怎样的，式（4.2）都是精确的。

当流动为不可压缩时，式（4.2）变为更为简单的形式：

$$A_1 V_1 = A_2 V_2 \tag{4.3}$$

式（4.3）表明：**当流体密度不变时，流速与截面积成反比。** 流体流经收缩通道会加速，流经扩张通道会减速。在图 4-2 中，如果流体微团的体积不变，管道收缩，则流体被横向压缩，其流向尺度将变大，流向速度因此会变大。

积分形式的连续方程只在用于一维流动的时候才是最有用的，真正求解三维问题时，多使用的是微分形式的连续方程。数学上直接对积分形式的方程进行变换就可以得到微分形式的方程，直接针对微小控制体应用雷诺输运定理也可以得到微分形式的方程。这里我们先用第一种方法，再用第二种方法，分别得出微分形式的连续方程。

4.2.2 从积分方程得到微分方程

把积分形式的连续方程重写如下：

$$\frac{\partial}{\partial t}\iiint_{cv}\rho \mathrm{d}B + \iint_{cs}\rho(\vec{V}\cdot\vec{n})\mathrm{d}A = 0$$

上式的第二项可以通过高斯定理变换为体积分

$$\iint_{cs}\rho(\vec{V}\cdot\vec{n})\mathrm{d}A = \iiint_{cv}\nabla\cdot(\rho\vec{V})\mathrm{d}B$$

于是，连续方程可以变换为

$$\frac{\partial}{\partial t}\iiint_{cv}\rho \mathrm{d}B + \iiint_{cv}\nabla\cdot(\rho\vec{V})\mathrm{d}B = 0$$

控制体的体积为不变量，因此微分符号可以放在积分符号内，上式可写为

$$\iiint_{cv}\frac{\partial \rho}{\partial t}\mathrm{d}B + \iiint_{cv}\nabla\cdot(\rho\vec{V})\mathrm{d}B = 0$$

进一步得到

$$\iiint_{cv}\left[\frac{\partial \rho}{\partial t}+\nabla\cdot(\rho\vec{V})\right]\mathrm{d}B = 0$$

要想上式对于任意控制体都成立，被积分项应该恒等于零，因此有

$$\frac{\partial \rho}{\partial t}+\nabla\cdot(\rho\vec{V}) = 0 \tag{4.4}$$

式（4.4）就是**微分形式的连续方程**，它和积分形式方程的意义是一样的，不过是针对空间某一"点"而言。$\partial\rho/\partial t$ 表示的是空间某一点处质量的增加量，而 $\nabla\cdot(\rho\vec{V})$ 表示的是流出该点的质量。

> **Tips　流体中的高斯定理**
>
> 高斯定理又称为散度定理，其定义式如下：
>
> $$\iiint_B (\nabla \cdot \vec{F}) \mathrm{d}B = \oiint_A (\vec{F} \cdot \vec{n}) \mathrm{d}A$$
>
> 该式中的左端项为任意矢量 $\vec{F}$ 的散度在一个空间内的体积分，表示了该空间内某种量的净生成量。右端项为该矢量在包围这个空间的封闭表面的通过量。高斯定理描述了物理性质的守恒特性，可以理解为：一个空间内的净生成量等于净流出量。
>
> 当应用于流场中时，让高斯定理中的矢量代表速度，得
>
> $$\iiint_{cv} (\nabla \cdot \vec{V}) \mathrm{d}B = \oiint_{cs} (\vec{V} \cdot \vec{n}) \mathrm{d}A$$
>
> 该式中，左端项表示了速度散度的体积分，物理意义为体积的增加量。右端项为控制面各点处法向速度与面积的乘积的积分，也就是体积流量 $Q=VA$。所以在这里，高斯定理表示了这样的意思：控制体内流体体积的增加量等于通过控制面流出的流体体积。

4.2.3 对微控制体分析得到微分方程

下面我们针对一个微小的控制体来推导连续方程。如图 4-3 所示，取一微小六面体作为控制体，该控制体共有 6 个控制面，分为 3 对，分别垂直于 3 个坐标轴。对于垂直于 x 轴的两个面，如果左侧面处流速为 u，则根据流量公式，从左侧面进入控制体的流量为

$$\dot{m}_{\text{left}} = \rho u \mathrm{d}A = \rho u \mathrm{d}y \mathrm{d}z$$

左右侧面的面积相等，但单位面积的流量可以不同，因此从右侧面流出控制体的流量可以用泰勒展开表示为

$$\dot{m}_{\text{right}} = \left[\rho u + \frac{\partial (\rho u)}{\partial x} \mathrm{d}x \right] \mathrm{d}y \mathrm{d}z$$

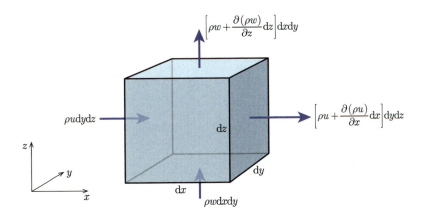

图 4-3 进出微控制体的流量

从这两个面净流出控制体的流量为

$$\Delta \dot{m}_{\text{out},x} = \dot{m}_{\text{right}} - \dot{m}_{\text{left}} = \left[\rho u + \frac{\partial(\rho u)}{\partial x}\mathrm{d}x\right]\mathrm{d}y\mathrm{d}z - \rho u \mathrm{d}y\mathrm{d}z$$

整理后得

$$\Delta \dot{m}_{\text{out},x} = \frac{\partial(\rho u)}{\partial x}\mathrm{d}x\mathrm{d}y\mathrm{d}z$$

同理,另外两对面上净流出控制体的流量分别为

$$\Delta \dot{m}_{\text{out},y} = \frac{\partial(\rho v)}{\partial y}\mathrm{d}x\mathrm{d}y\mathrm{d}z$$

$$\Delta \dot{m}_{\text{out},z} = \frac{\partial(\rho w)}{\partial z}\mathrm{d}x\mathrm{d}y\mathrm{d}z$$

因此,单位时间内从控制体流出的总质量为

$$\Delta \dot{m}_{\text{out}} = \Delta \dot{m}_{\text{out},x} + \Delta \dot{m}_{\text{out},y} + \Delta \dot{m}_{\text{out},z}$$

$$= \frac{\partial(\rho u)}{\partial x}\mathrm{d}x\mathrm{d}y\mathrm{d}z + \frac{\partial(\rho v)}{\partial y}\mathrm{d}x\mathrm{d}y\mathrm{d}z + \frac{\partial(\rho w)}{\partial z}\mathrm{d}x\mathrm{d}y\mathrm{d}z$$

$$= \left[\frac{\partial(\rho u)}{\partial x} + \frac{\partial(\rho v)}{\partial y} + \frac{\partial(\rho w)}{\partial z}\right]\mathrm{d}x\mathrm{d}y\mathrm{d}z$$

另一方面,单位时间控制体内质量的增加可表示为

$$\Delta \dot{m} = \frac{\partial m}{\partial t} = \frac{\partial \rho}{\partial t} \mathrm{d}x \mathrm{d}y \mathrm{d}z$$

根据质量守恒定律，控制体内流体质量的减少应该等于流出控制体的流体质量，因此有

$$-\frac{\partial \rho}{\partial t} \mathrm{d}x \mathrm{d}y \mathrm{d}z = \left[\frac{\partial (\rho u)}{\partial x} + \frac{\partial (\rho v)}{\partial y} + \frac{\partial (\rho w)}{\partial z} \right] \mathrm{d}x \mathrm{d}y \mathrm{d}z$$

整理后可得

$$\frac{\partial \rho}{\partial t} + \frac{\partial (\rho u)}{\partial x} + \frac{\partial (\rho v)}{\partial y} + \frac{\partial (\rho w)}{\partial z} = 0$$

或写成矢量形式：

$$\frac{\partial \rho}{\partial t} + \nabla \cdot (\rho \vec{V}) = 0$$

这与前面通过积分变换得到的结果式（4.4）是完全相同的。

在式（4.4）中，第一项 $\partial \rho / \partial t$ 是密度对时间的偏导数，代表了流动的非定常项。对于定常流动，这一项应该为零，从而使公式的第二项，即单位时间流出控制体的质量 $\nabla \cdot (\rho \vec{V})$ 也为零，即

$$\nabla \cdot (\rho \vec{V}) = 0 \qquad (4.5)$$

这是**定常流动的连续方程**。

对连续方程（4.4）中的两项还可以进行下列变换：

$$\frac{\partial \rho}{\partial t} + \nabla \cdot (\rho \vec{V}) = \frac{\partial \rho}{\partial t} + (\vec{V} \cdot \nabla)\rho + \rho(\nabla \cdot \vec{V}) = \frac{\mathrm{D}\rho}{\mathrm{D}t} + \rho(\nabla \cdot \vec{V})$$

因此连续方程也可以写成如下的形式：

$$\frac{\mathrm{D}\rho}{\mathrm{D}t} + \rho(\nabla \cdot \vec{V}) = 0 \qquad (4.4a)$$

式（4.4）与式（4.4a）在数学上是等价的，在物理意义上则有所不同。式（4.4）是针对微控制体的，可以解释为：控制体内质量的减少量等于流出控制体的质量。式（4.4a）则是针对微体系的，其第一项 $\mathrm{D}\rho/\mathrm{D}t$ 表示单位时间内体系密度的增加量，第二项 $\rho(\nabla \cdot \vec{V})$ 则与体系体积的增加有关，可以理解为：体系密度的增加是由体

积的减小造成的。

对于不可压缩流动，$D\rho/Dt=0$，由式（4.4a）可得

$$\nabla \cdot \vec{V} = 0 \tag{4.6}$$

或写为分量形式：

$$\frac{\partial u}{\partial x} + \frac{\partial v}{\partial y} + \frac{\partial w}{\partial z} = 0 \tag{4.6a}$$

这就是**不可压缩流动的连续方程**。

因为速度的散度代表了流体微团体积的变化率，公式（4.6）的物理意义是：对于不可压缩流动，流体微团的体积保持不变。

下面我们应用不可压缩流动的连续方程来分析一个简单流动中的流速变化规律。如图4-4所示，流体经过二维收缩通道，二维不可压缩流动的连续方程为

$$\frac{\partial u}{\partial x} + \frac{\partial v}{\partial y} = 0$$

如果把这个流动看成是准一维的，则可以使用一维积分形式的不可压缩连续方程，即

$$A_1 V_1 = A_2 V_2$$

显然，根据一维的连续方程，当通道收缩时，沿流向的速度增加，即$\partial u/\partial x > 0$。将其代入前面的二维连续方程中，可以得到$\partial v/\partial y < 0$。在图4-4所示的收缩流动中，中心线以下的流体有向上的速度，即在这里$v>0$；中心线上的流体没有垂直的速度，$v=0$；中心线以上的流体具有向下的速度$v<0$。也就是说，从下壁面到上壁面，流体沿y方向的速度v从正到零再到负，即收缩流动中必然有$\partial v/\partial y < 0$，一维与二维方程得到的结论一致。

实际的工程问题没有绝对的一维流动，绝对的一维

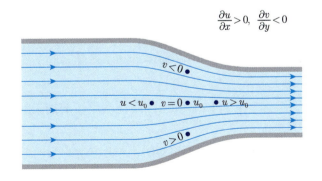

图4-4 二维收缩通道的速度变化规律

流动意味着速度没有横向的变化。从上面的分析可以看到，如果速度没有横向变化，那么速度也没有流向的变化，这样的流动就不用研究了。众多所谓的一维管流其实是三维流动，即使没有粘性影响，由于收缩和扩张的存在，其任一截面上的流速也可能是不均匀的，一维计算所用的流速是截面的平均流速。

4.3 动量方程

4.3.1 积分形式的动量方程

动量方程也就是牛顿第二定律，其数学表述为

$$\sum \vec{F} = \frac{\mathrm{d}(m\vec{V})}{\mathrm{d}t}$$

对于一个由流体质点系组成的体系来说，其更一般的表述形式为

$$\sum \vec{F} = \frac{\mathrm{d}}{\mathrm{d}t} \iiint_{\mathrm{sys}} \vec{V} \rho \mathrm{d}B \tag{4.7}$$

该公式中的左端项为体系所受到的合力，如果取某一时刻该体系所占据的空间为控制体，则体系所受的力就是控制体所受的力：

$$\sum \vec{F}_{\mathrm{cv}} = \sum \vec{F}_{\mathrm{sys}} \tag{4.8}$$

可以通过雷诺输运定理将体系的动量变化转化为针对控制体的变化。令雷诺输运定理（3.6b）中的 ϕ 代表单位体积的动量 $\rho \vec{V}$，则有

$$\frac{\mathrm{d}}{\mathrm{d}t} \iiint_{\mathrm{sys}} \vec{V} \rho \mathrm{d}B = \frac{\partial}{\partial t} \iiint_{\mathrm{cv}} \vec{V} \rho \mathrm{d}B + \iint_{\mathrm{cs}} \vec{V} \rho (\vec{V} \cdot \vec{n}) \mathrm{d}A \tag{4.9}$$

式中：$\dfrac{\mathrm{d}}{\mathrm{d}t} \iiint_{\mathrm{sys}} \vec{V} \rho \mathrm{d}B$ 为体系的动量随时间的变化；

$\dfrac{\partial}{\partial t} \iiint_{\mathrm{cv}} \vec{V} \rho \mathrm{d}B$ 为控制体内流体的动量随时间的变化；

$\iint_{\mathrm{cs}} \vec{V} \rho (\vec{V} \cdot \vec{n}) \mathrm{d}A$ 为净流出控制体的动量。

把式（4.8）和式（4.9）代入式（4.7）中，得

$$\sum \vec{F}_{cv} = \frac{\partial}{\partial t}\iiint_{cv} \vec{V}\rho \mathrm{d}B + \iint_{cs} \vec{V}\rho(\vec{V}\cdot\vec{n})\mathrm{d}A \qquad (4.10)$$

式（4.10）就是**针对控制体的积分形式的动量方程**，其各项的含义如上面所示。这个公式的意义更多是用于理论推导，工程中用到最多的是针对准一维流动的，这时，公式右端两项中的密度和速度项可以用平均值来表示。经过这样的简化后，可以得到一维流动的动量方程为

$$\sum \vec{F} = \frac{\partial(m\vec{V})}{\partial t} + (\dot{m}\vec{V})_{out} - (\dot{m}\vec{V})_{in}$$

上式表示了这样的物理意义：**作用于控制体的合外力可能会产生两个效果，一个是控制体内的动量有所增加，另一个是一部分动量会被"推出"控制体**。如果公式右端的后两项为零，相当于把控制体封闭起来，不让动量进出，这时控制体所受的力只引起控制体内流体动量的变化，这样的控制体就相当于体系。如果公式右端的第一项为零，则相当于定常流动，控制体内的动量保持不变，作用于控制体的力产生的动量增量完全被排出控制体。

工程上很多常见的流动都是定常流动，此时动量方程简化为

$$\sum \vec{F} = (\dot{m}\vec{V})_{out} - (\dot{m}\vec{V})_{in} \qquad (4.11)$$

式（4.11）的用途很广，大量实际流动的问题都可以用该式求解，只要这些流动的进出口可以看作一维流动即可。对于那些进出口处的流动比较复杂，不能得出平均流速的流动，或者那些没有明确的进出口的流动，显然应该使用更一般的公式。特别地，如果我们想进一步知道流场中具体位置的性质与受力的关系，就不该用积分形式的方程，而是使用微分形式的方程。

4.3.2 微分形式的动量方程

和前面连续方程的推导一样，可以通过积分变换从积分形式的动量方程直接得到其微分形式，也可以通过对微控制体进行分析来得到微分形式的动量方程。显然第二种方式的物理意义更为明确，因此微分形式的动量方程将只通过对微控制体进行分析来得到。

如图4-5所示，取跟随其他流体运动的六面体微团，应用牛顿第二定律，得

$$\vec{F} = m\vec{a} = \rho \mathrm{d}x\mathrm{d}y\mathrm{d}z \frac{\mathrm{D}\vec{V}}{\mathrm{D}t} \qquad (4.12)$$

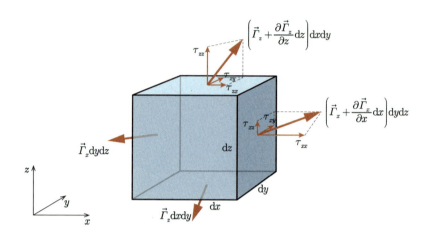

图 4-5 流体微团上的表面力

流体微团所受的力可以分为体积力和表面力：

$$\vec{F} = \vec{F}_{\text{body}} + \vec{F}_{\text{surface}} \tag{4.13}$$

其中的体积力可以用单位质量的体积力与流体微团质量的乘积表示如下：

$$\vec{F}_{\text{body}} = \vec{f}_b \rho \mathrm{d}x \mathrm{d}y \mathrm{d}z \tag{4.14}$$

显然，表面力更加复杂一些，下面我们来分析图 4-5 中流体微团 6 个面上的表面力。图中为了清晰，只表示出了与 x 轴和 z 轴垂直的两对面上的表面力，体积力和与 y 轴垂直的一对面上的表面力都未画出。按照一般约定取拉力为正，压力为负。与 x 轴垂直的两个面中，左侧面上的表面力为表面应力与面积的乘积，若用 $\vec{\Gamma}_x$ 表示这个表面应力，则左侧面的表面力为

$$\vec{F}_{s,\text{left}} = \vec{\Gamma}_x \mathrm{d}y \mathrm{d}z$$

右侧面的表面力可以表示为

$$\vec{F}_{s,\text{right}} = \left(\vec{\Gamma}_x + \frac{\partial \vec{\Gamma}_x}{\partial x} \mathrm{d}x \right) \mathrm{d}y \mathrm{d}z$$

这两个面上表面力的合力为

$$\vec{F}_{s,\text{right}} - \vec{F}_{s,\text{left}} = \left(\vec{\Gamma}_x + \frac{\partial \vec{\Gamma}_x}{\partial x}\mathrm{d}x\right)\mathrm{d}y\mathrm{d}z - \vec{\Gamma}_x \mathrm{d}y\mathrm{d}z = \frac{\partial \vec{\Gamma}_x}{\partial x}\mathrm{d}x\mathrm{d}y\mathrm{d}z$$

同理，另外两对平面上表面力的合力分别为

$$\frac{\partial \vec{\Gamma}_y}{\partial y}\mathrm{d}x\mathrm{d}y\mathrm{d}z, \quad \frac{\partial \vec{\Gamma}_z}{\partial z}\mathrm{d}x\mathrm{d}y\mathrm{d}z$$

流体微团 6 个面上所有表面力的合力为

$$\vec{F}_{\text{surface}} = \left(\frac{\partial \vec{\Gamma}_x}{\partial x} + \frac{\partial \vec{\Gamma}_y}{\partial y} + \frac{\partial \vec{\Gamma}_z}{\partial z}\right)\mathrm{d}x\mathrm{d}y\mathrm{d}z \qquad (4.15)$$

将式（4.13）、式（4.14）和式（4.15）代入牛顿第二定律（4.12）中，就得到了针对流体微团的**应力形式的动量方程**：

$$\frac{\mathrm{D}\vec{V}}{\mathrm{D}t} = \vec{f}_b + \frac{1}{\rho}\left(\frac{\partial \vec{\Gamma}_x}{\partial x} + \frac{\partial \vec{\Gamma}_y}{\partial y} + \frac{\partial \vec{\Gamma}_z}{\partial z}\right) \qquad (4.16)$$

此公式的物理意义非常明确，其左侧为流体微团单位质量的动量变化（即加速度），右侧第一项为单位质量流体所受的体积力，右侧第二项为单位质量流体所受的表面力。

要想应用动量方程解决问题，就要将其中的表面力表达成跟流动有关的形式才行。从图 4-5 中可以看出，任一表面应力可以分解成 3 个应力分量，包含一个正应力和两个切应力，即

$$\vec{\Gamma}_x = \tau_{xx}\vec{i} + \tau_{xy}\vec{j} + \tau_{xz}\vec{k} \qquad (4.17)$$

$$\vec{\Gamma}_y = \tau_{yx}\vec{i} + \tau_{yy}\vec{j} + \tau_{yz}\vec{k} \qquad (4.18)$$

$$\vec{\Gamma}_z = \tau_{zx}\vec{i} + \tau_{zy}\vec{j} + \tau_{zz}\vec{k} \qquad (4.19)$$

在上述公式中，τ 为表面应力分量，其下标中的第一个字母代表应力作用的表面，第二个字母代表应力的作用方向。例如，τ_{xz} 表示了作用在图 4-5 中的微元体的左右两个表面上的力，方向是指向 z 轴正向的。

将应力的分量形式式（4.17）~式（4.19）代入应力形式的动量方程（4.16）中，得到应力分量形式的动量方程如下：

$$\frac{D\vec{V}}{Dt} = \vec{f}_b + \frac{1}{\rho}\left(\frac{\partial \tau_{xx}}{\partial x} + \frac{\partial \tau_{yx}}{\partial y} + \frac{\partial \tau_{zx}}{\partial z}\right)\vec{i}$$
$$+ \frac{1}{\rho}\left(\frac{\partial \tau_{xy}}{\partial x} + \frac{\partial \tau_{yy}}{\partial y} + \frac{\partial \tau_{zy}}{\partial z}\right)\vec{j} \quad (4.20)$$
$$+ \frac{1}{\rho}\left(\frac{\partial \tau_{xz}}{\partial x} + \frac{\partial \tau_{yz}}{\partial y} + \frac{\partial \tau_{zz}}{\partial z}\right)\vec{k}$$

式（4.20）用张量来表示更为简洁：

$$\frac{Du_i}{Dt} = f_{b,i} + \frac{1}{\rho}\left(\frac{\partial \tau_{ji}}{\partial x_j}\right) \quad (4.20\text{a})$$

可以证明9个应力分量存在如下关系（相关证明请参见角动量方程部分）：

$$\tau_{xy} = \tau_{yx}, \quad \tau_{yz} = \tau_{zy}, \quad \tau_{zx} = \tau_{xz}$$

因此，应力分量一共有6个独立的变量。

式（4.20）最早是由纳维（Claude-Louis Navier，1785—1836）和泊松（Simeon-Denis Poisson，1781—1840）推导出来的，但是它对于实际问题并不是很有用，因为引入的6个应力分量都是未知的。在能求解这些应力之前，实际的流体问题仍然是凭经验和试验来解决的。实际上在此之前的1755年，欧拉就给出了流体的运动方程。欧拉认为流体的粘性力相比压力是非常小的，所以应该可以忽略切应力，并让正应力等于压力，用公式表示出来就是：

$$\tau_{xy} = \tau_{yx} = 0, \quad \tau_{yz} = \tau_{zy} = 0, \quad \tau_{zx} = \tau_{xz} = 0$$
$$\tau_{xx} = \tau_{yy} = \tau_{zz} = -p$$

把上面的关系式代入应力分量形式的动量方程（4.20）中，得

$$\frac{D\vec{V}}{Dt} = \vec{f}_b - \frac{1}{\rho}\nabla p \quad (4.21)$$

这就是**无粘流动的动量方程**，因为是欧拉最早给出的，所以一般称为**欧拉方程**。

在欧拉方程（4.21）中，左端项是单位质量流体动量的改变，右端第一项是体积力，右端第二项是压差力。其物理意义为：当流动为无粘时，流体的动量改变只由两种力产生，体积力和压差力。对于**体积力为重力的无粘流动，如果一个流体质点在加速，要么它是在下落，要么它是在从高压区流向低压区。**

对于静止的流体，其内部自然没有粘性力，而且流体也没有动量的变化，可以从式（4.21）简化得

$$\vec{f}_b = \frac{1}{\rho}\nabla p$$

这就是前面第 2 章出现过的欧拉静平衡方程（2.1a）。

对于有粘性的流动，还是需要解决式（4.20）中的应力的问题。在推导式（4.20）时，我们并未引入流体与固体的不同，因此该式对固体的运动也是同样适用的。当应用于固体力学时，公式中的应力和应变之间满足一定的关系，从而可以将其变换为力与应变的关系式。流体与固体不同，构成剪切应力的粘性力不是由应变决定的，而是与流动有关，其中牛顿流体的粘性力与应变率成正比。事实上，我们在第 1 章讨论流体的粘性时，已经给出了对于平行流动，粘性应力与应变率的关系，即牛顿内摩擦定律：

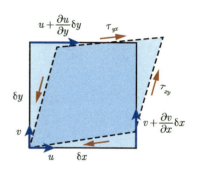

图 4-6　流体微团的变形及剪切力

$$\tau = \mu\frac{\partial u}{\partial y}$$

这个公式是基于第 1 章的图 1-7 所示流动的，这个剪切力表示的是作用在与 y 轴垂直的平面上，指向 x 轴方向的，所以确切地说应该写成 τ_{yx}。当流动不是沿 x 方向流动时，这个剪切力不仅与 x 方向的速度 u 的变化有关，还与 y 方向的速度 v 的变化有关。对于图 4-6 所示的一般情况的剪切流动，牛顿流体剪切力的表达式为

$$\begin{aligned}\tau_{yx} = \tau_{xy} &= \mu\left(\frac{\partial u}{\partial y}+\frac{\partial v}{\partial x}\right)\\ \tau_{zy} = \tau_{yz} &= \mu\left(\frac{\partial v}{\partial z}+\frac{\partial w}{\partial y}\right)\\ \tau_{xz} = \tau_{zx} &= \mu\left(\frac{\partial w}{\partial x}+\frac{\partial u}{\partial z}\right)\end{aligned} \quad （4.22）$$

正应力不像切应力那样容易得到，可以证明正应力并不只是压力，粘性也产生一部分正应力，否则微元体就不满足力的平衡关系了。这个关系式最早是由斯托克斯（George G. Stokes，1819—1903）得出的，3 个正应力的关系式如下：

$$\tau_{xx} = 2\mu \frac{\partial u}{\partial x} - \frac{2}{3}\mu(\nabla \cdot \vec{V}) - p$$

$$\tau_{yy} = 2\mu \frac{\partial v}{\partial y} - \frac{2}{3}\mu(\nabla \cdot \vec{V}) - p \qquad (4.22\text{a})$$

$$\tau_{zz} = 2\mu \frac{\partial w}{\partial z} - \frac{2}{3}\mu(\nabla \cdot \vec{V}) - p$$

由式（4.22a）可以看到，流体微团所受的正应力包含粘性力的贡献，以 τ_{xx} 为例，其中的粘性正应力为

$$\tau_{\text{viscous},xx} = 2\mu \frac{\partial u}{\partial x} - \frac{2}{3}\mu(\nabla \cdot \vec{V}) = \frac{4}{3}\mu \frac{\partial u}{\partial x} - \frac{2}{3}\mu \frac{\partial v}{\partial y} - \frac{2}{3}\mu \frac{\partial w}{\partial z}$$

对于不可压缩流动，$\nabla \cdot \vec{V} = 0$，粘性正应力与 x 方向的伸长率 $\partial u/\partial x$ 成正比，对于可压缩流动，粘性正应力还与体积变化相关。不过即使是可压缩流动，体积变化引起的粘性力一般也要小于伸长引起的粘性力，所以有些书中就直接忽略这一项，而将粘性正应力直接写为

$$\tau_{\text{viscous},xx} = 2\mu \frac{\partial u}{\partial x}$$

可见，多数情况下粘性正应力都是正的，也就是体现为拉力，**在牛顿流体中，粘性正应力几乎总是远远小于压力，所以基本上可以忽略。**

式（4.22）和式（4.22a）是牛顿流体在任意流动状态下的应力与应变率的关系，是**牛顿流体的本构方程**，因为其是牛顿内摩擦定律的推广，所以又称为**广义牛顿内摩擦定律**。需要注意的是，其中的正应力表达式（4.22a）并不是完全精确的，斯托克斯在此是引入了一些假设的。不过对于一般常见的流动，式（4.22a）是足够精确的。

牛顿流体的本构方程中，9个应力构成一个二阶张量：

$$\Gamma_{ij} = [\tau_{ij}] = \begin{bmatrix} \tau_{xx} & \tau_{xy} & \tau_{xz} \\ \tau_{yx} & \tau_{yy} & \tau_{yz} \\ \tau_{zx} & \tau_{zy} & \tau_{zz} \end{bmatrix} \qquad (4.23)$$

包含应变率和转动的9个流动分量也构成一个二阶张量，表示为

$$D_{ij} = [d_{ij}] = \begin{bmatrix} \partial u/\partial x & \partial u/\partial y & \partial u/\partial z \\ \partial v/\partial x & \partial v/\partial y & \partial v/\partial z \\ \partial w/\partial x & \partial w/\partial y & \partial w/\partial z \end{bmatrix} \qquad (4.24)$$

广义牛顿内摩擦定律建立起了应力和应变率的关系,因此称为本构方程。对于固体,本构方程是应力与应变的关系,对于有些非牛顿流体,本构方程可能与应变和应变率都相关,或者还与作用时间长度相关。

将牛顿流体的本构方程(4.22)和(4.22a)代入应力形式的动量方程中,就可以得到最终形式的动量方程:

$$\frac{\mathrm{D}\vec{V}}{\mathrm{D}t} = \vec{f}_\mathrm{b} - \frac{1}{\rho}\nabla p + \frac{\mu}{\rho}\nabla^2 \vec{V} + \frac{1}{3}\frac{\mu}{\rho}\nabla(\nabla\cdot\vec{V}) \qquad (4.25)$$

该式称为**纳维—斯托克斯(Navier-Stokes)方程**,简称 **N-S 方程**。其中各项的物理意义列出如下:

$\dfrac{\mathrm{D}\vec{V}}{\mathrm{D}t}$ —— 流体的动量随时间的变化,或称之为惯性力项

$\vec{f}_\mathrm{b}$ —— 体积力项

$-\dfrac{1}{\rho}\nabla p$ —— 压差力项

$\dfrac{\mu}{\rho}\nabla^2 \vec{V} + \dfrac{1}{3}\dfrac{\mu}{\rho}\nabla(\nabla\cdot\vec{V})$ —— 粘性力项

N-S 方程的展开形式可以写为

$$\rho\frac{\partial u}{\partial t} + \rho u\frac{\partial u}{\partial x} + \rho v\frac{\partial u}{\partial y} + \rho w\frac{\partial u}{\partial z} = \rho f_{\mathrm{b},x} - \frac{\partial p}{\partial x} + 2\frac{\partial}{\partial x}\left(\mu\frac{\partial u}{\partial x}\right)$$
$$-\frac{2}{3}\frac{\partial}{\partial x}\left[\mu\left(\frac{\partial u}{\partial x} + \frac{\partial v}{\partial y} + \frac{\partial w}{\partial z}\right)\right] + \frac{\partial}{\partial y}\left[\mu\left(\frac{\partial u}{\partial y} + \frac{\partial v}{\partial x}\right)\right] + \frac{\partial}{\partial z}\left[\mu\left(\frac{\partial w}{\partial x} + \frac{\partial u}{\partial z}\right)\right]$$

$$\rho\frac{\partial v}{\partial t} + \rho u\frac{\partial v}{\partial x} + \rho v\frac{\partial v}{\partial y} + \rho w\frac{\partial v}{\partial z} = \rho f_{\mathrm{b},y} - \frac{\partial p}{\partial y} + 2\frac{\partial}{\partial y}\left(\mu\frac{\partial v}{\partial y}\right)$$
$$-\frac{2}{3}\frac{\partial}{\partial y}\left[\mu\left(\frac{\partial u}{\partial x} + \frac{\partial v}{\partial y} + \frac{\partial w}{\partial z}\right)\right] + \frac{\partial}{\partial z}\left[\mu\left(\frac{\partial v}{\partial z} + \frac{\partial w}{\partial y}\right)\right] + \frac{\partial}{\partial x}\left[\mu\left(\frac{\partial u}{\partial y} + \frac{\partial v}{\partial x}\right)\right]$$

$$\rho\frac{\partial w}{\partial t} + \rho u\frac{\partial w}{\partial x} + \rho v\frac{\partial w}{\partial y} + \rho w\frac{\partial w}{\partial z} = \rho f_{\mathrm{b},z} - \frac{\partial p}{\partial z} + 2\frac{\partial}{\partial z}\left(\mu\frac{\partial w}{\partial z}\right)$$
$$-\frac{2}{3}\frac{\partial}{\partial z}\left[\mu\left(\frac{\partial u}{\partial x} + \frac{\partial v}{\partial y} + \frac{\partial w}{\partial z}\right)\right] + \frac{\partial}{\partial x}\left[\mu\left(\frac{\partial w}{\partial x} + \frac{\partial u}{\partial z}\right)\right] + \frac{\partial}{\partial y}\left[\mu\left(\frac{\partial w}{\partial y} + \frac{\partial v}{\partial z}\right)\right]$$

这个方程看起来很复杂,但这不是求解的障碍,其不易求解的主要原因是:由于采用了欧拉坐标系,其中的对流加速度是非线性的。实际上粘性力项也应该是非线性的,式(4.25)中,若忽略粘性系数随温度的变化,粘性力项就可以认为是线性的。

非牛顿流体

所有流体都在有相对运动时产生粘性力，如果粘性应力与应变率成正比，那么这种流体就是牛顿流体。实际上有大量的流体不满足这种关系，这些流体统称为非牛顿流体。

一般将非牛顿流体分为三大类：

（1）时间无关的非牛顿流体：这类流体的粘性与作用时间无关，又分为三类，一类是粘性与应力无关的流体，与牛顿流体类似，但不是线性关系，比如血清和奶油冻；一类是粘性随施加的应力增加的流体，比如悬浮着淀粉的水，以及悬浮着泥沙的水；一类是粘性随施加的应力减小的流体，比如指甲油、番茄酱、糖浆、乳胶漆、血液等。

（2）时间相关的非牛顿流体：这类流体的粘性与作用时间有关，分为两类，一类是粘性随作用时间增大的流体，比如打印墨水和石膏浆。一类是粘性随作用时间减小的流体，比如酸奶、明胶凝胶、关节液、氢化蓖麻油、钻井泥浆、一些类油漆等。

（3）粘弹性流体：这类流体既有粘性又有弹性的特征，比如橡皮泥和一些润滑油。

下图显示了牛顿流体与非牛顿流体的不同，其中左图是切应力与流动的关系，右图是切应力随时间的变化。

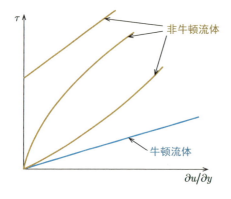
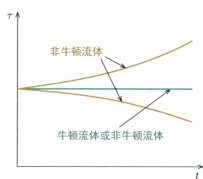

在实际应用中，只要流体不是处于强压缩（如强激波内部）流动，式（4.25）的最后一项就可以忽略，因此很多书上的 N-S 方程直接写成如下形式：

$$\frac{\mathrm{D}\vec{V}}{\mathrm{D}t} = \vec{f}_\mathrm{b} - \frac{1}{\rho}\nabla p + \frac{\mu}{\rho}\nabla^2 \vec{V}$$

4.4 伯努利方程

伯努利方程是流体力学中非常有用的一个关系式。本质上来说伯努利方程就是流体中的机械能守恒方程，但由于其是在能量方程之前就得出的，且用其来理解流动现象非常直观，因此是工程技术人员非常喜欢用的方程。伯努利方程是有适用条件的，知道在何时可以应用伯努利方程是非常重要的。

伯努利方程可以由欧拉方程导出，由欧拉方程（4.21）可以得到沿 z 轴的一维定常流动的欧拉方程如下：

$$w\frac{\mathrm{d}w}{\mathrm{d}z} = \vec{f}_{\mathrm{b},z} - \frac{1}{\rho}\frac{\mathrm{d}p}{\mathrm{d}z}$$

当体积力仅为重力，且取向上为 z 轴正方向时，用 V 代替 w，上式可以写成：

$$\frac{\mathrm{d}p}{\rho} + g\mathrm{d}z + V\mathrm{d}V = 0$$

当流动为不可压缩时，可以较容易地对上式进行积分得

$$\frac{p}{\rho} + gz + \frac{V^2}{2} = \mathrm{const} \tag{4.26}$$

这就是**伯努利方程**，它描述了流体在运动过程中，三种能量的和保持不变的特性。这三种能量分别为

$\dfrac{p}{\rho}$ —— 单位质量流体的压差势能

gz —— 单位质量流体的重力势能

$\dfrac{V^2}{2}$ —— 单位质量流体的动能

这三种能量组成了流体的机械能，因此**伯努利方程是流体的机械能守恒方程**。

从推导过程可知**伯努利方程的适用条件包括沿流线、定常、无粘、不可压**。前三个是所用的欧拉方程的条件,最后一个是积分时引入的条件。既然伯努利方程描述的是流体的机械能守恒,那么其适用条件就应该是让流体满足机械能守恒的条件。下面我们来具体分析一下这些条件是如何保证流体的机械能守恒的。

首先,伯努利方程只能沿流线应用。因为在定常流动中流体微团沿流线运动。同一微团的机械能在流动过程中守恒,不同微团的机械能可以不同。

第二,伯努利方程只能应用于定常流动。当流动为非定常时,同一流线两端可以是不同的流体微团,机械能守恒就无从谈起了。另外,在非定常流动中,某点处压力的脉动可以对经过的流体做功,使其总能量增加。因此如果流动是非定常的,那么流体微团的机械能将是不守恒的。

第三,伯努利方程只能用于无粘流动。这一点比较容易理解,因为粘性剪切力就相当于固体的摩擦力,而有摩擦的运动中机械能是不守恒的,机械能会不可逆地转化为内能。

第四,伯努利方程只能用于不可压缩流动。我们知道气体被压缩时,不仅仅压力和密度增加,其温度也会增加。即使是无粘的绝热压缩,也会使一部分机械能转化为内能,从而使气体的机械能不守恒。不同于粘性的影响,这种压缩引起的机械能向内能的转化是可逆的,内能还可以通过膨胀再转化回机械能。

图4-7给出了四种不符合伯努利方程的流动,分别违反了上述四个条件之一。其中,杯中水整体旋转的例子,同一高度上不同旋转半径处的水处于不同的流线上;螺旋泵抽水的例子,上下游流体之间有泵的非定常做功;散热器的例子,长细管道的粘性作用很强;超声速气流经过球体的例子,气流经过激波被强烈压缩。

实际的流动容易满足定常和不可压缩,但或多或少都会有粘性作用,因此严格来说没有完全符合伯努利方程的流动。不过对于剪切变形不大的流动来说,粘性造成的机械能损失很小,这类工程问题用伯努利方程来求解是足够精确的。

对于气体,重力相对于惯性力和压差力通常是很小的,所以一般都忽略重力,于是气体的伯努利方程变为

$$\frac{p}{\rho} + \frac{V^2}{2} = \text{const}$$

该式表达了这样的意思:当气流在满足伯努利方程的限定条件的情况下减速时,所有动能的减少全部转化为压力势能,引起压力的升高。当气流速度减小到零时,压力达到最大值,称为**滞止压力**。在忽略重力的气体动力学里,这个滞止压力是

第 4 章 流体动力学基本方程

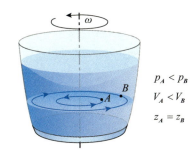
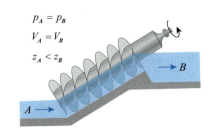
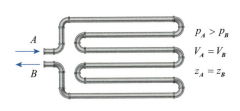
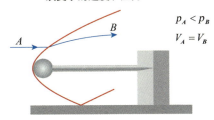

(a) 整体旋转的水，小半径处的压力和速度均小于大半径处的值

(b) 螺旋泵将水从低处抽到高处，不改变水的速度和压力

(c) 水流经等内径的管道时会产生压力损失，但流速不变

(d) 气体经过激波和一系列膨胀波后压力增加，速度大小可以不变

图 4-7　不能使用伯努利方程的流动实例

气体能达到的最高压力，所以也称为**总压**，定义为

$$p_t = p + \frac{1}{2}\rho V^2 \qquad (4.27)$$

可以看出，气体在流动过程中，只要保证定常、无粘、不可压，总压就保持不变。所以说，这里的**总压代表了气流的总机械能**。

　　虽然名字叫滞止压力或总压，但它其实并不是真正的压力。静压是气流的压力，而动压和总压只是假想的，只有让气流减速才能出现的压力。当所选的坐标系不同时，静压并不随着改变，但由于相对速度的改变，动压和总压是改变的。为了形象地说明这一点，在图 4-8 中给出了物体前部气流压力的变化。可以看出，只有当所取坐标相对物体静止时，沿流线的总压才是不变的。当取相对来流静止的坐标时（相当于物体飞过静止的空气），则从左到右静压、动压、总压都是上升的。这是因为如果物体是运动的，它将通过非定常压力对气流做功，使气流的机械能上升。

　　对于可压缩流动，仍然保证其他三个条件（沿流线、定常、无粘），并加入与外界绝热的条件，就可以推导出可压缩流动的伯努利方程。在无粘且和外界无

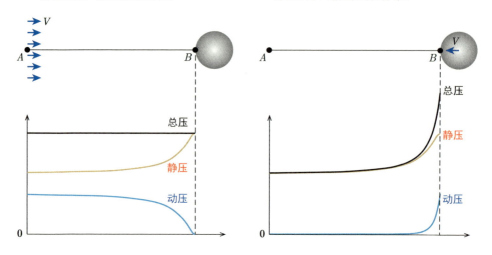

图 4-8 取不同参考系时静压、动压和总压的关系

热量交换的条件下,流动是等熵的,根据热力学的知识,气体在等熵压缩或膨胀时的压力、密度和温度满足下列条件:

$$\frac{p}{\rho^k} = \text{const}, \quad \frac{T}{\rho^{k-1}} = \text{const}, \quad \frac{T}{p^{\frac{k-1}{k}}} = \text{const}$$

可以看出气体在被等熵压缩时,密度和压力增加的同时,温度也增加。或者说,当气体被压缩时,一部分机械能转化为了内能。

将等熵压缩关系式 $p/\rho^k = \text{const}$ 代入一维的欧拉方程中,忽略重力,经过简单变换可得,对于同一流线上任意两点,有

$$\frac{k}{k-1}\frac{p_1}{\rho_1}\left[(p_2/p_1)^{\frac{k-1}{k}} - 1\right] + \frac{V_2^2 - V_1^2}{2} = 0$$

根据理想气体状态方程 $p = \rho RT$,上式可以变为

$$\frac{k}{k-1} RT_1 \left[(p_2/p_1)^{\frac{k-1}{k}} - 1\right] + \frac{V_2^2 - V_1^2}{2} = 0 \quad (4.28)$$

该式通常被称为**可压缩流动的伯努利方程**,它是伯努利方程的扩展。注意这个公式中有温度,也就是说其中也有内能的影响,因此可压缩流动的伯努利方程不再是机械能守恒方程了,那么它是哪种能量方程呢?

应用等熵关系式：

$$\left(\frac{p_2}{p_1}\right)^{\frac{k-1}{k}} = \frac{T_2}{T_1}$$

以及等压比热容的关系式：

$$c_p = \frac{k}{k-1} R$$

式（4.28）可以进一步改写为

$$c_p(T_2 - T_1) + \frac{V_2^2 - V_1^2}{2} = 0$$

在热力学中我们知道，等压比热容与温度的乘积为焓，即 $c_p T = h$，因此上式可以进一步写为简洁的形式：

$$h + \frac{V^2}{2} = \text{const} \tag{4.29}$$

该式的意义很明确，即**流动过程中焓与动能的和保持不变**。

使用内能与焓的关系

$$h = \hat{u} + \frac{p}{\rho}$$

可以将式（4.29）变化为

$$\hat{u} + \frac{p}{\rho} + \frac{V^2}{2} = \text{const} \tag{4.29a}$$

对比不可压缩流动的伯努利方程，可以看到式（4.29a）多出了内能 $\hat{u}$ 这一项。这说明：**可压缩流动的伯努利方程表示的是流体的总能量（内能和机械能）守恒**。

可压缩伯努利方程的适用条件是：沿流线、定常和无粘。这时气流的机械能与内能之和保持不变，且两者之间是可逆的转化关系。而公式（4.29）其实是能量方程，表示的也是气流的机械能与内能之和保持不变，它也适用于不可逆过程，即流动可以是有粘的。那么这个有粘的条件是如何加进去的呢？

情况是这样的，能量方程（4.29）完全可以用更一般的方式导出，而不需要借助等熵关系式。在前面推导可压缩流动的伯努利方程（4.28）时，虽然加入了等熵条件，但在变换到式（4.29）的过程中事实上又去掉了这个等熵条件。所以，

Tips　气体被压缩时温度为什么会升高？

当气体被压缩时，密度增加是自然的，压力增加也好理解，因为压力是分子与壁面撞击力的综合体现，密度增加则单位时间内撞击壁面的分子数就增加，即使温度不变（即单个分子与壁面的动量交换不变），压力也会增加。但是温度也会增加就不那么容易理解了，有摩擦存在时的温度增加可以是因为机械能不可逆地转化为内能，那么无摩擦的等熵压缩为什么温度也会上升呢？这里用一个简单的模型解释一下为什么等熵压缩时温度会增加。设有如下图所示的一个绝热容器，活塞与壁面无摩擦，分析如下：

（1）当活塞静止时，气体分子碰到活塞被弹回，类似于完全弹性碰撞，速度方向改变，速度大小不变，因此气体温度不变。

（2）当活塞向内运动压缩气体时，气体分子碰到活塞被弹回，因为活塞是迎着分子运动的，气体分子会从活塞获得额外的动量，其弹回速度会比撞上去时大一点，因此气体温度会增加。

（3）当活塞向外运动使气体膨胀时，气体分子碰到活塞被弹回，因为活塞是远离分子运动的，分子会损失一定的动量，其弹回速度会比撞上去时小一点，所以气体温度会下降。

只要过程满足热力学平衡，活塞运动的快慢就不影响最终温度，因为虽然活塞运动速度慢时，分子从单次撞击得到的动能增量少，但整个作用时间却变长了，更多的分子动能得到增加，或单个分子动能多次得到增加，最终效果是温升与活塞运动速度无关，而只与其运动距离相关。

 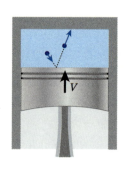 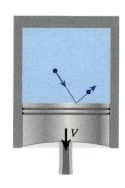

式（4.29）和式（4.29a）所代表的是更为一般的能量关系式，只要流体和外界没有热和功的交换，那么它们就是成立的。

当流动为非定常时，各流线之间可以有功的交换，所以沿流线的总能量不守恒。但对于体系而言，只要其与环境的边界没有运动，总能量就是守恒的。有关流体的更多的能量变化关系可以参考后面的能量方程部分，而有关可压缩流动的更多内容将在第 7 章讨论。

4.5 角动量方程

4.5.1 积分形式的角动量方程

角动量方程又称为动量矩方程，其本质是扩展的牛顿第二定律，即：单位时间内体系的角动量的变化等于体系受到的合力矩：

$$\sum \vec{T} = \frac{\mathrm{d}}{\mathrm{d}t} \iiint_{\mathrm{sys}} (\vec{r} \times \vec{V}) \rho \mathrm{d}B$$

式中：T 为力矩；r 为体系的质心到原点的距离。

应用雷诺输运定理可以把上述关系式变成适合于控制体的形式：

$$\sum \vec{T} = \frac{\partial}{\partial t} \iiint_{\mathrm{cv}} (\vec{r} \times \vec{V}) \rho \mathrm{d}B + \iint_{\mathrm{cs}} (\vec{r} \times \vec{V}) \rho (\vec{V} \cdot \vec{n}) \mathrm{d}A \tag{4.30}$$

对于如图 4-9 所示的在一个平面内的旋转流动问题，用柱坐标系表示，角动量方程可以简化为

$$\sum \vec{T}_z = \dot{m}(r_2 V_{2\theta} - r_1 V_{1\theta}) \tag{4.31}$$

式中：下标 z 为轴向；θ 为周向。式（4.31）表明，流体经过控制体时，其角动量的增加量等于控制体所受的合力矩。

如果控制体所受合力矩为零，则进出口的角动量是相等的，即

$$r_2 V_{2\theta} = r_1 V_{1\theta}$$

上式揭示了这样一种流动现象：**当不受力矩作用时，流体从半径大的地方流向半径小的地方，其周向速度会增大。**

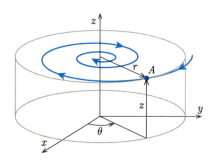 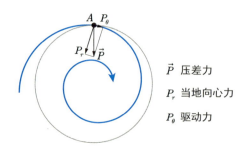

(a) 平面内的旋转问题可以用柱坐标和角动量方程简化为准一维流动

(b) 当流体微团的旋转半径逐渐变小时，压差力不但提供向心力，还提供驱动力，微团的流速会增加

图 4-9　平面内的旋转流动的表示和分析

　　观察水池排水时的流动，水在汇聚到排水口时通常会有较大的旋转速度。龙卷风和台风的风速之所以很大，也是因为流体从半径大的地方汇聚到了半径小的地方。一般来说，只有粘性力能提供力矩，但其比起惯性力和压力要小得多，因此很多流动都可以看成没有力矩的流动。定量来看，当半径减半时，切线速度增加为原来的 2 倍，于是角速度会变为原来的 4 倍，这种加速作用是很强的。

　　对处于这种螺旋加速运动中的任何流体微团来说，其沿流向的加速当然是因为受流向力造成的，这个驱动力是由谁提供的呢？既然是无粘流动，那么必然是压差力了。图 4-9（b）表示了内外的压差是如何提供这个驱动力的，流体微团沿螺旋形的流线加速运动，压力下降，是符合伯努利方程的。

4.5.2　微分形式的角动量方程

　　要想进一步分析流体微团的角动量变化，就需要从微分方程出发。为了简化问题，这里我们只进行二维分析，取一个矩形的流体微团，其所受的切应力如图 4-10 所示。针对该微团应用角动量方程，就可以得到微分形式的角动量方程，其具体过程可以参考相关流体力学或弹性力学教材，这里只给出角动量方程简化后的结果如下：

$$\left[\left(\tau_{xy}+\frac{1}{2}\frac{\partial}{\partial x}\tau_{xy}\mathrm{d}x\right)-\left(\tau_{yx}+\frac{1}{2}\frac{\partial}{\partial y}\tau_{yx}\mathrm{d}y\right)\right]\mathrm{d}x\mathrm{d}y\mathrm{d}z = \frac{1}{12}\rho\mathrm{d}x\mathrm{d}y\mathrm{d}z\left[(\mathrm{d}x)^2+(\mathrm{d}y)^2\right]\frac{\mathrm{d}^2\theta}{\mathrm{d}t^2}$$

　　在该式右端项中，$\mathrm{d}^2\theta/\mathrm{d}t^2$ 代表角加速度，是一个有限的值，而与之相乘的 $(\mathrm{d}x)^2+(\mathrm{d}y)^2$ 为二阶小量，因此右端项为二阶小量。左端项全部为一阶小量，于是右端项可以忽略，得

$$\tau_{xy} + \frac{1}{2}\frac{\partial}{\partial x}\tau_{xy}\mathrm{d}x = \tau_{yx} + \frac{1}{2}\frac{\partial}{\partial y}\tau_{yx}\mathrm{d}y$$

进一步忽略一阶小量可得

$$\tau_{xy} = \tau_{yx}$$

3 个方向的关系式为

$$\tau_{xy} = \tau_{yx}, \quad \tau_{yz} = \tau_{zy}, \quad \tau_{zx} = \tau_{xz} \tag{4.32}$$

这就是**微分形式的角动量方程**。事实上这个结果在前面推导动量方程时已经用过了，当时直接说应力是个对称张量。

针对微元体的角动量方程就是这样的简单形式，并已经包含在动量方程中了，因此一般并不特别提起有微分形式的角动量方程。它的物理意义也十分明确：**对于流体微团，切应力产生的力矩可以忽略**。因为对于尺寸无穷小的微团，任何有限大小的力矩都将产生无穷大的角加速度。

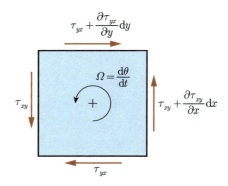

图 4-10　流体微团的旋转

4.6　能量方程

4.6.1　积分形式的能量方程

所谓的能量方程就是热力学第一定律在流体中的应用。**对于一个体系而言，热力学第一定律的表述为：体系能量的增加只可能有两种途径，一个是从外界吸收热量，一个是外界对体系做功**。用等式表示为

$$\frac{\mathrm{d}E}{\mathrm{d}t} = \dot{Q}_{\mathrm{in}} - \dot{W}_{\mathrm{out}}$$

式中：E 为体系的总能量；$\dot{Q}_{\mathrm{in}}$ 为体系从外界吸取的热量；$\dot{W}_{\mathrm{out}}$ 为体系对外界做的功。写成更一般的形式为

$$\frac{\mathrm{D}}{\mathrm{D}t}\iiint_{\mathrm{sys}} e\rho \mathrm{d}B = \dot{Q}_{\mathrm{in}} - \dot{W}_{\mathrm{out}}$$

式中：e 为单位质量流体的能量。

我们先针对如图 4-11 所示的流动模型来推导一维形式的能量方程。该模型所示的控制体有一个进口和一个出口，内部的流体与外界有热量和轴功的交换。应用雷诺输运定理可以从热力学第一定律得到一维的能量方程为

$$\dot{m}(e_2-e_1)=\dot{Q}_{\text{in}}-\dot{W}_{\text{out}} \qquad (4.33)$$

其中，流体的能量 e 包含了内能、动能和势能三部分，可以写为

$$e = \hat{u} + \frac{V^2}{2} + gz \qquad (4.34)$$

流体与外界功的交换 $\dot{W}_{\text{out}}$ 是通过力来实施的，体积力和表面力都可以对流体做功。现在我们只考虑体积力为重力的情况，而重力做的功已经包含在重力势能中了，不用再考虑。

表面力做功稍复杂些，图 4-11 中控制体内的流体与外界有三种界面：进出口、固定壁面、叶轮表面。设进口处的压力为 p_1，面积为 A_1，则进口处控制体内的流体给外界流体的作用力为

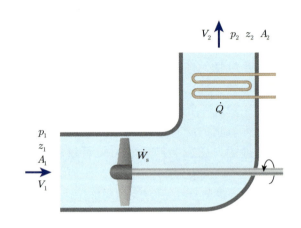

图 4-11 一维流动中的能量交换模型

$$F_1 = p_1 A_1$$

单位时间内，控制体内流体对外界流体做的功为

$$\dot{W}_1 = -F_1 V_1 = -p_1 A_1 V_1$$

式中的负号表示作用力与速度方向相反，也就是说在进口处内部流体对外做功为负，实际上是在进口外界流体对内部流体做推动功。

相应地，在出口处，单位时间内控制体内流体对外界流体做的功为

$$\dot{W}_2 = p_2 A_2 V_2$$

从而，控制体内流体在进出口通过压力对外界做的总功为

$$\dot{W}_\text{p} = \dot{W}_2 + \dot{W}_1 = p_2 A_2 V_2 - p_1 A_1 V_1$$

应用流量公式 $\dot{m} = \rho A V$ 和连续方程 $\dot{m}_\text{in} = \dot{m}_\text{out}$，上式可改写为

$$\dot{W}_\text{p} = \dot{m}\left(\frac{p_2}{\rho_2} - \frac{p_1}{\rho_1}\right)$$

这部分功是流体在进出口处对外界流体所做的推动功之和，称为**流动功**。

在固定壁面处，因流动方向与壁面平行，压力不做功。粘性切应力与流动方向平行，但是因为壁面固定不动，挨着壁面的流体也被粘在壁面上不动，所以壁面无法通过粘性力对流体做功，即

$$\dot{W}_\text{v} = F_\text{viscous} V_\text{wall} = 0$$

当然流体之间是可以通过粘性力做功的，这种功属于内力做功，表现形式是机械能向内能的转换。

因叶轮是转动的，与叶轮接触的流体会受到叶轮通过压力和粘性力做的功。因为这种功一般是通过旋转轴与外界交换的，工程上将其称为**轴功**，用 $\dot{W}_\text{s}$ 表示。其实不只是旋转运动，往复运动也一样可以做轴功，比如搅拌杯内的水。压力所做的轴功都是通过非定常运动实现的，定常的压力只能做流动功，是不能产生轴功的。如果其中一个壁面是像传送带那样的持续移动壁面，则其与流体之间也可以通过定常的粘性力做功，这种功也可以归类为轴功。

控制体内流体对外界做的总功为上述几项之和，即

$$\dot{W}_\text{out} = \dot{W}_\text{p} + \dot{W}_\text{v} + \dot{W}_\text{s} = \dot{m}\left(\frac{p_2}{\rho_2} - \frac{p_1}{\rho_1}\right) + \dot{W}_\text{s} \qquad (4.35)$$

把总能量构成关系式（4.34）和流体与外界功的交换关系式（4.35）代入热力学第一定律（4.33）中，可得

$$\dot{Q} - \left[\dot{W}_\text{s} + \dot{m}\left(\frac{p_2}{\rho_2} - \frac{p_1}{\rho_1}\right)\right] = \dot{m}\left[\left(\hat{u}_2 + \frac{V_2^2}{2} + gz_2\right) - \left(\hat{u}_1 + \frac{V_1^2}{2} + gz_1\right)\right]$$

用 q 和 w_s 表示单位质量的传热量和轴功，可得一维定常流动的能量方程：

$$q - w_\text{s} = \left(\hat{u}_2 + \frac{p_2}{\rho_2} + \frac{V_2^2}{2} + gz_2\right) - \left(\hat{u}_1 + \frac{p_1}{\rho_1} + \frac{V_1^2}{2} + gz_1\right) \qquad (4.36)$$

这就是**一维积分形式的能量方程**。

Tips 推动功、流动功和体积功

这几个功的概念一般出现在工程热力学的书中,这里针对下图中所示的一维流动,对各种功的物理意义分析如下:

推动功: 这是个局部概念,指的是某处的压力推动当地流体运动所做的功,它发生在控制面上。图中进出口处流体对外做的推动功分别为

$$W_{push,1} = -p_1 A_1 \cdot (\delta x)_1, \quad W_{push,2} = p_2 A_2 \cdot (\delta x)_2$$

流动功: 这是个整体的概念,对于控制体内的流体来说,进出口的推动功之和就是流动功,体现了流体通过推动功与外界交换的能量。图中流体对外做的流动功为

$$W_{flow} = p_2 A_2 \cdot (\delta x)_2 - p_1 A_1 \cdot (\delta x)_1$$

等直径定常管流中,进出口的推动功互相抵消,流动功为零。

体积功: 这是个整体的概念,是由于流体的体积变化而产生的推动功之和,如果图中进出口的压力与面积都相等,则对外做的体积功为

$$W_{volume} = pA \cdot [(\delta x)_2 - (\delta x)_1]$$

当压力不均匀时,进出口推动功之和的一部分是体积功,另一部分是压力推动整个流体移动 δx 所做的功,给它起个名字叫移动功,表达式为

$$W_{move} = (p_2 - p_1) A \cdot \delta x$$

在应用于无穷小的情况时,上述关系式就是热力学中常见的表达式:

$$\underset{\text{流动功}}{\mathrm{d}(pv)} = \underset{\text{体积功}}{pdv} + \underset{\text{移动功}}{vdp}$$

(这里,$v = 1/\rho$ 是控制体内流体的比体积。)

可以看到在进出口处压力做的流动功可以理解为一种能量，这就是在伯努利方程中讨论过的压力势能，是流体内部的能量交换。在一般的工程应用中，只有轴功是流体与外界功的交换。公式的左边项可以理解为流体从外界吸取的热量和对外界做的功，右边项则为流体能量的变化，能量由四部分组成，分别为

$\hat{u}$ —— 单位质量流体的内能

p/ρ —— 单位质量流体的压力势能

$V^2/2$ —— 单位质量流体的动能

gz —— 单位质量流体的重力势能

式（4.36）是一般形式的能量方程，如果流体与外界无热和功的交换，且内能不变的话，公式就变成了伯努利方程。而伯努利方程的限制条件是沿流线、定常、无粘、不可压。这四个条件使流体与外界没有功的交换，且机械能和内能之间不互相转换。但并未限制流体不能与外界交换热量，貌似即使流体与外界有热的交换，机械能仍然可以保持不变，是这样吗？

没错，只要保证了伯努利方程的限制条件，换热将只影响内能，而不会影响机械能，这一点在后面的微分形式的能量方程中将进一步分析。

对于气体，能量方程（4.36）通常写成更常用的形式：

$$q - w_s = (h_2 - h_1) + \frac{1}{2}(V_2^2 - V_1^2) + g(z_2 - z_1) \qquad (4.37)$$

式中：$h = \hat{u} + p/\rho$ 为流体的焓。

对于与外界没有热量和功的交换（即绝能）的气体，忽略重力，有

$$(h_2 - h_1) + \frac{1}{2}(V_2^2 - V_1^2) = 0$$

或写成：

$$h + \frac{V^2}{2} = \text{const}$$

这就是在讨论可压缩流动伯努利方程时得到的能量方程（4.29）。

在推导上述能量方程时，发现只要与流体接触的壁面不动，那么就与流体之间没有功的交换。粘性起到的作用是使流体的动能转化为内能，而不影响流体的

总能量。不同于压缩引起的动能向内能的转化,这种摩擦引起的转化是不可逆的,这就是通常把它叫做粘性耗散或者摩擦损失的原因。如果要进一步理解流体内部的能量转化是如何实现的,积分形式的能量方程显然是不能胜任的,下面推导微分形式的能量方程。

4.6.2 微分形式的能量方程

取如图 4-12 所示的一个六面体流体微元,热量通过传导从六个面进出该微元。定义热流量 $\dot{q}$ 为单位时间单位面积通过的热量,它满足傅里叶定律:

$$\dot{q} = -\lambda \frac{\partial T}{\partial n}$$

在与 x 轴垂直的两个面上,假设左侧面流入的热流量为 $\dot{q}_{\text{left}} = \dot{q}_x$,则右侧面流出的热流量可以表示为

$$\dot{q}_{\text{right}} = \dot{q}_x + \frac{\partial \dot{q}_x}{\partial x} \mathrm{d}x$$

单位时间内从这两个面净流入微元的热量为

$$\dot{Q}_x = \left(\dot{q}_{\text{left}} - \dot{q}_{\text{right}} \right) \mathrm{d}y \mathrm{d}z = -\frac{\partial \dot{q}_x}{\partial x} \mathrm{d}x \mathrm{d}y \mathrm{d}z$$

同理,单位时间内从另外两对面上净流入微元的热流量分别为

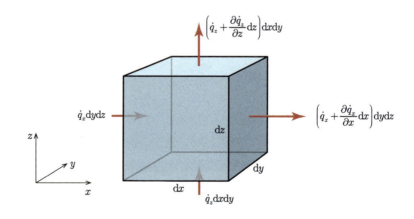

图 4-12　进出流体微团的热量

$$\dot{Q}_y = -\frac{\partial \dot{q}_y}{\partial y}\mathrm{d}x\mathrm{d}y\mathrm{d}z, \quad \dot{Q}_z = -\frac{\partial \dot{q}_z}{\partial z}\mathrm{d}x\mathrm{d}y\mathrm{d}z$$

从各个面通过热传导进入微元体的总热量为

$$\dot{Q}_{\text{conduction}} = \dot{Q}_x + \dot{Q}_y + \dot{Q}_z = -\left(\frac{\partial \dot{q}_x}{\partial x} + \frac{\partial \dot{q}_y}{\partial y} + \frac{\partial \dot{q}_z}{\partial z}\right)\mathrm{d}x\mathrm{d}y\mathrm{d}z$$

应用傅里叶定律，该式可以写成：

$$\dot{Q}_{\text{conduction}} = \left[\frac{\partial}{\partial x}\left(\lambda\frac{\partial T}{\partial x}\right) + \frac{\partial}{\partial y}\left(\lambda\frac{\partial T}{\partial y}\right) + \frac{\partial}{\partial z}\left(\lambda\frac{\partial T}{\partial z}\right)\right]\mathrm{d}x\mathrm{d}y\mathrm{d}z$$

微元体从外界吸收的热量除了通过各个面的导热之外，还包括辐射换热。设单位时间单位质量流体接受的辐射换热为 $\dot{q}$，则微元体接受的总辐射换热为

$$\dot{Q}_{\text{radiation}} = \dot{q}\rho\mathrm{d}x\mathrm{d}y\mathrm{d}z$$

因此，微元体从外界接受到的总热量为

$$\begin{aligned}\dot{Q} &= \dot{Q}_{\text{conduction}} + \dot{Q}_{\text{radiation}} \\ &= \left[\frac{\partial}{\partial x}\left(\lambda\frac{\partial T}{\partial x}\right) + \frac{\partial}{\partial y}\left(\lambda\frac{\partial T}{\partial y}\right) + \frac{\partial}{\partial z}\left(\lambda\frac{\partial T}{\partial z}\right) + \rho\dot{q}\right]\mathrm{d}x\mathrm{d}y\mathrm{d}z\end{aligned} \quad (4.38)$$

下面我们来看微元体对外做的功。体积力做功比较简单，单位时间内微元体的体积力对外做功为

$$\begin{aligned}\dot{W}_{\text{body}} &= -\left(\vec{f}_b\rho\mathrm{d}x\mathrm{d}y\mathrm{d}z\right)\cdot\vec{V} \\ &= -\left(f_{b,x}\vec{i} + f_{b,y}\vec{j} + f_{b,z}\vec{k}\right)\cdot\left(u\vec{i} + v\vec{j} + w\vec{k}\right)\rho\mathrm{d}x\mathrm{d}y\mathrm{d}z \\ &= -\left(f_{b,x}u + f_{b,y}v + f_{b,z}w\right)\rho\mathrm{d}x\mathrm{d}y\mathrm{d}z\end{aligned} \quad (4.39)$$

这个公式里面有负号是因为这里的体积力是指外界对微元体的力，速度是微元体的速度，因此得出的功也是外界对微元体做的功。

表面力做功稍复杂些，如图 4-13 所示，单位时间内在各个表面上微元体对外做的功为当地的力与当地速度的乘积，在与 x 轴垂直的两个面上，左侧表面力做功为

$$\dot{W}_{\text{left}} = \left(\vec{\varGamma}_x\mathrm{d}y\mathrm{d}z\right)\cdot\vec{V}_x = \vec{\varGamma}_x\cdot\vec{V}_x\mathrm{d}y\mathrm{d}z$$

在左侧面上，以拉力为正，微元体对外的作用力与速度方向相同，做功为正。

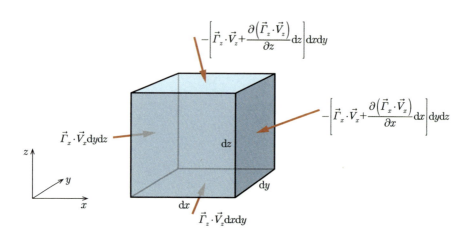

图 4-13 微元体通过表面力对外做的功

右侧面的表面力对外做功为

$$\dot{W}_{\text{right}} = -\vec{\Gamma}_x \cdot \vec{V}_x \mathrm{d}y\mathrm{d}z - \frac{\partial(\vec{\Gamma}_x \cdot \vec{V}_x)}{\partial x}\mathrm{d}x\mathrm{d}y\mathrm{d}z$$

在右侧面上，以拉力为正，微元体对外的作用力与速度方向相反，做功为负。左右两个面的表面力对外做的总功为

$$\dot{W}_{\text{surf},x} = \dot{W}_{\text{left}} + \dot{W}_{\text{right}} = -\frac{\partial(\vec{\Gamma}_x \cdot \vec{V}_x)}{\partial x}\mathrm{d}x\mathrm{d}y\mathrm{d}z$$

将表面力写成应力形式，速度使用分量形式，则有

$$\dot{W}_{\text{surf},x} = -\frac{\partial}{\partial x}(\tau_{xx}u + \tau_{xy}v + \tau_{xz}w)\mathrm{d}x\mathrm{d}y\mathrm{d}z$$

同理可得另外两对面上流体微元对外做的功分别为

$$\dot{W}_{\text{surf},y} = -\frac{\partial}{\partial y}(\tau_{yx}u + \tau_{yy}v + \tau_{yz}w)\mathrm{d}x\mathrm{d}y\mathrm{d}z$$

$$\dot{W}_{\text{surf},z} = -\frac{\partial}{\partial z}(\tau_{zx}u + \tau_{zy}v + \tau_{zz}w)\mathrm{d}x\mathrm{d}y\mathrm{d}z$$

从而表面力对外做的总功为

$$\dot{W}_{\text{surface}} = -\frac{\partial}{\partial x}(\tau_{xx}u + \tau_{xy}v + \tau_{xz}w)\mathrm{d}x\mathrm{d}y\mathrm{d}z$$
$$-\frac{\partial}{\partial y}(\tau_{yx}u + \tau_{yy}v + \tau_{yz}w)\mathrm{d}x\mathrm{d}y\mathrm{d}z \quad (4.40)$$
$$-\frac{\partial}{\partial z}(\tau_{zx}u + \tau_{zy}v + \tau_{zz}w)\mathrm{d}x\mathrm{d}y\mathrm{d}z$$

微元体的能量由内能和动能组成，其变化为

$$\frac{\mathrm{D}e}{\mathrm{D}t}\rho\mathrm{d}x\mathrm{d}y\mathrm{d}z = \rho\frac{\mathrm{D}}{\mathrm{D}t}\left(\hat{u} + \frac{u^2+v^2+w^2}{2}\right)\mathrm{d}x\mathrm{d}y\mathrm{d}z \quad (4.41)$$

将微元体与外界的热量交换式（4.38）、体积力做功式（4.39）、表面力做功式（4.40）和微元体能量变化（4.41）代入热力学第一定律中，得

$$\begin{aligned}\rho\frac{\mathrm{D}}{\mathrm{D}t}\left(\hat{u}+\frac{u^2+v^2+w^2}{2}\right) &= \rho(f_{b,x}u+f_{b,y}v+f_{b,z}w)\\
&+\frac{\partial(u\tau_{xx})}{\partial x}+\frac{\partial(u\tau_{yx})}{\partial y}+\frac{\partial(u\tau_{zx})}{\partial z}\\
&+\frac{\partial(v\tau_{xy})}{\partial x}+\frac{\partial(v\tau_{yy})}{\partial y}+\frac{\partial(v\tau_{zy})}{\partial z}\\
&+\frac{\partial(w\tau_{xz})}{\partial x}+\frac{\partial(w\tau_{yz})}{\partial y}+\frac{\partial(w\tau_{zz})}{\partial z}\\
&+\frac{\partial}{\partial x}\left(\lambda\frac{\partial T}{\partial x}\right)+\frac{\partial}{\partial y}\left(\lambda\frac{\partial T}{\partial y}\right)+\frac{\partial}{\partial z}\left(\lambda\frac{\partial T}{\partial z}\right)+\rho\dot{q}\end{aligned} \quad (4.42)$$

该式可以写成较为简洁的矢量形式：

$$\rho\frac{\mathrm{D}}{\mathrm{D}t}\left(\hat{u}+\frac{V^2}{2}\right) = \rho\vec{f}_b\cdot\vec{V} + \nabla\cdot(\vec{V}\cdot\tau_{ij}) + \nabla(\lambda\nabla T) + \rho\dot{q} \quad (4.42\mathrm{a})$$

或者张量形式：

$$\rho\frac{\mathrm{d}}{\mathrm{d}t}\left(\hat{u}+\frac{u_iu_i}{2}\right) = \rho f_{b,i}u_i + \frac{\partial}{\partial x_i}(\tau_{ij}u_j) + \frac{\partial}{\partial x_i}\left(\lambda\frac{\partial T}{\partial x_i}\right) + \rho\dot{q} \quad (4.42\mathrm{b})$$

式（4.42），式（4.42a）和式（4.42b）就是**微分形式的能量方程**，其中式（4.42b）中各项的含义如下：

$\rho\dfrac{\mathrm{d}}{\mathrm{d}t}\left(\hat{u}+\dfrac{u_iu_i}{2}\right)$ —— 流体微团总能量（包含内能和动能）的变化

$\rho f_{b,i} u_i$ —— 体积力对流体微团做的功

$\dfrac{\partial}{\partial x_i}(\tau_{ij} u_j)$ —— 表面力（压力和粘性力）对流体微团做的功

$\dfrac{\partial}{\partial x_i}\left(\lambda \dfrac{\partial T}{\partial x_i}\right)$ —— 流体微团通过热传导从外界接受的热量

$\rho \dot{q}$ —— 流体微团通过辐射从外界接受的热量

式（4.42）是总能量方程，总能量由内能和动能两部分组成，内能由温度体现，动能由宏观速度体现。实际上，在很多流动中，这两部分能量应该分开考虑更好理解一些。例如，在伯努利方程中，机械能是守恒的，并不向内能转化，这时只要机械能守恒就可以了。当流动为可压缩时，机械能就不守恒，会通过压缩功向内能转化。

理解流体的内能与动能的关系也是很重要的，例如，我们可以试着思考如下与流体能量有关的问题：

（1）流体做自由落体运动时，其内能会改变吗？

（2）流体被加热时，其动能会改变吗？

（3）粘性力可以增加流体的动能而不影响其内能吗？

如果仅根据式（4.42），显然是无法回答上述问题的，需要能单独写出动能方程和内能方程才行，下面我们就分别推导这两个相对独立的方程，来分析哪些变化影响动能，哪些变化影响内能。

参考伯努利方程的推导过程，动能方程是动量方程的一次积分，这里也可以对微分形式的动量方程积分得到动能方程。现在把 x 方向的动量方程重写如下：

$$\dfrac{\mathrm{d}u}{\mathrm{d}t} = f_{b,x} + \dfrac{1}{\rho}\left(\dfrac{\partial \tau_{xx}}{\partial x} + \dfrac{\partial \tau_{yx}}{\partial y} + \dfrac{\partial \tau_{zx}}{\partial z}\right)$$

在公式两边都乘以 x 方向的速度 u，可得

$$u\dfrac{\mathrm{d}u}{\mathrm{d}t} = u f_{b,x} + \dfrac{1}{\rho}\left(u\dfrac{\partial \tau_{xx}}{\partial x} + u\dfrac{\partial \tau_{yx}}{\partial y} + u\dfrac{\partial \tau_{zx}}{\partial z}\right) \quad (4.43)$$

式（4.43）的左端就是 x 方向速度分量代表的动能随时间的变化：

$$u\frac{\mathrm{d}u}{\mathrm{d}t}=\frac{\mathrm{d}(u^2/2)}{\mathrm{d}t}$$

三个速度分量代表的动能之和为总的动能变化：

$$\frac{\mathrm{d}(u_iu_i/2)}{\mathrm{d}t}=\frac{\mathrm{d}(V^2/2)}{\mathrm{d}t}=\frac{\mathrm{d}(u^2/2+v^2/2+w^2/2)}{\mathrm{d}t}$$

式（4.43）的右端为 x 方向的力所做的功，将三个方向的功加起来，可得

$$\rho\frac{\mathrm{d}(u_iu_i/2)}{\mathrm{d}t}=\rho f_{\mathrm{b},i}u_i+u_j\frac{\partial \tau_{ij}}{\partial x_i} \tag{4.44}$$

这就是**微分形式的动能方程**。可以看出，有两种因素能引起动能的变化：一个是体积力做功，一个是表面力做功。

从总能量方程（4.42b）中减去动能方程（4.44），得

$$\rho\frac{\mathrm{d}\widehat{u}}{\mathrm{d}t}=\tau_{ij}\frac{\partial u_j}{\partial x_i}+\frac{\partial}{\partial x_i}\left(\lambda\frac{\partial T}{\partial x_i}\right)+\rho\dot{q} \tag{4.45}$$

这就是**微分形式的内能方程**。下面，我们对动能方程和内能方程做进一步的分析，深入理解流体中动能和内能的变化规律。

第一，所有的热量交换项都只出现在内能方程中：

$$\frac{\partial}{\partial x_i}\left(\lambda\frac{\partial T}{\partial x_i}\right)+\rho\dot{q} \quad \text{——} \quad 流体微团从外界获取的热量$$

这说明流体与外界的热量交换只会影响其内能，对其宏观运动速度不会产生任何影响。对于加热引起的流体向外膨胀的现象，其宏观动能增加的原因是表面力做功导致的内能向动能的转化（即膨胀功），直接体现在表面力项中，并不是加热本身的结果。

第二，体积力项只出现在动能方程中：

$$\rho f_{\mathrm{b},i}u_i \quad \text{——} \quad 流体微团通过体积力与外界交换的功$$

这说明体积力只会导致流体动能的变化，对其内能（温度）不会产生任何影响。对于物体在大气中下落产生的升温，是其与周围空气的摩擦和压缩的结果，属于表面力做功导致的动能向内能的转化，与重力做功本身无关。

第三，表面力（压力和粘性力）既出现在动能方程中，也出现在内能方程中：

$u_j \dfrac{\partial \tau_{ij}}{\partial x_i}$ —— 引起动能变化的表面力功

$\tau_{ij} \dfrac{\partial u_j}{\partial x_i}$ —— 引起内能变化的表面力功

当流体从高压区流向低压区的时候，其速度是增加的，这是表面力引起的动能变化。流动过程中各部分流体之间由于粘性作用而产生摩擦和掺混，使内能增加，这是表面力引起的内能变化。

鉴于表面力做功的复杂性，我们有必要专门对其进行具体分析。

结合总能量方程，可以看出表面力对体系做的功分为两项：

$$\dfrac{\partial}{\partial x_i}(\tau_{ij} u_j) = u_j \dfrac{\partial \tau_{ij}}{\partial x_i} + \tau_{ij} \dfrac{\partial u_j}{\partial x_i} \qquad (4.46)$$

该式中的左端为表面力对微元做的总功，右端两项中，第一项只出现在动能方程中，第二项只出现在内能方程中。

对于式（4.46）中的右端第一项，展开后得

$$u_j \dfrac{\partial \tau_{ij}}{\partial x_i} = u\left(\dfrac{\partial \tau_{xx}}{\partial x} + \dfrac{\partial \tau_{yx}}{\partial y} + \dfrac{\partial \tau_{zx}}{\partial z}\right) + v\left(\dfrac{\partial \tau_{xy}}{\partial x} + \dfrac{\partial \tau_{yy}}{\partial y} + \dfrac{\partial \tau_{zy}}{\partial z}\right) \\ + w\left(\dfrac{\partial \tau_{xz}}{\partial x} + \dfrac{\partial \tau_{yz}}{\partial y} + \dfrac{\partial \tau_{zz}}{\partial z}\right)$$

上式中，右端分为三部分，分别为表面应力推动微元体沿三个坐标方向平动所做的功，具体如下：

$u\left(\dfrac{\partial \tau_{xx}}{\partial x} + \dfrac{\partial \tau_{yx}}{\partial y} + \dfrac{\partial \tau_{zx}}{\partial z}\right)$ —— x 向表面力推动微团沿 x 向平动所做的功

$v\left(\dfrac{\partial \tau_{xy}}{\partial x} + \dfrac{\partial \tau_{yy}}{\partial y} + \dfrac{\partial \tau_{zy}}{\partial z}\right)$ —— y 向表面力推动微团沿 y 向平动所做的功

$w\left(\dfrac{\partial \tau_{xz}}{\partial x} + \dfrac{\partial \tau_{yz}}{\partial y} + \dfrac{\partial \tau_{zz}}{\partial z}\right)$ —— z 向表面力推动微团沿 z 向平动所做的功

因此，三项之和的含义为流体微团做平动时表面力做的功。

式（4.46）中的第二项展开可得

$$\tau_{ij}\frac{\partial u_j}{\partial x_i} = \left(\tau_{xx}\frac{\partial u}{\partial x} + \tau_{yx}\frac{\partial u}{\partial y} + \tau_{zx}\frac{\partial u}{\partial z}\right) + \left(\tau_{xy}\frac{\partial v}{\partial x} + \tau_{yy}\frac{\partial v}{\partial y} + \tau_{zy}\frac{\partial v}{\partial z}\right)$$
$$+ \left(\tau_{xz}\frac{\partial w}{\partial x} + \tau_{yz}\frac{\partial w}{\partial y} + \tau_{zz}\frac{\partial w}{\partial z}\right)$$

该式表示了表面应力与应变率的乘积，因此该项的含义为

$$\tau_{ij}\frac{\partial u_j}{\partial x_i} \quad \text{——流体微团做变形运动时表面力做的功}$$

根据第 3 章的内容，流体的形变包含三种：线变形、旋转、剪切变形，表面力通过这三种形变做的功将导致内能的变化，如果流体与外界是绝能的，则形变的效果是机械能与内能之间的转化。

把应力和应变联系起来的关系式是流体的本构方程，对于牛顿流体，根据本构方程，把表面应力中的压力与粘性力项分开可得

$$\tau_{ij}\frac{\partial u_j}{\partial x_i} = -p(\nabla \cdot \vec{V}) - \frac{2}{3}\mu(\nabla \cdot \vec{V})^2$$
$$+ 2\mu\left(\frac{\partial u}{\partial x}\right)^2 + 2\mu\left(\frac{\partial v}{\partial y}\right)^2 + 2\mu\left(\frac{\partial w}{\partial z}\right)^2 \qquad (4.47)$$
$$+ \mu\left(\frac{\partial v}{\partial x} + \frac{\partial u}{\partial y}\right)^2 + \mu\left(\frac{\partial w}{\partial y} + \frac{\partial v}{\partial z}\right)^2 + \mu\left(\frac{\partial u}{\partial z} + \frac{\partial w}{\partial x}\right)^2$$

上式中，右端第二项：

$$-\frac{2}{3}\mu(\nabla \cdot \vec{V})^2$$

是粘性正应力做的体积功，相较其他项来说它非常小，一般是可忽略的。所以式（4.47）可以进一步写成如下的形式：

$$\tau_{ij}\frac{\partial u_j}{\partial x_i} = -p(\nabla \cdot \vec{V}) + \Phi_v \qquad (4.48)$$

该式中右端第一项的意义为

$$-p(\nabla \cdot \vec{V}) \quad \text{——流体微团体积改变时压力做的功（即体积功）}$$

当微元体被压缩时，外界对微元体做功，该项为正，表示机械能向内能的转化。当膨胀时，微元体对外做功，该项为负，表示内能向机械能的转化。也就是说这一项表示的内能与机械能之间的转化是完全可逆的。

式（4.48）中右端第二项 Φ_v 为粘性应力在流体微团变形时所做的功：

$$\Phi_v = 2\mu\left(\frac{\partial u}{\partial x}\right)^2 + 2\mu\left(\frac{\partial v}{\partial y}\right)^2 + 2\mu\left(\frac{\partial w}{\partial z}\right)^2$$
$$+ \mu\left(\frac{\partial v}{\partial x} + \frac{\partial u}{\partial y}\right)^2 + \mu\left(\frac{\partial w}{\partial y} + \frac{\partial v}{\partial z}\right)^2 + \mu\left(\frac{\partial u}{\partial z} + \frac{\partial w}{\partial x}\right)^2$$

该式中所有项都是平方项，所以可知 Φ_v 永远为正。也就是说，这一项只会引起内能的增加，当与外界绝能时流体的机械能将不可逆地转化为内能。因此 Φ_v 又被称为**粘性耗散项**，表示粘性力引起的机械能损失。

另外，从粘性耗散项 Φ_v 的表达式可以看出，这里面的变形包含了线变形和剪切变形，并不包含旋转。这是因为我们在推导微分形式的角动量方程的时候已经证明了，无穷小的流体微团上所受的力矩为零。所以即使微团有角速度，也没有针对旋转所做的功。

4.6.3 焓方程、熵方程、总焓方程和轴功

根据焓与内能的关系式 $h = \hat{u} + p/\rho$ 可以得到单位时间流体焓的变化量为

$$\frac{\mathrm{d}h}{\mathrm{d}t} = \frac{\mathrm{d}\hat{u}}{\mathrm{d}t} + \frac{\mathrm{d}}{\mathrm{d}t}\left(\frac{p}{\rho}\right) \tag{4.49}$$

把式（4.48）代入式（4.45）的内能方程中，得到含有耗散项的内能方程

$$\frac{\mathrm{d}\hat{u}}{\mathrm{d}t} = \frac{1}{\rho}\left[\Phi_v - p(\nabla \cdot \vec{V})\right] + \frac{1}{\rho}\frac{\partial}{\partial x_i}\left(\lambda\frac{\partial T}{\partial x_i}\right) + \dot{q} \tag{4.50}$$

把式（4.50）代入式（4.49）中，得到焓随时间的变化为

$$\frac{\mathrm{d}h}{\mathrm{d}t} = \frac{\mathrm{d}}{\mathrm{d}t}\left(\frac{p}{\rho}\right) + \frac{1}{\rho}\left[\Phi_v - p(\nabla \cdot \vec{V})\right] + \frac{1}{\rho}\frac{\partial}{\partial x_i}\left(\lambda\frac{\partial T}{\partial x_i}\right) + \dot{q}$$
$$= \frac{1}{\rho}\frac{\mathrm{d}p}{\mathrm{d}t} + p\frac{\mathrm{d}}{\mathrm{d}t}\left(\frac{1}{\rho}\right) - p\frac{1}{\rho}(\nabla \cdot \vec{V}) + \frac{1}{\rho}\Phi_v + \frac{1}{\rho}\frac{\partial}{\partial x_i}\left(\lambda\frac{\partial T}{\partial x_i}\right) + \dot{q} \tag{4.51}$$

上式中速度的散度表示了流体微团体积的变化率，可以写成如下的表达式：

$$\nabla \cdot \vec{V} = \frac{1}{\delta B}\frac{\mathrm{d}(\delta B)}{\mathrm{d}t} = \rho\frac{\mathrm{d}}{\mathrm{d}t}\left(\frac{1}{\rho}\right) \tag{4.52}$$

把式(4.52)代入式(4.51)中，整理可以得到：

$$\frac{\mathrm{d}h}{\mathrm{d}t} = \frac{1}{\rho}\frac{\mathrm{d}p}{\mathrm{d}t} + \frac{1}{\rho}\Phi_\mathrm{v} + \frac{1}{\rho}\frac{\partial}{\partial x_\mathrm{i}}\left(\lambda\frac{\partial T}{\partial x_\mathrm{i}}\right) + \dot{q} \tag{4.53}$$

这就是流动的**焓方程**。可见，**流动中有三种因素会引起焓的变化：压力改变、粘性耗散和与外界的换热**。

根据热力学，熵与焓的关系式为

$$T\frac{\mathrm{d}s}{\mathrm{d}t} = \frac{\mathrm{d}h}{\mathrm{d}t} - \frac{1}{\rho}\frac{\mathrm{d}p}{\mathrm{d}t} \tag{4.54}$$

把式（4.53）代入式（4.54）中，得到：

$$T\frac{\mathrm{d}s}{\mathrm{d}t} = \frac{1}{\rho}\Phi_\mathrm{v} + \frac{1}{\rho}\frac{\partial}{\partial x_\mathrm{i}}\left(\lambda\frac{\partial T}{\partial x_\mathrm{i}}\right) + \dot{q} \tag{4.55}$$

这就是流动的**熵方程**。可见，**流动中有两种因素会引起熵的增加：粘性耗散和从外界获得热量。对于绝热流动，熵增只由粘性耗散产生**。

在流动问题中经常用到总焓的概念，总焓是气流的焓与动能之和，代表了忽略重力势能后气流的总能量，可参见本书第7章的式（7.3）的定义。根据总焓的定义，总焓随时间的变化就等于焓随时间的变化加上动能随时间的变化，把式（4.44）除以密度后与式（4.53）相加，得

$$\frac{\mathrm{d}h_\mathrm{t}}{\mathrm{d}t} = \left[f_{\mathrm{b},\mathrm{i}}u_\mathrm{i} + \frac{1}{\rho}u_\mathrm{j}\frac{\partial \tau_{\mathrm{ij}}}{\partial x_\mathrm{i}}\right] + \left[\frac{1}{\rho}\frac{\mathrm{d}p}{\mathrm{d}t} + \frac{1}{\rho}\Phi_\mathrm{v} + \frac{1}{\rho}\frac{\partial}{\partial x_\mathrm{i}}\left(\lambda\frac{\partial T}{\partial x_\mathrm{i}}\right) + \dot{q}\right] \tag{4.56}$$

此式中的压力对时间的全导数是物质导数，可以表达为

$$\frac{\mathrm{d}p}{\mathrm{d}t} = \frac{\partial p}{\partial t} + u_\mathrm{i}\frac{\partial p}{\partial x_\mathrm{i}} \tag{4.57}$$

动能方程中包含流体微团平动时表面力做的功，把表面力中的正压力和粘性力分开写，有如下关系式：

$$u_\mathrm{j}\frac{\partial \tau_{\mathrm{ij}}}{\partial x_\mathrm{i}} = u_\mathrm{j}\frac{\partial\left(-p\delta_{\mathrm{ij}}\right)}{\partial x_\mathrm{i}} + u_\mathrm{j}\frac{\partial \tau_{\mathrm{v},\mathrm{ij}}}{\partial x_\mathrm{i}} \tag{4.58}$$

其中的 $\tau_{\mathrm{v},\mathrm{ij}}$ 表示除去正压力的表面力，即粘性力。

把式（4.57）和式（4.58）代入式（4.56）中，得

$$\frac{\mathrm{d}h_\mathrm{t}}{\mathrm{d}t} = f_{\mathrm{b},\mathrm{i}}u_\mathrm{i} + \frac{1}{\rho}\frac{\partial p}{\partial t} + u_\mathrm{j}\frac{\partial \tau_{\mathrm{v},\mathrm{ij}}}{\partial x_\mathrm{i}} + \frac{1}{\rho}\Phi_\mathrm{v} + \frac{1}{\rho}\frac{\partial}{\partial x_\mathrm{i}}\left(\lambda\frac{\partial T}{\partial x_\mathrm{i}}\right) + \dot{q} \tag{4.59}$$

这是流动的**总焓方程**。可见，有四种因素可以增加流体的总焓：体积力做功、非定常压力做功、粘性力做功和从外界获得热量。把熵方程（4.55）代入总焓方程（4.59）中，并忽略体积力（即重力），得

$$\frac{\mathrm{d} h_\mathrm{t}}{\mathrm{d} t} = \frac{1}{\rho} \frac{\partial p}{\partial t} + u_j \frac{\partial \tau_{\mathrm{v},ij}}{\partial x_i} + T \frac{\mathrm{d} s}{\mathrm{d} t} \qquad (4.60)$$

可见，要想无损失地改变流体的总焓，只能通过非定常压力做功或者粘性力带动微团平动的方式。实际上粘性力产生的平动一定会伴随着变形，所以，**非定常压力做功是唯一的无损增加流体总焓的方法**。利用流体为工质做功的各类机械中，改变流体总焓的方式都是通过非定常压力的方式，比如活塞、叶轮等。

从式（4.59）还可以看出，在绝热、定常、忽略体积力的情况下，增加流体总焓的唯一途径是通过粘性力做功。图 4-14 表示了图 4-11 中的风扇叶轮对气流做功的示意图，这个叶轮主要是通过叶片给气流施加的非定常压力来增加总焓的。不过其轮毂也会通过定常的粘性力拖动气流沿周向运动，这也会增加气流的总焓，即式（4.59）等号右边的第 3 项和第 4 项。也就是说，通过轮毂粘性力产生的气流总焓增加，一定伴随着熵增。

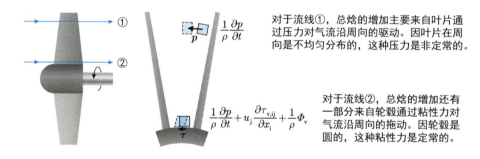

图 4-14　风扇叶轮对气流的做功方式

前面在推导一维积分形式的能量方程（4.37）时曾经引入了轴功的概念，这里来看一下轴功在微分形式的能量方程中是如何体现的。把式（4.37）改变一下形式，和式（4.59）写在一起如下：

$$h_{\mathrm{t}2} - h_{\mathrm{t}1} = -g(z_2 - z_1) - w_\mathrm{s} + q$$

$$\frac{\mathrm{d} h_\mathrm{t}}{\mathrm{d} t} = f_{\mathrm{b},i} u_i + \frac{1}{\rho} \frac{\partial p}{\partial t} + u_j \frac{\partial \tau_{\mathrm{v},ij}}{\partial x_i} + \frac{1}{\rho} \Phi_\mathrm{v} + \frac{1}{\rho} \frac{\partial}{\partial x_i}(\lambda \frac{\partial T}{\partial x_i}) + \dot{q}$$

根据上面两式可以看出,轴功的表达式为

$$-w_\mathrm{s} = \int \left(\frac{1}{\rho} \frac{\partial p}{\partial t} + u_j \frac{\partial \tau_{\mathrm{v},ij}}{\partial x_i} + \frac{1}{\rho} \Phi_\mathrm{v} \right) \mathrm{d}t \tag{4.61}$$

可见,**轴功由三部分组成:非定常压力做功、粘性力所做的移动功和粘性力所做的变形功**。其中,粘性力所做的移动功几乎总是伴随着变形功,而变形功会产生熵增。图 4-14 所示的风扇效率的定义为有用功与总功之比,其中的有用功就对应着非定常压力功,而总功还包括粘性力做功。要提高风扇的效率就要减小轴功中的粘性力做功部分。

综上所述,对于流体的能量变化可以总结如下:

(1)把势能表示为做功的形式,则流体的能量包含内能和动能两项。

(2)体积力只引起流体动能的变化,而不影响内能。

(3)与外界的换热只引起流体内能的变化,而不影响动能。

(4)压力通过膨胀与收缩引起流体动能与内能之间的转化,即体积功,这种转化是可逆的。

(5)流体在粘性力作用下做变形运动时,动能不可逆地转化为内能。

(6)忽略体积力,非定常压力做功是唯一的无损增加流体总焓的方法。

4.7 方程的求解

4.7.1 定解条件

我们现在把上面讨论过的微分形式的三大方程列出来:

连续方程:$\dfrac{\partial \rho}{\partial t} + \nabla \cdot \left(\rho \vec{V} \right) = 0$

动量方程:$\dfrac{\mathrm{D}\vec{V}}{\mathrm{D}t} = \vec{f}_\mathrm{b} - \dfrac{1}{\rho} \nabla p + \dfrac{\mu}{\rho} \nabla^2 \vec{V} + \dfrac{1}{3} \dfrac{\mu}{\rho} \nabla \left(\nabla \cdot \vec{V} \right)$

能量方程:$\rho \dfrac{\mathrm{D}}{\mathrm{D}t} \left(\hat{u} + \dfrac{V^2}{2} \right) = \rho \vec{f}_\mathrm{b} \cdot \vec{V} + \nabla \cdot \left(\vec{V} \cdot \tau_{ij} \right) + \nabla (\lambda \nabla T) + \rho \dot{q}$

这三个方程组成一个方程组,因为动量方程(N-S 方程)是力学的核心,所以通常把这三个方程组成的方程组称为 **N-S 方程组**,基本上牛顿流体的任何流动现象都遵循由这个方程组所确定的规律进行。

对于实际的问题，这三个方程中的未知数如下：

连续方程的未知数：$\rho, \vec{V}$

动量方程的未知数：$\rho, \vec{V}, p$

能量方程的未知数：$\rho, \vec{V}, p, T$

可见这三个方程中共包含了四个未知数，还需要补充一个关系式才能求解。

对于不可压缩流动，密度为已知量，所以实际上只有三个未知数，对应三个方程，可以求解。对于可压缩流动，一般处理的是理想气体，满足理想气体的状态方程 $p = \rho RT$，方程组变为四个方程和四个未知数，也可以求解。

牛顿流体的流动都是这个微分方程组的某种特解，不同的流动只是初始条件和边界条件不同而已。就像牛顿第二定律所描述的那样，物体的速度只与其上一时刻的速度及这段时间内所受的力有关。**各种流动的不同是由一开始流体所处的状态和过程中的受力受热条件决定的，或者说由初始条件和边界条件决定。**

所谓的初始条件指的是某一时刻流场中的流体所处的状态，在三维时空中初始条件可表示为

$$\Phi(t_0, x, y, z) = \Phi_0(x, y, z)$$

式中：Φ 代表上述方程组中的未知量；而 Φ_0 为已知的流场状态。如果流动是定常的，就没有初始条件了，对有些流动可以理解为经过了足够长的时间后，初始状态的影响已经消耗殆尽。

运动的流体有各种形式的边界，比如水沿管道的流动，其边界条件就包括进出口的压力、温度、速度；以及水与管壁之间的摩擦力和热量交换等。一般流体和固体壁面之间的边界上的条件比较容易给定，认为此处满足无滑移条件和无穿透条件，这两个条件综合起来就是紧挨壁面的流体是粘住的，既没有切向速度（无滑移），也没有法向速度（无穿透），表示为

$$\vec{V}_{\text{fluid}} = \vec{V}_{\text{solid}}$$

这个条件并不那么容易得到认可，我们的常识是紧挨着固体壁面的流体是可以具有较高的与壁面平行的速度的。但如果从分子的尺度来看，理论和实验都证明了紧挨着固体的流体分子必然会被吸附在固体表面上，而流体分子之间的相对

运动则要遵循粘性规律。当然，无滑移条件也并不是永远成立的，对于液体基本上是精确成立的，对于气体而言，当处理某些高超声速的流动或者较为稀薄的气体的流动时，由于分子自由程较大，会带来较大的误差。

对于两种流体之间的界面，也应该满足无滑移条件，即

$$\vec{V}_{\text{fluid1}} = \vec{V}_{\text{fluid2}}$$

图 4-15 分别表示了运动的流体与静止的固体，以及运动的流体与静止的流体之间的界面附近的流动。

当求解能量方程时，常用的固体壁面处的条件是流体与固体的温度相等：

$$T_{\text{fluid}} = T_{\text{solid}}$$

由于流体会反过来影响固体壁面的温度，因此这个温度经常是未知的，并不太好用，还有一个经常使用的条件是已知壁面的热流量：

$$-\left(\lambda \frac{\partial T}{\partial n}\right)_{\text{fluid}} = \dot{q}$$

一般流动都是连续的，而研究时一般只取一部分流动来研究（比如一段管子内的流体），会存在进出口条件的问题。对于非定常问题，这个条件的给定是比较困难的。对于定常问题，如果已知了某种定常的物理量（比如管流的流量），则可以较容易地给定进出口的条件。

按理来说，对于任何满足连续介质假设的牛顿流体的流动，其运动规律都满

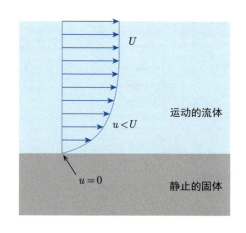
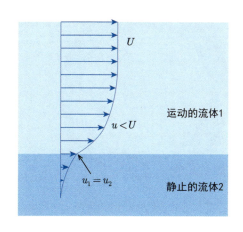

图 4-15 两种情况下边界上的速度条件

足 N-S 方程组，当有了定解条件后就应该可以得到完整的流动信息。遗憾的是，由于 N-S 方程的非线性特征，这样的解虽然在理论上存在，却不易求得。而且很多解在数学上是不稳定的，在物理上则对应着某种不能稳定存在的流动。迄今为止只得到了 N-S 方程组为数不多的解析解，在这里介绍其中的两种。

4.7.2 流动方程的几个解析解

1. 库埃特流动

法国人库埃特（Maurice Couette,1858—1943）研究流动时得到了一个 N-S 方程组的解析解。库埃特研究的是同心旋转的两个圆筒之间的粘性流体的流动问题，如图 4-16（a）所示。当圆筒无限长，且两圆筒之间的间隙相对圆筒直径很小时，这个问题可以认为是两个无限大平板之间的流动问题，其中一个平板相对另一个平板恒速移动，如图 4-16（b）所示。这个流动受重力、上下游的压力差、流体的压缩性和与外界换热的影响。最简单的情况是排除这些影响，只考虑上下壁面的粘性拖动所产生的流动，这时的流动称为简单库埃特流动。这里只研究这种流动，即定常、不可压缩、无压差力和体积力的流动。

对于不可压缩流动，换热不影响流动的速度和压力，或者说能量方程对流动的速度和压力无影响。如果只想知道流场内的速度和压力分布，则只需要解连续方程和动量方程就可以了，二维不可压缩连续方程为

$$\frac{\partial u}{\partial x} + \frac{\partial v}{\partial y} = 0$$

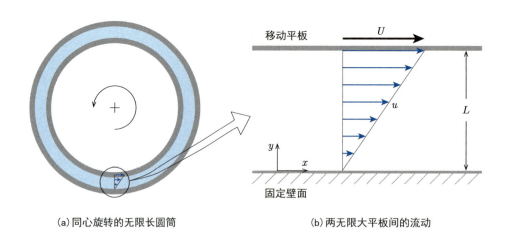

(a) 同心旋转的无限长圆筒   (b) 两无限大平板间的流动

图 4-16 库埃特研究的流动及其简化模型

这个问题中流体只沿 x 方向流动，即 $v=0$，进而从上式可得 $\partial u/\partial x=0$，就是说 u 只是 y 的函数。

$$u=f(y)$$

二维、定常、不可压缩、无体积力的动量方程为

$$\begin{cases} u\dfrac{\partial u}{\partial x}+v\dfrac{\partial u}{\partial y}=-\dfrac{1}{\rho}\dfrac{\partial p}{\partial x}+\dfrac{\mu}{\rho}\left(\dfrac{\partial^2 u}{\partial x^2}+\dfrac{\partial^2 u}{\partial y^2}\right) \\ u\dfrac{\partial v}{\partial x}+v\dfrac{\partial v}{\partial y}=-\dfrac{1}{\rho}\dfrac{\partial p}{\partial y}+\dfrac{\mu}{\rho}\left(\dfrac{\partial^2 v}{\partial x^2}+\dfrac{\partial^2 v}{\partial y^2}\right) \end{cases}$$

对于同心旋转的两个圆筒之间的流动问题来说，沿周向一圈是没有压力变化的，简化得到的库埃特流动也一样，沿 x 方向无限长，压力不变，$\partial p/\partial x=0$，再加上前面已知的两个条件 $v=0$ 和 $\partial u/\partial x=0$，就可以对上面的动量方程进行简化，简化后的 x 和 y 方向的动量方程分别为

$$\dfrac{\partial^2 u}{\partial y^2}=0, \quad \dfrac{\partial p}{\partial y}=0$$

可见，压力对 x 和 y 的偏导数都为 0，或者说全流场的压力都相等。把上面得到的速度表达式对 y 积分，得到

$$u=C_1 y+C_2$$

图 4-16（b）中上下壁面处的边界条件分别为

$$\begin{cases} u=U, \quad y=L \\ u=0, \quad y=0 \end{cases}$$

从而可以解出 C_1 和 C_2，得到速度的表达式：

$$u=\dfrac{U}{L}y$$

因此，简单库埃特流动的解可总结为

$$u=\dfrac{U}{L}y, \quad v=0, \quad p=\text{const} \tag{4.62}$$

图 4-16（b）这个流动就是图 1-7 牛顿粘性力实验那个流动模型。基于这个简单流动还可以得到一些更复杂的解析解，比如沿流向有压力梯度的流动，以及可压缩和有换热的库埃特流动等。读者如果有兴趣可以参考相关教材。

2. 哈根—泊肃叶流动

圆管内完全发展的层流流动是另一种可以得到解析解的简单流动。流动模型如图 4-17 所示。因管壁对流体有阻碍作用，匀速流动的流体必然还受到与阻力平衡的驱动力作用，这个驱动力是压差力。如图取沿流向长度为 dx 的薄片控制体，三个控制面分别为进出口截面和环面。在环面上流体受到恒定的壁面剪应力，在进出口截面上则分别受到恒定的压力作用。根据受力平衡可知：

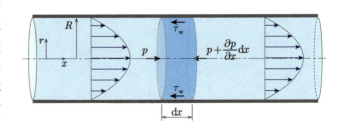

图 4-17　圆管内的哈根-泊肃叶流动

$$\tau_w \cdot 2\pi R \mathrm{d}x = \left[p - \left(p + \frac{\partial p}{\partial x} \mathrm{d}x \right) \right] \cdot \pi R^2$$

整理可得

$$\frac{\partial p}{\partial x} = -\frac{2\tau_w}{R}$$

也就是说，对于完全发展的管流，流向压力梯度必然为常数。现在列出圆柱坐标下的流向动量方程，条件是定常、不可压缩、无体积力，即

$$u_r \frac{\partial u_x}{\partial r} + \frac{u_\theta}{r} \frac{\partial u_x}{\partial \theta} + u_x \frac{\partial u_x}{\partial x} = -\frac{1}{\rho} \frac{\partial p}{\partial x} + \frac{\mu}{\rho} \left(\frac{\partial^2 u_x}{\partial r^2} + \frac{1}{r} \frac{\partial u_x}{\partial r} + \frac{1}{r^2} \frac{\partial^2 u_x}{\partial \theta^2} + \frac{\partial^2 u_x}{\partial x^2} \right)$$

把 $u_r = 0$，$u_\theta = 0$，$\partial u_x/\partial x = 0$，$\partial u_x/\partial \theta = 0$ 代入上式，整理得到：

$$\mu \left(\frac{\mathrm{d}^2 u_x}{\mathrm{d}r^2} + \frac{1}{r} \frac{\mathrm{d}u_x}{\mathrm{d}r} \right) = \frac{\mathrm{d}p}{\mathrm{d}x}$$

这个方程的通解为

$$u = \frac{1}{\mu} \frac{\mathrm{d}p}{\mathrm{d}x} \frac{r^2}{4} + C_1 \ln r + C_2$$

管道中心和壁面处的边界条件分别为

$$\begin{cases} \mathrm{d}u/\mathrm{d}r = 0, & r = 0 \\ u = 0, & r = R \end{cases}$$

代入上式的速度通解中,得到速度的表达式为

$$u = -\frac{1}{4\mu}\frac{\mathrm{d}p}{\mathrm{d}x}(R^2 - r^2)$$

可见,完全发展后的圆管内流动如果是定常不可压缩的,那么速度是沿径向二次分布的。从上式还可以得到截面上的平均速度为

$$U = -\frac{R^2}{8\mu}\frac{\mathrm{d}p}{\mathrm{d}x}$$

一般情况下,对于管道流动,已知的是流量,也就是说平均流速 U 是已知量。哈根 – 泊肃叶流动的流速和压力分布可以写成

$$u = 2U\left[1 - \left(\frac{r}{R}\right)^2\right]; \quad \frac{\mathrm{d}p}{\mathrm{d}x} = -\frac{8\mu U}{R^2}$$

扩展知识

1. 流体和固体的本构方程比较

材料的第一个本构方程是胡克发现的胡克定律,是固体的一维弹性变形关系式 $F = kX$。与之对应,流体的一维本构方程是牛顿切应力公式(1.1)。固体和流体的三维本构方程则是同一些人共同得出的,包括纳维、柯西、泊松、圣维南、斯托克斯等。把固体和流体的本构方程写在一起如下

$$\tau_{xx} = \lambda\left(\frac{\partial u}{\partial x} + \frac{\partial v}{\partial y} + \frac{\partial w}{\partial z}\right) + 2\mu\frac{\partial u}{\partial x}, \quad \tau_{xx} = -p + \lambda\left(\frac{\partial u}{\partial x} + \frac{\partial v}{\partial y} + \frac{\partial w}{\partial z}\right) + 2\mu\frac{\partial u}{\partial x}$$

$$\tau_{yy} = \lambda\left(\frac{\partial u}{\partial x} + \frac{\partial v}{\partial y} + \frac{\partial w}{\partial z}\right) + 2\mu\frac{\partial v}{\partial y}, \quad \tau_{yy} = -p + \lambda\left(\frac{\partial u}{\partial x} + \frac{\partial v}{\partial y} + \frac{\partial w}{\partial z}\right) + 2\mu\frac{\partial v}{\partial y}$$

$$\tau_{zz} = \lambda\left(\frac{\partial u}{\partial x} + \frac{\partial v}{\partial y} + \frac{\partial w}{\partial z}\right) + 2\mu\frac{\partial w}{\partial z}, \quad \tau_{zz} = -p + \lambda\left(\frac{\partial u}{\partial x} + \frac{\partial v}{\partial y} + \frac{\partial w}{\partial z}\right) + 2\mu\frac{\partial w}{\partial z}$$

$$\tau_{xy} = \mu\left(\frac{\partial u}{\partial y} + \frac{\partial v}{\partial x}\right), \quad \tau_{xy} = \mu\left(\frac{\partial u}{\partial y} + \frac{\partial v}{\partial x}\right)$$

$$\tau_{yz} = \mu\left(\frac{\partial v}{\partial z} + \frac{\partial w}{\partial y}\right), \quad \tau_{yz} = \mu\left(\frac{\partial v}{\partial z} + \frac{\partial w}{\partial y}\right)$$

$$\tau_{zx} = \mu\left(\frac{\partial w}{\partial x} + \frac{\partial u}{\partial z}\right), \quad \tau_{zx} = \mu\left(\frac{\partial w}{\partial x} + \frac{\partial u}{\partial z}\right)$$

上式中，左侧一列是弹性固体的本构方程，右侧一列是牛顿流体的本构方程，可以看出它们的各项几乎是完全对应的，但其实它们有三点不同。

第一，固体本构方程中的 u, v, w 分别代表的是三个方向的小位移，流体本构方程中的 u, v, w 分别代表的是三个方向的速度。这意味着：固体的应力产生应变，而流体的应力产生流动（应变率）。

第二，流体本构方程中的正应力项中多一项压力项 p，表示了流体无流动时内部的应力。对于固体，在大气环境下其实也有这样一项，通常忽略了。或者认为固体在大气环境下也是个变形状态，这个 p 是抵抗外力的结果，包含在了相应的形变项中。

第三，流体中的 λ 通常用 $\lambda = -2\mu/3$ 表示，因此流体用一个粘性系数就可以足够准确地描述力与流动的关系，而固体则需要杨氏模量和泊松比两个参数来描述力与变形的关系。

有关牛顿流体本构方程的推导过程可参考相应的粘性流体力学教材（比如书末参考文献【1】的第 1.7 节）。非牛顿流体的本构方程各不相同，处理非牛顿流体问题时，需要把相应的本构方程代入式（4.20）中，以得到类似于式（4.25）的方程。

2. N-S 方程的数学性质

数学中对偏微分方程进行了分类，不同类型的方程有不同的定解条件和不同的解法。其基本理论是基于下面的准线性二阶偏微分方程的：

$$A\frac{\partial^2 \Phi}{\partial x^2} + B\frac{\partial^2 \Phi}{\partial x \partial y} + C\frac{\partial^2 \Phi}{\partial y^2} + D = 0$$

其中的 A, B, C, D 可以是任何由 $x, y, \Phi, \partial\Phi/\partial x, \partial\Phi/\partial y$ 组成的非线性函数，但不包括 Φ 的二阶偏导数项。

这个方程的性质可由下面的准则判断：

$$B^2 - 4AC \begin{cases} <0 & \text{椭圆型} \\ =0 & \text{抛物型} \\ >0 & \text{双曲型} \end{cases}$$

椭圆型方程没有特征线，抛物型方程有一条特征线，而双曲型方程有两条特征线。特征线在数学上表示了解的依赖域和影响域，在物理上也具有类似的意义。然而，N-S 方程比这个标准方程要复杂一些，并不能简单地归为其中的一类。

或者说 N-S 方程同时具有这三类方程的特点，不同情况体现出不同的特征。比如定常无粘亚声速的流动具有椭圆型方程的特征，定常无粘超声速的流动具有双曲型方程的特征。定常流动问题中特征线表现为流场中的间断线，也就是膨胀波和压缩波（见本书第 7 章），这些波只在超声速时出现。

N-S 方程的复杂性吸引了大量数学家的注意和深入的研究。不过到目前为止它的数学性质还没有得到清晰的认识。2000 年的时候美国的 Clay 数学研究所曾经公布了 7 个千禧年数学难题，并为每个问题的解决提供 100 万美元的奖金。其中一个问题就是证明 N-S 方程解的存在性与光滑性，可见这个问题的难度。

N-S 方程代表一类方程，很多物理现象的描述方程都具有类似的形式，对其研究产生的任何小的进步都有可能会带来意想不到的应用。不过这些是数学家关心的问题，流体力学研究者更关心的是具体流动问题的解，因此发展了很多种简化的方法。流体力学书经常有十几章，其中多数章节都是用来叙述这些简化方法的，比如势流法、边界层理论、湍流理论等。近年来，依靠计算机的数值解法对解决流动问题起到了越来越大的作用。

3. 解决流动问题的方法

由于描述流动问题的 N-S 方程组的复杂性，因此对于一般流动问题，像 4.7.2 节那样的解析解并不容易得到。所以，对于稍微复杂一点的问题，理论求解都是无能为力的。早期对于复杂的流动问题使用简化的理论模型估算，或者使用实验测量方法。从上世纪 60 年代开始，现代的计算流体力学迅速发展起来。到上世纪末，数值模拟方法已经成为解决流动问题的主要方法，大量地替代了实验测量。

现在，当研究者面对一个具体的流动问题时，可以在理论求解、数值模拟和实验测量之间进行选择。图 4-18 表示了这三者在科学研究中的应用情况。理论可以解决的问题很有限，而数值模拟和实验测量则存在误差不可控、成本高、信息量不足等问题。正确地认识实验研究和数值模拟各自的优势与不足，对研究者来说是非常重要的。一个研究者无论是主攻数值模拟还是实验测量，掌握并理解流体理论都是最重要的，因为理论是实验和数值模拟的基础。

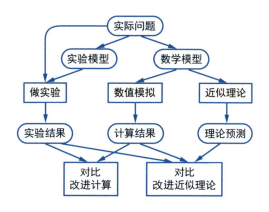

图 4-18 理论、数值模拟和实验的关系

思考题

4.1 一辆行驶中的汽车的玻璃上破了一个洞，设汽车其他门窗等处都密封完好，试分析在洞口处空气是流进来还是流出去，分前窗、侧窗、后窗讨论。

4.2 思考 $D\rho/Dt=0$ 和 $\partial\rho/\partial t=0$ 的物理意义。不可压缩连续方程（4.6）可用于非定常流动吗？为什么？

4.3 既然气体分子之间不存在拉力，为什么牛顿流体的本构方程中的正应力项中含有正的项（比如 $2\mu\,\partial u/\partial x$）？

4.4 无动力滑翔机水平飞过，它经过的路径上原本静止的空气在受到飞机影响之后的总体运动趋势是什么样的？如果是有动力的飞机匀速水平飞过呢？

4.5 伯努利方程中的 1/2 是怎么来的，代表了怎样的物理意义或物理过程？

4.6 伯努利方程的限定条件中没有绝热，这说明与外界的换热不影响气流的总压。这种说法对吗？

4.7 空气的等压比热容为什么比等容比热容大，水的等压比热容和等容比热容分别是多少？

第 5 章
无粘流动和势流方法

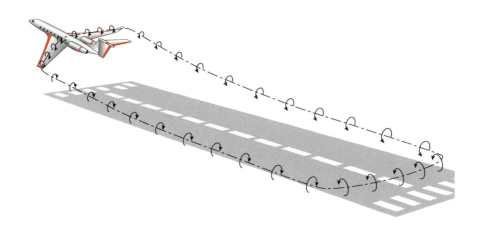

机翼的附着涡、翼尖涡以及起动涡一起构成一个封闭的涡环。

5.1 无粘流动的特点

实际的流体都是有粘性的（这里不讨论超流体），但我们并不是总能感受到粘性的作用。最常见的两种流体——空气和水的粘性都很小，在很多问题中，粘性力比起压差力、重力和惯性力要小得多，这时忽略粘性得出的结果比较接近于真实结果。从动量方程看，忽略粘性后，控制方程由 N-S 方程蜕化为欧拉方程，这使得求得解析解成为可能。因此，流体力学专门有一个分支，解决粘性可忽略的流动规律，可以称之为**非粘性流体力学**或**无粘流体力学**。

无粘流动的特征是流场中不存在粘性力，这可以分为两种情况。一种情况是流体本身是无粘的，也就是说其粘性系数为零，那么它所做的任何运动都是无粘流动，这种流体一般称为**理想流体**。另一种情况是流体本身有粘性，但是其运动形式使粘性力并不体现出来。仔细观察粘性流体的本构方程（4.22），当与粘性系数相乘的项均为零时，粘性应力就为零。鉴于粘性正应力很小，通常可以忽略，这里只考虑粘性切应力，要使流体的粘性切应力为零，必须有

$$\frac{\partial u}{\partial y} + \frac{\partial v}{\partial x} = 0, \ \frac{\partial v}{\partial z} + \frac{\partial w}{\partial y} = 0, \ \frac{\partial w}{\partial x} + \frac{\partial u}{\partial z} = 0 \tag{5.1}$$

这三项其实就代表了三个方向的剪切形变率。也就是说，当流体以无剪切形变的方式流动时，是没有粘性切应力的，这时的流动也可以称为无粘流动。由于绝对没有剪切形变这个条件非常苛刻，一般的流动都不可能满足，因此严格的无粘流动指的都是粘性系数为零的流体的运动。

对于实际的流体，只要其剪切运动不太强，产生的粘性力比起压差力和重力来说就要小得多，于是就可以近似认为是无粘流动。在龙卷风这样的强旋涡中，气流旋转产生的离心力是很大的，这个离心力由旋涡内外的压差力来平衡。在整个龙卷风内部，剪切作用实际上是非常小的，完全可以当做无粘流动来处理。对于绕机翼流动，只有紧挨着机翼的薄薄一层必须考虑粘性力，而外界的主流区都可以认为是无粘流动，可见实际问题中很多都可以当作无粘流动，这给我们解决实际流动问题带来了方便。

既然无粘流动的特征是没有粘性力，流体中的表面力就只剩下了正压力。可以证明，对于正压流体（正压流体的定义见下页的 Tips）而言，压力是无法产生力矩的。常见的低速流动都可以认为是正压流体，所以对于一般低速无粘流动而言，流场之中不存在力矩的作用。结合角动量方程可知，**无粘流动的一个现象是：如果流体原本是没有旋转的，它永远会是没有旋转的；如果流体原本是旋转的，它会永远旋转下去。**

第 5 章 无粘流动和势流方法

  正压流体

　　正压流体指的是压力只是密度的函数的流体，在这种流体中，等压力面和等密度面是平行的。与之对应的，如果流体的压力不仅是密度的函数，还和温度以及组成成分等有关的话，则称为斜压流体。在斜压流体中，等压力面和等密度面是可以相交的。广义地说，正压流体是其力学特性与热学特性无关的流体。

　　我们日常所见到的流体其实都是斜压流体，比如海水的密度与盐分相关，空气的密度与温度和湿度都相关。因此，正压流体跟理想气体或者不可压缩流动一样，是一个理想化的模型。

　　理想气体的状态方程是 $p=\rho RT$，在一些特定情况下，状态方程可以简化为 $p=f(\rho)$ 的形式，例如，

（1）等密度流体：$\rho=C$，压力只与外力相关。

（2）等温流动：$p=C\rho$。

（3）等熵流动：$p=C\rho^k$。

　　成分均匀的液体在温度变化不大时，就近似于等密度流体。液体与气体的绝能无摩擦的流动都属于等熵流动，所以正压流体的概念应用还是比较广泛的。

5.2　无粘旋涡运动

　　在无粘流动理论中，当流体做无旋转运动时，控制方程可以变换成较为简单的形式，有利于问题的求解。因此，判断哪种流动是无旋流动就是非常重要的了，这一节我们就来讨论一下什么是流体的旋涡运动。流体力学中对于流体是否做旋转运动的定义是看其中的流体微团是否在做旋转运动，当流场中所有流体微团都无旋转时，就定义为无旋流动。由式（3.12a）可知，当流体满足如下关系式时，它就是无旋的：

$$\frac{\partial w}{\partial y}-\frac{\partial v}{\partial z}=0,\ \frac{\partial u}{\partial z}-\frac{\partial w}{\partial x}=0,\ \frac{\partial v}{\partial x}-\frac{\partial u}{\partial y}=0 \qquad(5.2)$$

我们下面通过式（5.2）来检验一些流动是否有旋，首先来看看图 5-1 所表示的有横向速度梯度的平行流动的情况。这就是简单库埃特流动，这种流动有如下特征：

$$u \neq 0, \ v = 0, \ w = 0, \ \frac{\partial u}{\partial y} \neq 0$$

这个流动中，平面内任一点的旋转角速度为

$$\Omega_z = \frac{1}{2}\left(\frac{\partial v}{\partial x} - \frac{\partial u}{\partial y}\right) = -\frac{1}{2}\frac{\partial u}{\partial y} \neq 0$$

可见这是一种有旋流动，且流场中任一流体微团都是旋转的，具有相同的角速度。可是，我们明明看到的是平行流动，旋转体现在哪里呢？

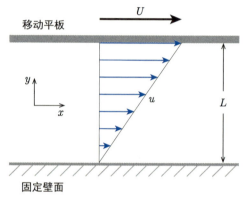

图 5-1 两平板间的平行流动

微观上来说，流体的确在旋转，如图 5-2 所示，对于流场中任一流体微团来说，由于其上下两个面的运动速度不同，在导致微团剪切变形的同时，还导致微团的旋转。图中表示出了各流体微团的旋转，在这种流动中，经过一段时间后，各微团的旋转角度是一样的。

我们再来看图 5-3 所示的这种旋涡流动，通常称为**自由涡**。之所以称为自由涡，是因为它有别于我们在第 2 章讨论过的容器内的水在容器的带动下的整体旋转，是不需要外界力矩而存在的。有时人们甚至感觉自由涡是可以无中生有的，比如水池排水口处的漩涡，以及龙卷风和台风等大型的旋涡。既然这种涡是自由

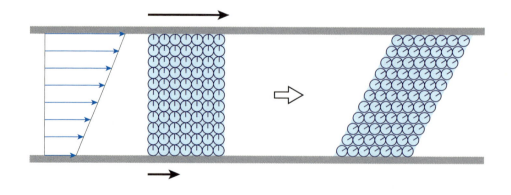

图 5-2 两平板间的各个流体微团的转动

存在的，并不需要外界提供力矩，那么由角动量方程可知，自由涡的特点是切线速度与旋转半径成反比，即

$$rV_\theta = C \tag{5.3}$$

式中：C 为比例常数。

切向速度在直角坐标系下可以分解如下：

$$u = -V_\theta \sin\theta, \ v = V_\theta \cos\theta$$

于是有

$$\Omega_z = \frac{1}{2}\left(\frac{\partial v}{\partial x} - \frac{\partial u}{\partial y}\right) = \frac{1}{2}\left[\frac{\partial(V_\theta \cos\theta)}{\partial x} - \frac{\partial(-V_\theta \sin\theta)}{\partial y}\right]$$

将式（5.3）代入上式，得

$$\Omega_z = \frac{C}{2}\left[\frac{\partial(\cos\theta/r)}{\partial x} + \frac{\partial(\sin\theta/r)}{\partial y}\right]$$

再应用关系式 $\sin\theta = y/r$ 和 $\cos\theta = x/r$，得

$$\Omega_z = \frac{C}{2}\left[\frac{\partial(x/r^2)}{\partial x} + \frac{\partial(y/r^2)}{\partial y}\right]$$

最后应用关系式 $r^2 = x^2 + y^2$，得

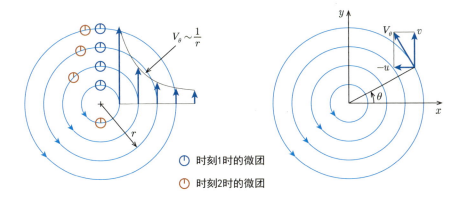

图 5-3 自由涡的速度分布及速度分解

$$\Omega_z = \frac{C}{2}\left[\frac{\partial [x/(x^2+y^2)]}{\partial x} + \frac{\partial [y/(x^2+y^2)]}{\partial y}\right] = 0$$

上述分析对于除涡中心点外的所有位置都是适用的，可见这些位置的流体微团都是没有角速度的。图 5-3 中表示出了时刻 1 时沿径向分布的几个流体微团的位置和方向，经过一段时间到时刻 2 时，内外层的微团转过的角度不同，但它们本身都是没有自旋的，还保持着原来的方向。因此，对于自由涡形成的流场，除中心点外都是无旋流动。按照自由涡的定义式，其中心点处流速为无穷大，理论上一般将其作奇点处理。实际流动中因为中心附近的速度梯度很大，粘性作用不可忽略，在自由涡的中心处会存在一个小的整体旋转的强迫涡。

通过上面的分析可以看到：看起来没有旋涡的平行流动事实上可能是有旋流动；而看起来明显在旋转的旋涡则有可能是无旋流动。有旋还是无旋的判据是流体微团自身是否转动，而与其平动轨迹无关，流体微团整体无论是直线运动还是曲线运动，只要是平动，就是无旋运动。

流体力学中通常用涡量来定量地表示流体的旋转程度，涡量的定义为速度的旋度，即

$$\vec{\omega} = \nabla \times \vec{V} = \begin{bmatrix} \vec{i} & \vec{j} & \vec{k} \\ \dfrac{\partial}{\partial x} & \dfrac{\partial}{\partial y} & \dfrac{\partial}{\partial z} \\ u & v & w \end{bmatrix} \qquad (5.4)$$

可见涡量是一个矢量，其沿三个坐标轴的分量分别为

$$\omega_x = \frac{\partial w}{\partial y} - \frac{\partial v}{\partial z}, \quad \omega_y = \frac{\partial u}{\partial z} - \frac{\partial w}{\partial x}, \quad \omega_z = \frac{\partial v}{\partial x} - \frac{\partial u}{\partial y}$$

在第 3 章中我们已经得出了流体微团的角速度关系式，即式（3.8a）中的第二个矩阵，可以看出**涡量是角速度的 2 倍**，用 $\vec{\Omega}$ 代表角速度，有

$$\vec{\omega} = 2\vec{\Omega}$$

因此涡量直接反映了流体微团的旋转角速度的大小。

亥姆霍兹（Hermann von Helmholtz，1821—1894）针对无粘、正压、体积力有势的流体的旋涡运动给出了三个定理如下：

（1）原来无旋的流体微团将保持无旋。

（2）某一时刻构成一条涡线的流体质点永远构成这条涡线。

（3）流体运动过程中涡管强度不变。

下面我们来分析一下这三条定理的物理意义和成立的条件。

第（1）条定理可以理解为流体微团无法从无旋变为有旋。从动量矩定理可知，物体要想从没有角速度变成有角速度，就一定要受到力矩的作用。所以第一条定理成立的条件就是流体微团不受力矩作用。无粘、正压、体积力有势这三个条件其实就是保证流体微团不受力矩作用的条件，我们将在后面分别进行分析。

第（2）条定理可以理解为有旋的流体微团永远有旋。通过上面的分析知道，这条定理和第一条定理其实可以合成一种说法，就是：无旋的流体将保持无旋，有旋的流体将保持有旋。用涡量来描述就是：涡量既不能产生，也不能消失。

第（3）条定理是一个定量的描述。涡管强度可以用下式表示：

$$\Gamma = \oint_L \vec{V} \cdot \mathrm{d}l = \iint_A \vec{\omega} \cdot \vec{n} \mathrm{d}A$$

可见，如果涡管强度保持不变，则涡量与涡管的横截面积成反比。当一个涡沿涡线方向被拉伸时，其涡量会增加，这可以描述水从排水口流出时其旋转角速度会加快的现象。实际上第（3）条定理可以理解为角动量守恒方程（4.31）的另一种表达形式。

如果我们细心观察的话，会发现在现实生活中见到的情况似乎并不完全满足上面的三条定理。例如，小旋风和水里的漩涡过一段时间就会停止，原本静止的空气经过风扇就会充满旋涡。这些现象的出现，都是因为破坏了旋涡保持的三个条件（无粘、正压流体、体积力有势）中的至少一个造成的。下面我们分别来看看这三个条件是如何在流体内产生力矩，从而造成流体旋转状态改变的。

5.2.1 粘性力产生涡量

流体内的切应力是由粘性力产生的，当粘性流体经过固体壁面附近时，会产生如图 5-4 那样的流动，紧挨着壁面的流体被粘在壁面上，速度为零，而越是远离壁面的流体速度越大，在壁面附近的流动中任一点处的涡量为

$$\omega_z = \frac{\partial v}{\partial x} - \frac{\partial u}{\partial y} = -\frac{\partial u}{\partial y} \neq 0$$

可见机翼附近的有粘流动区域是有旋的。因为流体从前方流过来的时候本来是无旋的，所以这些涡量的产生是壁面的粘性力造成的。

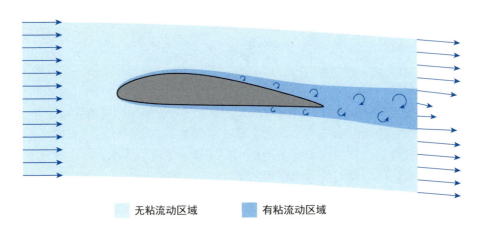

无粘流动区域　　　有粘流动区域

图 5-4　绕机翼的有粘和无粘流动

想象一个滑冰运动员在冰面上高速前进，这时他是在做无旋转的平动，如果不小心从冰上滑到了水泥地面上，这个人一定会突然向前跌倒而翻滚，如图 5-5 所示。这个从高速滑行到跌倒翻滚的过程就类似于流体微团碰到壁面时由无旋变为有旋的过程。滑冰运动员的摔倒是突然受到了一个力矩造成的，流体流过平板时，粘性力也产生了一个力矩。从前方流过来的流体，一开始是无旋的，由于壁面阻碍了一部分流体的运动，使流体微团产生了剪切变形和转动。壁面的这种粘性作用是涡量产生的源泉，产生的涡量被源源不断地传递到流体的内部，使越来越多的流体从无旋运动变为有旋运动，体现为边界层越来越厚。

有些情况下，流场中没有壁面的存在，仍然有涡量的产生，例如两股速度方向相近但大小不同的流体相遇时，就会产生一个剪切层，在这个层内会有很强的剪切作用，从而有涡量的产生。图 5-6 表示了飞机从静止开始加速时，在机翼尾缘处，机翼上下表面的流体相遇时的情景。下表面的气流速度快，上表面的气流速度慢，两股气流相遇就会产生一个旋涡，这个旋涡叫做机翼的起动涡。

图 5-5　滑冰者遇到地面的摩擦力而产生翻滚的过程

5.2.2 斜压流体中涡量的产生

对于无粘且体积力有势的流动来说，如果流体是斜压的，不平衡的压差力是可以产生力矩的，从而使流体内部有涡量的产生和消失。图 5-7 表示了一种开窗时的自然对流现象，假设在窗户关闭时，室内和室外的空

图 5-6　机翼的起动涡

气都处于静止状态，室内的气温高于室外，在窗户中部有一个通气孔，保持此处内外压力相等。由于室外的空气温度低，密度大，因此在窗户下半部，室外的压力是高于室内的，在上半部，室外的压力是小于室内的。

设窗户中部的压力为 p_0，室内的空气密度为常数 ρ_1，室外的空气密度为常数 ρ_2，则在窗口附近，室内和室外的空气压力沿高度的分布分别为

$$p_1 = p_0 + \rho_1 gz, \quad p_2 = p_0 + \rho_2 gz$$

压差沿高度的分布为

$$\Delta p = p_1 - p_2 = (\rho_1 - \rho_2)gz$$

当窗户突然打开时，下半部空气向内流动，上半部空气向外流动。流动速度可以根据伯努利方程用压差来估算，与压力的关系为

$$V \sim (\Delta p)^{1/2}$$

窗户关闭时，内外压力沿高度的分布不同　　　　窗户开启时，压差力产生涡量

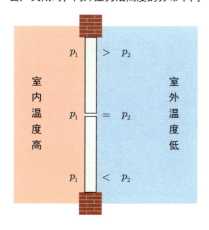
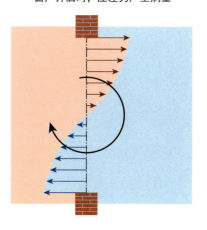

图 5-7　室内外温度差导致的斜压流体在窗口形成有旋流动

所以速度沿高度方向的关系为

$$V \sim z^{1/2}$$

于是涡量沿高度方向的分布为

$$\omega = -\frac{\partial V}{\partial z} = -\frac{\partial \left(Cz^{1/2}\right)}{\partial z} = -\frac{C}{2}z^{-1/2} \neq 0$$

可见涡量不为零。这个例子中，流体不是正压的，流动过程中产生了涡量。

5.2.3 体积力无势时涡量的产生

如果作用在物体上的力所做之功仅与力作用点的起始和终了位置有关，而与其作用点经过的路径无关，这种力就称为有势力（或保守力）。这时可以定义势函数，用势能来表示体积力所做的功。可以证明，有势的体积力不会在流体中产生力矩，因此也就不会对涡量产生影响。在很多流动中重力是唯一的体积力，同时它也是一种有势的力，这给这些流动问题的求解带来了很大的方便。

无势的体积力会产生力矩作用，在流体运动中最常见的无势力是科氏力。当以旋转坐标为参考系时，就可能要考虑科氏力了。例如，地球表面的海洋环流和大气环流中有许多旋涡不断地生成和消散，由于地球是旋转的，而旋涡会跨过不同的纬度，科氏力在其中就会发生作用而影响旋涡中涡量的分布。对于研究大气流体力学的人们来说，科氏力的作用是绝不能忽略的。

5.3 无旋流动和速度势

当流体为无旋流动时，可以用一个标量来表示流体的速度，这样可以使流体问题的求解简化很多，这个标量就是**速度势**，或称为**势函数**，这种处理方法称为**势流法**。下面我们来看看速度势是怎么得出来的。

流体无旋运动的条件为

$$\nabla \times \vec{V} = 0$$

而根据矢量运算法则，对于任何标量 ϕ，有

$$\nabla \times \nabla \phi = 0$$

对比上面两式，我们可以定义一个标量 ϕ，其与速度的关系为

> **Tips 科氏力**
>
> 科氏力是对旋转系统中运动的质点相对于旋转系统的偏移的一种描述。由于旋转系统并不是惯性系统，当人站在其上观察时，感觉即使不受外力，质点也不做匀速直线运动。如果认为是某种力导致的这种现象，这个力就是科氏力，其表达式为
>
> $$\vec{F}_{\text{Coriolis}} = -2m(\vec{\Omega} \times \vec{V})$$
>
> 式中：$\vec{\Omega}$ 为系统的旋转角速度；$\vec{V}$ 为质点相对于旋转系统的速度。
>
> 为了更容易理解，可以分三种特殊情况来考虑：当质点的速度是沿旋转轴线方向时，$\vec{\Omega}$ 和 $\vec{V}$ 的方向相同，科氏力为零；当质点的速度是沿周向时，科氏力与离心力在一条直线上，只体现为离心力的增大和减小，而不改变质点的运动轨迹，因此经常感受不到其作用。只有速度沿径向有分量时，科氏力才会改变质点的运动轨迹，从而作为一种明显可以感觉到的力而体现出来。

$$\vec{V} = \nabla \phi \tag{5.5}$$

或写成分量形式：

$$u = \frac{\partial \phi}{\partial x}, \ v = \frac{\partial \phi}{\partial y}, \ w = \frac{\partial \phi}{\partial z} \tag{5.5a}$$

可以看到，通过定义速度势，三个速度分量可以由一个标量分别沿三个方向的梯度来表示。如果把速度比拟为电学中的电流，则速度势就可以比拟为电势。电场中两点之间的电势差和电阻决定了电流的大小，同样，流场中两点之间的速度势差和距离也决定了速度的大小。

定义了速度势之后，可以把控制方程中的速度都用速度势来表示。对于不可压流动来说，其连续方程为

$$\nabla \cdot \vec{V} = \frac{\partial u}{\partial x} + \frac{\partial v}{\partial y} + \frac{\partial w}{\partial z} = 0$$

将速度势的定义式代入上式中，得

$$\nabla \cdot \nabla \phi = \nabla^2 \phi = \frac{\partial^2 \phi}{\partial x^2} + \frac{\partial^2 \phi}{\partial y^2} + \frac{\partial^2 \phi}{\partial z^2} = 0$$

这是一个标准的拉普拉斯方程，对于二维流动问题，该方程变为

$$\frac{\partial^2 \phi}{\partial x^2} + \frac{\partial^2 \phi}{\partial y^2} = 0$$

由二维的连续方程还可以定义流函数，通常用 ψ 表示。其定义式为

$$u = \frac{\partial \psi}{\partial y}, \quad v = -\frac{\partial \psi}{\partial x} \tag{5.6}$$

将这个定义式代入平面上的无旋条件 $\omega_z = 0$ 中，得

$$\frac{\partial^2 \psi}{\partial x^2} + \frac{\partial^2 \psi}{\partial y^2} = 0$$

可见，对于二维无旋流动，流函数也满足拉普拉斯方程。

这样，对于二维不可压无旋流动，流动问题可由求解速度场转化为求解势函数和流函数，也就是变为数学上求解拉普拉斯方程的问题。**流场中流函数相等的线就是流线，而势函数相等的线是处处与流线垂直的线，流线与等势线组成的正交的网格称为流网。**流网方法是用于求解平面势流问题的一种方法，不仅可以解决很多工程问题，也可以给人以非常直观的流动图画。图 5-8 给出了几种流动的流网，可以看到，这种方法可以直接得出流场中各处的速度方向，对流动的理解是十分有用的。当然，具体的流动是否可以用势流方法求解还要看粘性和压缩性的影响大小，比如图 5-8 中的绕圆柱流动，势流解就与实际情况相差较大。实际情况的圆柱后部会有低速区存在，从而与理想流动完全不符。不过，实际流动中圆柱前半部的流线与势流解还是很接近的。

5.4 平面势流简介

从 5.3 节我们已经知道，对于二维不可压无旋流动，可以通过求解势函数和流函数的方法来解决流动问题，这种方法称为平面势流法。因其控制方程为线性的拉普拉斯方程，其解的叠加仍然为原方程的解。所以，平面势流可以分解和叠加，把一种复杂流动分解为几种简单流动，分别求解，然后叠加，得到的流动就是这几种流动共同作用的结果，十分方便。下面举几个基本流动的例子来看看平面势流的求解方法。

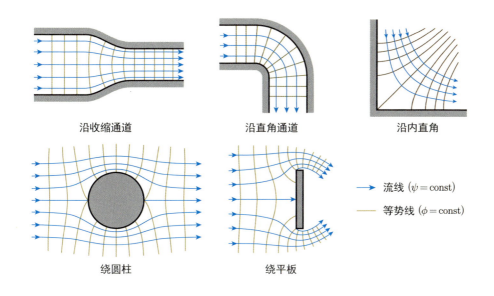

图 5-8　几种典型流动的势流解给出的流线及等势线

5.4.1 均匀流动

设有均匀流动如图 5-9 所示，速度为 U，方向沿 x 轴正向，速度分布为

$$u = U, \ v = 0$$

根据势函数和流函数的定义式（5.5）和式（5.6），可以得到势函数和流函数的表达式分别为

$$\phi = Ux, \ \psi = Uy$$

可见，流线和等势线都是直线，并且分别平行于 x 轴和 y 轴。

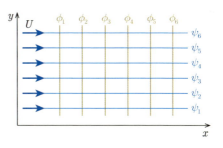

图 5-9　均匀来流的流线与等势线

5.4.2 点源和点汇

点源是指平面流动中源源不断有流体产生出来的点，点汇是指流体不断消失的点。从正上方看，一个喷泉或一个放水口就分别类似于一个点源或点汇。显然处理这类问题时采用极坐标更为方便些。设源或汇位于原点，且单位长度的体积流量为 Q，则径向和切向速度的数学表达式分别为

$$V_r = \frac{Q}{2\pi r}, \ V_\theta = 0$$

势函数和流函数的表达式分别为

$$\phi = \frac{Q}{2\pi}\ln r, \ \psi = \frac{Q}{2\pi}\theta$$

可以看出，等势线为半径相同的线，是一些同心圆；流线是一些等角度的线，是一些放射状的直线。同等强度的源和汇的流线与等势线完全相同，仅速度方向相反，图 5-10 是一个源的流线和等势线。

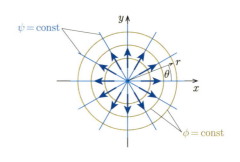

图 5-10　点源的流线与等势线

5.4.3　点涡

点涡就是之前介绍过的自由涡的二维理想形式。这种流动没有径向速度，所有流体都环绕中心做圆周运动，切线速度的分布满足无旋条件，也就是和半径成反比。设涡的强度为 $\varGamma$，则速度分布为

$$V_r = 0, \ V_\theta = \frac{\varGamma}{2\pi r}$$

势函数和流函数的表达式分别为

$$\phi = \frac{\varGamma}{2\pi}\theta, \ \psi = -\frac{\varGamma}{2\pi}\ln r$$

可以看出，等势线是放射状的直线，流线是同心圆。

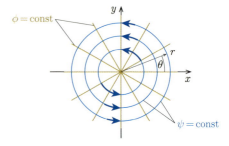

图 5-11　点涡的流线与等势线

5.4.4　偶极子

偶极子不是最简单的流动，它其实是点源和点汇的叠加。如果一个点源和一个点汇的强度相同，所处位置也相同，那么它们会完全互相抵消。现在假设这两点有一定距离，之间隔着一层板，让点源出来的流体无法直接流入点汇，再让它们无限接近，隔板的大小也无限减小，从点源出来的流体会绕一个大圈子流入点汇中，这就是偶极子。偶极子的概念在电磁学中较为常用，一个无限小的磁铁就是一个偶极子，磁力线从一个极出来，绕一圈后到另一个极终止。

用点源和点汇叠加成偶极子时，不能直接叠加，需要用到极限的概念，这里不进行推导，只给出最终的结果。假设点源和点汇以原点为中心左右对称分布，

点源在左，点汇在右，它们之间的微小距离为 δ，点源和点汇的单位长度体积流量都为 Q，就可以得到偶极子的势函数和流函数的表达式分别为

$$\phi = \frac{Q\delta}{2\pi}\frac{\cos\theta}{r}, \quad \psi = -\frac{Q\delta}{2\pi}\frac{\sin\theta}{r}$$

速度分布为

$$V_r = -\frac{Q\delta}{2\pi}\frac{\cos\theta}{r^2}, \quad V_\theta = -\frac{Q\delta}{2\pi}\frac{\sin\theta}{r^2}$$

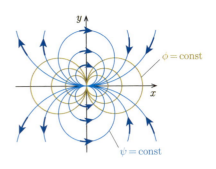

图 5-12　偶极子的流线与等势线

令流函数为常数，即 $\psi = C$，就可以得到流线方程：

$$x^2 + \left(y - \frac{1}{2C}\right)^2 = \frac{1}{4C^2}$$

流线是一簇圆心位于 y 轴上，且与 x 轴相切于原点的圆，如图 5-12 所示。

5.4.5 均匀流绕圆柱流动

均匀流绕圆柱的流动是一种非常典型的流动。如果该流动是不可压无粘的，是有精确的解析解的，那么这个解就是由平面势流方法得出的。下面我们来看看这个解是如何得出的。

设圆柱的半径为 R，圆心位于原点，均匀流 $u=U$ 绕其流动。这个流动可以由一个均匀流加上一个偶极子来代替，来流被点源出来的流体所阻挡，并被点汇所拉拢，所走的路线完全等价于绕圆柱的流动，如图 5-13 所示。

将前述均匀流动和偶极子流动的解相加，就可以得到圆柱绕流的流场，只要选择合适的偶极子强度，让来流的最内侧流线所形成的圆的半径为 R 就行了。这样得到的势函数和流函数如下：

$$\phi = U\left(1 + \frac{R^2}{r^2}\right)r\cos\theta, \quad \psi = U\left(1 - \frac{R^2}{r^2}\right)r\sin\theta$$

相应的速度分布为

$$V_r = U\left(1 - \frac{R^2}{r^2}\right)\cos\theta, \quad V_\theta = -U\left(1 + \frac{R^2}{r^2}\right)\sin\theta$$

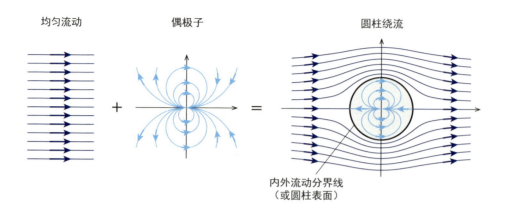

图 5-13　均匀流动和偶极子合成的流动相当于绕圆柱流动

从速度分布上可以看出，这是一个对称的流场，上下对称，前后也对称，这是势流的特点，速度只和空间坐标相关，只要几何对称，流动就对称。

在圆柱表面上 $r=R$，速度分布为

$$V_r = 0, \quad V_\theta = -2U\sin\theta$$

径向速度为零表示满足无穿透的壁面条件，而切向速度不为零，因为无粘流动并不满足无滑移条件。

我们来看一下圆柱表面的切线速度分布。在前缘和尾缘处，角度分别为 $\theta=0°$ 和 $\theta=180°$，此时切向速度为零，此处为驻点或滞止点。而在两侧，角度分别为 $\theta=90°$ 和 $\theta=-90°$ 时，速度取得最大值 $u=2U$。这是势流的结果，实际流动因为有粘性的存在，与势流结果有较大差异，不过前半部大体上是符合势流解的。也就是说，**气流绕过像圆柱这样的钝体时，在其侧面速度大概可以加速到来流速度的两倍左右**。

工程应用中经常对物体表面压力分布感兴趣，有了势流解得到的速度分布后，可以用伯努利方程进一步得到压力分布，用压力系数表示，圆柱表面的压力系数分布关系式为

$$C_p = \frac{p - p_\infty}{\rho U^2 / 2} = 1 - 4\sin^2\theta$$

图 5-14 给出了上述势流解得到的压力分布，并与实际有粘流动的压力分布进行了对比，其中有粘流动的压力分布是测量结果。可以看出，对于圆柱的前半部，实际流动与势流解比较接近，但也有一定差异，对于后半部则完全不同。这

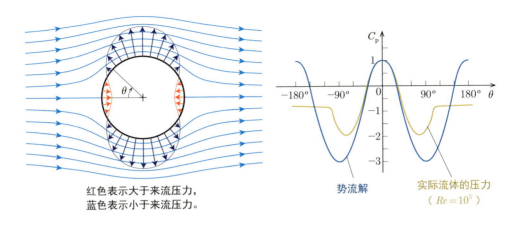

红色表示大于来流压力，
蓝色表示小于来流压力。

势流解　　实际流体的压力（$Re=10^5$）

图 5-14　圆柱表面压力分布的势流解及实际值

是由于有粘性存在时，前半部有边界层厚度的增长，使来流感受到的不再是圆形。至于后半部，流动会发生分离，与势流解完全不同。有关边界层和流动分离的问题将在下一章详细讨论，这里不再进一步分析。

5.5　平面势流的复势解法

上一节中用均匀来流和偶极子叠加的方法模拟了圆柱绕流问题，通过势函数和流函数求解。这种方法的实质是在给定边界条件下求解拉普拉斯方程，较容易得到解析解。当边界条件比较复杂时，比如机翼的绕流问题，这种方法就很难进行了。因此，人们发展出了用复变函数来求解势流的方法，使用复变函数至少带来了下面几个便利。

5.5.1　表达式更加简洁

根据势函数 ϕ 和流函数 ψ 的定义，有如下关系式：

$$u=\frac{\partial \phi}{\partial x}=\frac{\partial \psi}{\partial y},\ v=\frac{\partial \phi}{\partial y}=-\frac{\partial \psi}{\partial x}$$

可见，ϕ 和 ψ 满足如下关系：

$$\frac{\partial \phi}{\partial x}=\frac{\partial \psi}{\partial y},\ \frac{\partial \phi}{\partial y}=-\frac{\partial \psi}{\partial x}$$

这种关系式在数学上称为柯西－黎曼条件，满足这个条件的两个实函数 ϕ 和

ψ 可以构造成一个复变解析函数：

$$F(z) = \phi + i\psi$$

式中：$z = x + iy$ 为复变量。

$F(z)$ 通常称为复势，用它代替 ϕ 和 ψ 后，问题从两变量变为单变量，求解更加方便。例如点源、点涡，偶极子可以分别表示为

$$F(z) = \frac{Q}{2\pi}\ln z, \quad F(z) = \frac{\Gamma}{2\pi i}\ln z, \quad F(z) = \frac{Q\delta}{2\pi}\ln\frac{1}{z}$$

5.5.2 可以应用保角变换

保角变换是复变函数中的一种数学方法，使用保角变换可以将一个平面坐标变换到另一个平面上，并保持两个平面的线段的比例以及对应的角度不变。这种变换在流体力学方面最有用的一个应用就是简单翼型的设计。使用不同半径的带旋转的圆柱叠加均匀来流，再通过保角变换将圆变换成翼型，不但可以得到翼型，还能直接得出解析解。图 5-15 表示了这样的一种保角变换。如果要得到气动性能更好的翼型，这种简单的方法是不够的，至少需要使用一排点涡，而不是一个点涡来模拟翼型。

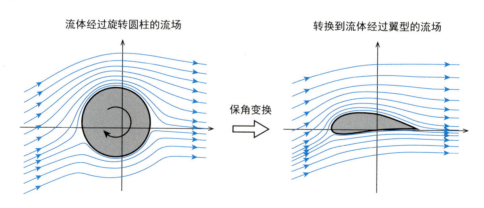

图 5-15　通过保角变换生成叶型并得到流场解

5.5.3 可以使用镜像法

势流法是不能处理外边界的，都是在无限大来流的条件下求解。而真实的流场中总是存在边界，比如翼型放在风洞中吹风的时候，由于风洞尺寸的限制，得

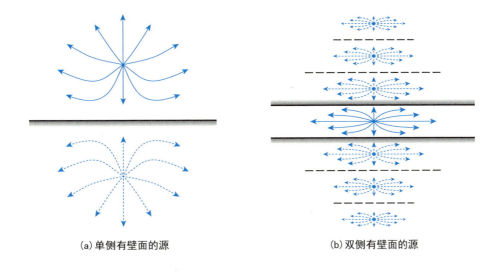

(a) 单侧有壁面的源　　　　　　(b) 双侧有壁面的源

图 5-16　用镜像法模拟风洞壁面

到的翼型表面压力分布并不能直接与势流解对比。这时就可以用到镜像法，通过添加对称的流动来模拟风洞壁面。

图 5-16（a）表示了点源的一侧有壁面的情况，流体在壁面处应该是直线流动，这时可以在相对壁面对称的位置添加一个点源，这样得到的势流解中，两个点源正中那条线就代表了风洞的壁面。如果是双侧有壁面则要复杂一点，因为在两侧都添加了点源后，中间的点源两侧都有限制，而边上的点源外侧没有限制。这导致内外两个点源的影响不一样，使它们之间的线不再是直线，不能代表风洞壁面。解决办法是在两侧的点源外部再添加点源，不过强度要小一些，理论上要在外侧放置无穷多的偶极子，如图 5-16（b）所示，才可以真正模拟双侧的风洞壁面。

5.6　势流法的工程应用及现阶段的地位

在本章中所介绍的势流法都是用于二维流动的，而工程上的问题都是三维流动。经过很多研究者的努力，发展了一些处理方法，使势流法可以求解一些简单的三维流动。例如前面用保角变换生成翼型，并得到的流场都是基于二维翼型的，或者是针对无限长机翼的。实际的机翼都是有限长的，所以需要额外的处理方法来评估真实机翼的升力和阻力等特性，其中很有用的一种方法叫做升力线法，使用多条涡线来代替机翼，可以得出三维机翼的升力沿展向的分布规律。

在翼尖处，由于机翼下表面压力高，上表面压力低，流体会绕过翼尖，与主流作用形成旋涡流动，称为翼尖涡。从涡动力学的角度来说，这个涡也可以解释为机翼上各条涡线的延伸。简单理解为机翼上有一个附着涡，这个涡是由于上下机翼表面流速不同而产生的，是升力的源泉。在无粘流动中涡不能有端点，在翼尖处，附着涡脱离机翼形成翼尖涡，两个翼尖涡仍然不能有端点，将一直向后延伸，拖在飞机后面一直连到起飞时的起动涡上，形成一个封闭的涡环。在本章标题页上的图表示了这个封闭的涡环。

基于无粘流动的势流法和涡动力学在历史上发挥了重要的作用。虽然现在求解全三维 N-S 方程已经是常规方法，但势流法仍有它的地位。一方面，这种方法是纯解析法，可以从理论上判断主要流动结构；另一方面，这种方法与边界层方法相结合可以得到较为可靠的结果，很多情况下比直接求解 N-S 方程还要准确。另外，这种方法的求解速度比起求解 N-S 方程要快得多，非常适用于那些需要多次求解的优化问题。因此，势流法仍然是一种有用的方法，值得深入学习与掌握。

扩展知识

复变函数与流体力学

复变函数产生于流体力学的研究。18 世纪时，达朗贝尔在流体力学的论文中提出了复变函数的概念，同期的欧拉也进行了一些研究。到 19 世纪，柯西和黎曼在研究流体力学时进一步发展了复变函数理论。复变函数在流体力学中的应用主要集中在无粘流动的求解方面，即本章的内容。用无粘流动理论获得机翼升力表达式的库塔–茹科夫斯基定理就是使用了复变函数方法。现在，复变函数已经在越来越多的领域得到了应用。

思考题

5.1 用无粘旋涡理论解释机翼启动涡产生的原因。

5.2 图 5-14 所示的圆柱绕流表面压力分布大概也适合球绕流表面压力分布，据此分析下落中的雨滴形状。

第6章 粘性剪切流动

第6章

粘性剪切流动

极限跳伞者调整姿态来改变空气阻力,控制下落的速度。

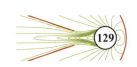

6.1 粘性流体的剪切运动与流态

虽然描述粘性流动的纳维斯托克斯方程早在第一次工业革命期间就已经建立了，但由于其复杂不易求解，因此在实际工程应用中的作用一直没有体现出来，倒是基于欧拉方程和无旋流动的势流方法可以得出一些有用的结果。然而势流方法对于流体中的物体所受的阻力以及流体机械的流动损失等问题是无能为力的，因为这些问题中粘性起着关键的作用。1904年，普朗特（Ludwig Prandtl, 1875—1953）提出了著名的边界层流动理论之后，人们终于可以通过数学方法来定量评估粘性的影响了。

流体的粘性作用要通过微团的剪切运动体现出来，这种剪切运动出现在多种情况下，例如壁面附近的流动、两股不同速度的流体的掺混、射流与尾迹等。其中研究最多的是两种流动：一种是流体沿顺流向放置的平板的流动，另一种是流体在等直径的长圆管内的流动。前一种是最简单的外部流动，后一种是最简单的内部流动。

如果粘性的影响只是产生如式（4.22）和式（4.22a）所示的粘性切应力和粘性正应力的话，流体的问题也不至于太复杂。实际流动问题之所以复杂的原因还在于，对于很多流动而言，流体似乎并不是按照某种固定的规律进行的，而是表现为混乱的和缺少规则的运动。图6-1所示为一个人工喷泉，四周喷出来的水柱运动比较规矩，水基本是分层地平行流动，这样的流动称为**层流**。中间喷口出来的水则较为混乱，不但在空间上不规则，而且非定常性也很强，体现出一团一团的较为混乱的流动，这样的流动称为**湍流**。湍流是流体在惯性力和粘性力共同作用下发生的一种复杂的运动现象，它的不易预测性是流体力学问题求解的主要障碍之一。

湍流现象在生活中很常见，所以相关的描述早已有之，例如达芬奇（Leonardo Da Vinci, 1452—1519）就对湍流有非常详细的记载和描绘。但是真正详细研究湍流发生条件的是雷诺（Osborne Reynolds, 1842—1912）在1883年进行的著名的雷诺实验。这个实验第一次发现流动是层流还是湍流基本上只与某个无量纲数相关，这个无量纲数后来被称为雷诺数 Re，其定义式为

$$Re = \frac{\rho V L}{\mu} \tag{6.1}$$

式中：ρ 为流体的密度；V 为流体的运动速度；L 为流场中的某种特征尺度；μ 为流体的动力粘性系数。

雷诺数表达式中最不好理解的就是特征尺度 L，很多情况下，取流场中哪个

第 6 章 粘性剪切流动

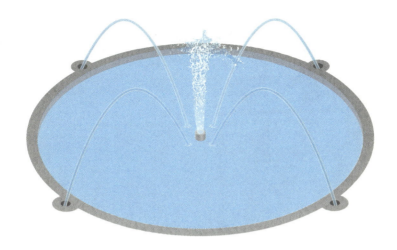

图 6-1 喷泉中的两种流动状态

尺度作为特征尺度并不是很显而易见的。雷诺是在一个圆管内做的实验，他所用的特征尺度是圆管的直径 D。

雷诺实验的装置如图 6-2 所示，让水尽量不受扰动地进入圆管中，用染色剂来显示水流的状态，从而得出层流与湍流的发生条件。历史上不同的人做的雷诺实验得到的结果不尽相同，雷诺最先发现了一个临界雷诺数 $Re_{cr}=2100$，小于此值时流动为层流，超过此数值时流动为湍流，但他同时指出这个值与管道进口的扰动、环境振动和噪声等都相关。

有一段时间研究者试图进一步明确临界雷诺数。雷诺本人就曾经通过尽量减小干扰将 Re_{cr} 提高到了 12000。Ekman 在 1910 年将这一数值提高到了 40000，Pfenniger 在 1961 年将这一数值提高到了 10^5，Salwen 在 1980 年甚至将此数值提高到了 10^7。有理由认为，**层流转换为湍流需要两个条件，一个是雷诺数足够高，另一个是扰动足够大**。雷诺数只决定流体的不稳定程度，至于会不会变成湍流还是需要有扰动的触发才行。只不过雷诺数足够高时，微小扰动的不可避免性使得这时的流动一定是湍流的。另一方面，雷诺数足够低时，即使大扰动使流动变成了湍流，流体也会自己恢复成层流。因此，严谨一点说，现实中遇到的管流，雷诺数小于 2100 的应该是层流，雷诺数大于 10^5 的应该是湍流，对雷诺数在 $2100 \sim 10^5$ 之间的流动则一般不能断定其流动状态。

湍流显然不只发生于管内，烟囱冒出的烟、湍急的河水等都是湍流。湍流的特征是必须有剪切运动才能产生和存在，当没有剪切运动时，湍流会逐渐扩散并耗散，最终返回层流状态。因此谈到湍流时，通常指的是临近壁面区域（管流和

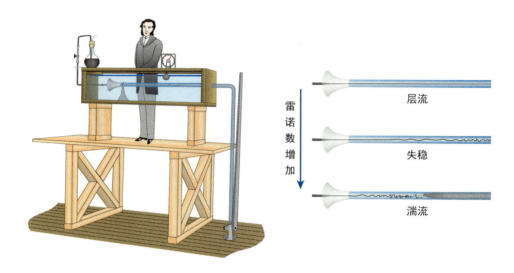

图 6-2 雷诺实验（根据雷诺原图绘制）

边界层流动）或流体之间存在剪切运动（掺混层、射流和尾迹）的流动。

6.2 层流边界层

当欧拉方程建立的时候，人们并没有充分认识到流体粘性的重要性，而认为欧拉方程是足够精确的。然而有人却发现，从欧拉方程出发，可以推导出任意三维物体与流体之间的作用力为零的结论，这显然是与实际不相符的。这个问题是达朗贝尔首先提出来的，通常称为达朗贝尔悖论。直到 1904 年，普朗特提出了边界层的概念并建立了相关理论，才从根本上解释了达朗贝尔悖论产生的原因，并使流体力学真正成为了一门有用的学科。因此，边界层理论被认为是近代流体力学发展最重要的里程碑。

这里所说的边界层，是指固体壁面附近很薄的一层区域，也称为附面层。在这个区域内，受壁面的无滑移条件和外流的速度条件控制，流体产生了较强的法向速度梯度，粘性力不可忽略。而在此薄层之外的流场中，因速度梯度较小，粘性力通常可以忽略。图 6-3 表示了空气流过一个流线型物体时在壁面附近显著受粘性影响的区域以及这个区域内的速度分布。与上一章的图 5-4 不同的是：在图 5-4 中，为了清晰，粘性区域是被夸大了的（实际上多数书中的图中都是夸大了边界层厚度的）。而在这里，这个区域是据实画出的，目的是让读者体会这个区域的真实大小。

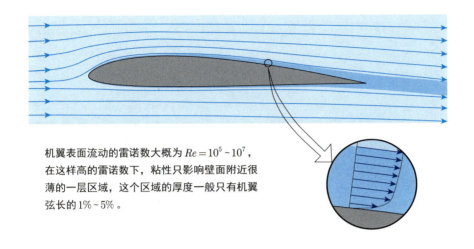

图 6-3　机翼附近的流动以及受粘性影响的区域的大小

普朗特根据一般流动中粘性只影响近壁很小一个区域的特点提出了边界层的概念，认为粘性只影响近壁区域，在此之外的区域（一般称为主流区或外流区）粘性力完全可以忽略不计。由边界层很薄的特性又可以对 N-S 方程进行简化，得到精确度满足工程需要的边界层方程。这样，一般的问题就由无法求解的 N-S 方程转化成了可以求解的边界层方程和势流方程，这就是普朗特边界层理论的重大意义所在。

对于具体的流动，虽然由于壁面剪切力的阻碍使得靠近壁面处的流体沿流向的速度变得越来越低，导致一部分流体被向外排挤，不再平行于壁面流动。但是由于边界层的厚度本来就很小，其沿流动方向的增长量也就很小，这种排挤作用基本可以忽略，认为边界层内部的流体都是平行壁面流动，而不存在沿壁面法向的速度。因此，N-S 方程可以简化成边界层方程的决定性条件就是边界层必须**足够薄**，或表示为

$$\delta \ll L$$

式中：δ 为边界层厚度；L 为沿流向的长度。

那么，为什么边界层会很薄呢？当然是因为粘性的影响范围小。流动中表征粘性力大小的是雷诺数，粘性影响小就意味着雷诺数大。事实上正是如此，只有当雷诺数比较大时，边界层厚度才会很小，所以也可以说：**边界层理论成立的条件是雷诺数足够大**。

6.2.1 普朗特层流边界层方程

我们下面将根据上述条件,通过量纲分析来从 N-S 方程简化得到边界层方程。普朗特的边界层理论是针对二维流动提出的,为了清晰,我们这里将针对二维、定常、忽略体积力、不可压缩流动进行推导。

连续方程:

$$\frac{\partial u}{\partial x}+\frac{\partial v}{\partial y}=0 \tag{6.2}$$

动量方程:

$$\begin{cases} u\dfrac{\partial u}{\partial x}+v\dfrac{\partial u}{\partial y}=-\dfrac{1}{\rho}\dfrac{\partial p}{\partial x}+\dfrac{\mu}{\rho}\left(\dfrac{\partial^2 u}{\partial x^2}+\dfrac{\partial^2 u}{\partial y^2}\right) \\ u\dfrac{\partial v}{\partial x}+v\dfrac{\partial v}{\partial y}=-\dfrac{1}{\rho}\dfrac{\partial p}{\partial y}+\dfrac{\mu}{\rho}\left(\dfrac{\partial^2 v}{\partial x^2}+\dfrac{\partial^2 v}{\partial y^2}\right) \end{cases} \tag{6.3}$$

针对如图 6-4 所示的平板边界层物理模型,有经过顺流向放置的平板的均匀来流的速度 U,从平板前缘算起的距离 L,边界层厚度 δ 三个量。这三个量可以作为相关量大小的度量,即

$$u\sim U,\ x\sim L,\ y\sim \delta$$

将连续方程中各变量用上述参考量表示,可得

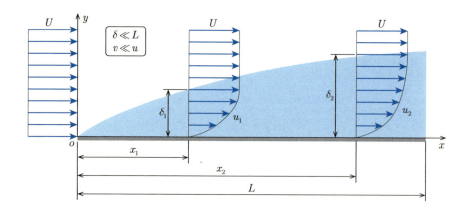

图 6-4 平板边界层流动模型

$$\frac{U}{L} + \frac{v}{\delta} \sim 0$$

从而边界层内法向速度 v 的大小可以度量为

$$v \sim \frac{\delta}{L} U$$

根据 $\delta \ll L$ 的条件，从上式还可以发现一个关系，即 $v \ll u$，或者说边界层内流体的法向速度相比流向速度可以忽略，因此边界层内的流动可以看作沿壁面的平行流动。

下面把式（6.3）中的各项用度量其大小的参考量表示出来：

$$u\frac{\partial u}{\partial x} \longrightarrow U\frac{U}{L} = \frac{U^2}{L}$$

$$v\frac{\partial u}{\partial y} \longrightarrow \frac{\delta}{L}U \cdot \frac{U}{\delta} = \frac{U^2}{L}$$

$$u\frac{\partial v}{\partial x} \longrightarrow U\frac{\frac{\delta}{L}U}{L} = \frac{\delta}{L} \cdot \frac{U^2}{L}$$

$$v\frac{\partial v}{\partial y} \longrightarrow \frac{\delta}{L}U \cdot \frac{\frac{\delta}{L}U}{\delta} = \frac{\delta}{L} \cdot \frac{U^2}{L}$$

$-\frac{1}{\rho}\frac{\partial p}{\partial x}$：该项一般为已知量，在平板边界层中该项为 0。

$-\frac{1}{\rho}\frac{\partial p}{\partial y}$：此项大小暂时未知。

$$\frac{\mu}{\rho}\left(\frac{\partial^2 u}{\partial x^2}\right) \longrightarrow \frac{\mu}{\rho}\left(\frac{\partial^2 u}{\partial x^2}\right) = \frac{\mu}{\rho U L}UL\left(\frac{\partial^2 u}{\partial x^2}\right) = \frac{1}{Re}UL\left(\frac{\partial^2 u}{\partial x^2}\right)$$

$$\longrightarrow \frac{1}{Re}UL\frac{U}{L^2} = \frac{1}{Re} \cdot \frac{U^2}{L}$$

$$\frac{\mu}{\rho}\left(\frac{\partial^2 u}{\partial y^2}\right) \longrightarrow \frac{\mu}{\rho}\left(\frac{\partial^2 u}{\partial y^2}\right) = \frac{\mu}{\rho UL}UL\left(\frac{\partial^2 u}{\partial y^2}\right) = \frac{1}{Re}UL\left(\frac{\partial^2 u}{\partial y^2}\right)$$

$$\longrightarrow \frac{1}{Re}UL\frac{U}{\delta^2} = \frac{1}{Re}\cdot\frac{L^2}{\delta^2}\cdot\frac{U^2}{L}$$

$$\frac{\mu}{\rho}\left(\frac{\partial^2 v}{\partial x^2}\right) \longrightarrow \frac{\mu}{\rho}\left(\frac{\partial^2 v}{\partial x^2}\right) = \frac{\mu}{\rho UL}UL\left(\frac{\partial^2 v}{\partial x^2}\right) = \frac{1}{Re}UL\left(\frac{\partial^2 v}{\partial x^2}\right)$$

$$\longrightarrow \frac{1}{Re}UL\frac{\frac{\delta}{L}U}{L^2} = \frac{1}{Re}\cdot\frac{\delta}{L}\cdot\frac{U^2}{L}$$

$$\frac{\mu}{\rho}\left(\frac{\partial^2 v}{\partial y^2}\right) \longrightarrow \frac{\mu}{\rho}\left(\frac{\partial^2 v}{\partial y^2}\right) = \frac{\mu}{\rho UL}UL\left(\frac{\partial^2 v}{\partial y^2}\right) = \frac{1}{Re}UL\left(\frac{\partial^2 v}{\partial y^2}\right)$$

$$\longrightarrow \frac{1}{Re}UL\frac{\frac{\delta}{L}U}{\delta^2} = \frac{1}{Re}\cdot\frac{L}{\delta}\cdot\frac{U^2}{L}$$

之前我们曾经通过定性分析得出了边界层厚度很薄一定对应着雷诺数很大的结论，现在来定量地看一下雷诺数应该有多大。在边界层内部，紧挨壁面处的粘性力应该和当地的惯性力的量级相同，才能保证流动的平衡。根据前面对 x 向的动量方程的量纲分析可知，惯性力与粘性力的大小可以分别表示为

$$\text{惯性力：} u\frac{\partial u}{\partial x} + v\frac{\partial v}{\partial y} \longrightarrow \frac{U^2}{L}$$

$$\text{粘性力：} \frac{\mu}{\rho}\left(\frac{\partial^2 u}{\partial y^2}\right) \longrightarrow \frac{1}{Re}\cdot\frac{L^2}{\delta^2}\cdot\frac{U^2}{L}$$

让这两项相等，则有

$$\frac{\delta}{L} \sim \frac{1}{\sqrt{Re}}$$

可见，如果有 $\delta \ll L$，则必有 $Re \gg 1$。

把这个公式代入上面的量纲分析中，消去雷诺数，就可以得出各项的大小关系了，把它们对应地写在式（6.3）中各项旁，表示如下：

$$\begin{cases} \overbrace{u\dfrac{\partial u}{\partial x}}^{\frac{U^2}{L}} + \overbrace{v\dfrac{\partial u}{\partial y}}^{\frac{U^2}{L}} = -\dfrac{1}{\rho}\dfrac{\partial p}{\partial x} + \dfrac{\mu}{\rho}\overbrace{\left(\dfrac{\partial^2 u}{\partial x^2}\right)}^{\frac{\delta^2}{L^2}\cdot\frac{U^2}{L}} + \dfrac{\mu}{\rho}\overbrace{\left(\dfrac{\partial^2 u}{\partial y^2}\right)}^{\frac{U^2}{L}} \\[2mm] \underbrace{u\dfrac{\partial v}{\partial x}}_{\frac{\delta}{L}\cdot\frac{U^2}{L}} + \underbrace{v\dfrac{\partial v}{\partial y}}_{\frac{\delta}{L}\cdot\frac{U^2}{L}} = -\dfrac{1}{\rho}\dfrac{\partial p}{\partial y} + \dfrac{\mu}{\rho}\underbrace{\left(\dfrac{\partial^2 v}{\partial x^2}\right)}_{\frac{\delta^3}{L^3}\cdot\frac{U^2}{L}} + \dfrac{\mu}{\rho}\underbrace{\left(\dfrac{\partial^2 v}{\partial y^2}\right)}_{\frac{\delta}{L}\cdot\frac{U^2}{L}} \end{cases}$$

上式中,若以 x 方向的惯性力为标准,其大小为 U^2/L,则凡是有 δ/L 与之相乘的量都为小量,忽略这些项,原方程简化为

$$\begin{cases} u\dfrac{\partial u}{\partial x} + v\dfrac{\partial u}{\partial y} = -\dfrac{1}{\rho}\dfrac{\partial p}{\partial x} + \dfrac{\mu}{\rho}\left(\dfrac{\partial^2 u}{\partial y^2}\right) \\ \dfrac{\partial p}{\partial y} = 0 \end{cases}$$

可见,在边界层中,y 方向的动量方程蜕化为简单的关系式 $\partial p/\partial y = 0$,或者描述为:**边界层内的压力沿壁面法向保持不变**。于是压力就只与 x 有关,x 方向的动量方程中的压力梯度项就可以写为常微分形式:

$$u\dfrac{\partial u}{\partial x} + v\dfrac{\partial u}{\partial y} = -\dfrac{1}{\rho}\dfrac{\mathrm{d}P}{\mathrm{d}x} + \dfrac{\mu}{\rho}\left(\dfrac{\partial^2 u}{\partial y^2}\right) \tag{6.4}$$

其中的压力 P 用大写,表示它是边界层外界处的压力。

式(6.4)就是**定常不可压缩层流的边界层方程**,因其是普朗特首先提出来的,所以又叫**普朗特边界层方程**。由于推导过程中只应用了 $\delta \ll L$ 的条件,并不要求必须有壁面,因此这个方程也适用于其他薄剪切层流动,有时称为**二维薄剪切层方程**。

式(6.4)中的压力是指边界层外界处的压力,此处的流动为无粘流动,满足欧拉方程,可以将压力的变化用速度的变化来表示。外界的流动近似为一维流动,不计体积力的欧拉方程为

$$U\dfrac{\partial U}{\partial x} = -\dfrac{1}{\rho}\dfrac{\mathrm{d}P}{\mathrm{d}x}$$

因此，边界层方程（6.4）还可以写为

$$u\frac{\partial u}{\partial x} + v\frac{\partial u}{\partial y} = U\frac{\partial U}{\partial x} + \frac{\mu}{\rho}\left(\frac{\partial^2 u}{\partial y^2}\right) \tag{6.4a}$$

与 N-S 方程相比，边界层方程要简单多了，但非线性项（惯性力项）仍然存在，求解还是要费一番功夫的。与 N-S 方程一样，边界层方程也只有在有限的特定条件下可以得到解析解，对于其中最简单的顺流向放置的平板层流边界层，普朗特的学生布拉修斯（Heinrich Blasius，1883—1970）在 1908 年得到了准解析解。这个解是基于上述的边界层方程得出的，其正确性也得到了实验的验证。

需要注意的是，布拉修斯解虽然号称是层流边界层的精确解，但只有在比较大的雷诺数下才较为精确。对于雷诺数小，比如粘性很大的流动，边界层的厚度较大，边界层方程本身就不再有效，布拉修斯解也就无从谈起了。即使对于粘性较小的空气和水，并且流速也不太低，在平板刚开始的一段区域，也不满足 $\delta \ll L$ 和 $Re \gg 1$，边界层方程也是不成立的。因此，各种边界层解法得出的结果在边界层刚一开始的部分都是不能用的，这些解的边界层厚度在前缘处都是从零开始逐渐增加，而事实上流体从一开始遇到壁面，就马上有一定的边界层厚度。

6.2.2 边界层的几种厚度

对于实际的工程问题，有些时候可以不管边界层内部的真实流动，只考虑其对外流的影响。例如，对于风洞实验，风洞的壁面边界层并不是研究的内容，但这些流速较低的流体占据了一定空间，使风洞的有效流通面积减小了，或者说产生了一定的流动堵塞。对于一个低速风洞，如果其实验段是按照等截面设计的话，那么风洞中心线上的气流沿流线是有一定加速的。研究者或者需要定量地知道这个加速的影响，或者需要在事先设计时考虑壁面边界层的存在而让实验段稍有扩张，以抵消这个堵塞作用。

对于风洞中的实验模型，则关注点又会不同，模型的阻力可能是一个重要实验内容，这个阻力与气流和模型表面之间的摩擦力直接相关。因此，这时我们要研究边界层内部的流动，将环绕模型的粘性切应力与当地面积的乘积进行积分，就是这个模型所受的摩擦阻力。

还有一些时候，我们更关心流动过程中有多少机械能转化成了内能，或者说有多少机械能损失。边界层内部存在着强剪切流动，因此就会有机械能的损失，损失的大小直接和剪切力大小及剪切形变率大小相关（参见第 4 章的能量方程分析部分），也就是说，与边界层内部的流动形式直接相关。

布拉修斯解

布拉修斯利用数学上的相似性原理，将原来的偏微分方程变换成了常微分方程，并使用级数展开得到了平板边界层的准解析解，基本方法如下：

对原方程的变量进行如下无量纲化和定义：

$$u^* = u/U, \quad \eta = y\sqrt{\frac{\mu x}{\rho U}}, \quad f = \int u^* \mathrm{d}\eta$$

于是原问题就变成以 η 为自变量，f 为因变量的问题了，形成如下形式：

$$\frac{\mathrm{d}^3 f}{\mathrm{d}\eta^3} + \frac{1}{2} f \frac{\mathrm{d}^2 f}{\mathrm{d}\eta^2} = 0 \quad \begin{cases} 壁面(\eta=0): & f=0, \ \mathrm{d}f/\mathrm{d}\eta = 0 \\ 无穷远(\eta=\infty): & \mathrm{d}f/\mathrm{d}\eta = 1 \end{cases}$$

这个方程称为布拉修斯方程，它仍然是非线性的，因此并没有得到严格的解析解。布拉修斯用级数展开得到了准解析解，结果如下：

$$f = \sum_{n=0}^{\infty} \left(-\frac{1}{2}\right)^n \frac{0.332^{n+1} C_n}{(3n+2)!} \eta^{(3n+2)}, \quad C_0=1, \ C_1=1, \ C_2=11, \ C_3=375, \cdots$$

现在大家都使用比布拉修斯的级数解精度更高的数值解。下图给出了数值解与试验数据的对比，其中的实验数据是李普曼（Liepmann）给出的。

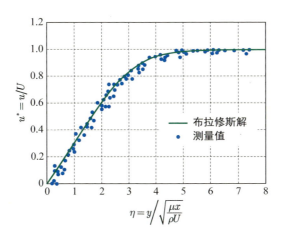

上面谈到的堵塞、阻力和损失其实都是一段边界层产生的宏观效果，虽然它们在本质上是由边界层内部的详细流动决定的，但却可以通过一些宏观的参数来衡量，这些宏观的参数是对微观量的积分得到的。传统上用几种边界层厚度来分别对应这几个问题：**堵塞对应着边界层的排挤厚度，阻力对应着边界层的动量损失厚度，损失对应着边界层的能量损失厚度**。下面我们就来看看这几种边界层厚度的定义和所代表的含义。

因为粘性的作用，流体在壁面处存在着无滑移条件，紧挨着壁面的流体速度为零，而此处速度沿法向的梯度应该是一个有限值。因为根据牛顿切应力公式 $\tau = \mu(\partial u/\partial y)$，既然流体与壁面的摩擦力是一个有限值，那么 $\partial u/\partial y$ 必然是一个有限值。在边界层外界处，根据流速分布的连续性可知，此处的流速应该等于主流的速度，并且根据外流的无粘特性，还可以推出流体在边界层外界附近的速度梯度为零。所以，边界层至少有如下几个边界条件：

在壁面处： $u = 0, \ \partial u/\partial y = \tau_w/\mu$

在边界层外界： $u = U, \ \partial u/\partial y = 0$

根据这些边界条件，就可以大概画出边界层内的速度分布形式了。如图 6-5 所示，边界层内的速度从壁面处的零开始沿法向增加，到边界层外界处逐渐趋向于主流速度。速度梯度在壁面附近最大，越是远离壁面就越小，相应地，粘性的影响也是随着与壁面的距离而衰减的。

理论上，粘性力直到无穷远处才会趋向于零，因此边界层并没有明确的外边界。不过边界层理论本来就是一种近似理论，这个思想也体现在边界层厚度的定义上，所谓的边界层外边界指的是满足具体问题的精度时，可以认为开始不受壁面粘性影响的位置。因此，这样定义出的边界层厚度 δ 不会是一个精确的物理量。工程上最常用的定义是认为当流速达到外流速度的 99% 时，当地的速度梯度就已经小到可以忽略了。定义这里与壁面的距离为边界层的名义厚度，可以表示为 δ 或 $\delta_{0.99}$，如图 6-5 所示。当然，根据具体问题的不同也可以选择其他定义方式，比如用 $\delta_{0.95}$ 把

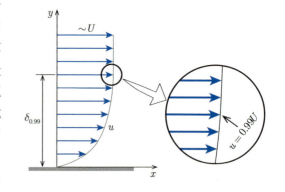

图 6-5　边界层的名义厚度

流速达到外流速度的 95% 的位置与壁面的距离定义为边界层的外界。

边界层的名义厚度并没有太多的实用意义,工程中更有意义的是其他几个厚度,下面来看一下边界层的排挤厚度的定义。如图 6-6 所示,壁面附近的流体受粘性影响而减速,同样的厚度内就会少流过去一部分流体,于是流体会被向上排挤,处于边界层之外的主流就相应地抬起一个高度,这个高度就定义为边界层的排挤厚度,一般用 δ^* 来表示。下面我们来具体推导一下排挤厚度的定义式。

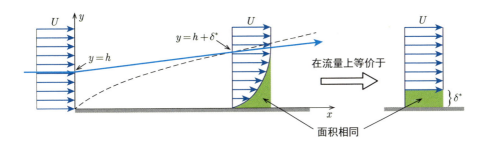

图 6-6　边界层排挤厚度的推导

从壁面开始到边界层外界之间通过的总流量为

$$\dot{m}_{\text{real}} = \int_0^\delta \rho u b \mathrm{d}y$$

式中: b 为平板的展向宽度(垂直纸面方向的尺度)。

假设为不可压流动,上式可以写为

$$\dot{m}_{\text{real}} = \rho b \int_0^\delta u \mathrm{d}y$$

如果边界层内的流体没有被减速,同样的高度范围内应该通过的流量为

$$\dot{m}_{\text{ideal}} = \rho U b \delta$$

这样,由于粘性的存在,在边界层内,流体比起理想情况时少通过的流量为

$$\Delta \dot{m} = \dot{m}_{\text{ideal}} - \dot{m}_{\text{real}} = \rho U b \delta - \rho b \int_0^\delta u \mathrm{d}y = \rho b \int_0^\delta (U - u) \mathrm{d}y \tag{6.5}$$

外界流体被抬升了高度 δ^* ,也可以理解为边界层内有厚度为 δ^* 的区域没有流体通过而导致的。从这个角度看,少通过的流量可以表示为

$$\Delta \dot{m} = \rho U b \delta^* \tag{6.6}$$

对比上面两式，可以得到排挤厚度的表达式为

$$\delta^* = \int_0^\delta \left(1 - \frac{u}{U}\right) \mathrm{d}y \tag{6.7}$$

可以看出，排挤厚度似乎与边界层内的速度分布和边界层厚度都有关。事实上，在边界层以外 $u = U$，式（6.7）的被积函数为零。因此积分上限只要大于边界层厚度 δ 即可，而与 δ 本身无关，因此排挤厚度实际上只与边界层内的速度分布有关，其严格的定义式为

$$\delta^* = \int_0^\infty \left(1 - \frac{u}{U}\right) \mathrm{d}y \tag{6.8}$$

仿照排挤厚度的推导过程，还可以得到动量损失厚度和能量损失厚度，这里不再推导，而直接给出这两者在不可压条件下的表达式为

$$\theta = \int_0^\infty \frac{u}{U}\left(1 - \frac{u}{U}\right) \mathrm{d}y \tag{6.9}$$

$$\delta_3 = \int_0^\infty \frac{u}{U}\left(1 - \frac{u^2}{U^2}\right) \mathrm{d}y \tag{6.10}$$

排挤厚度表示了由于边界层的存在损失了厚度为 δ^* 的自由流体的流量；动量损失厚度表示了由于边界层的存在损失了厚度为 θ 的自由流体的动量；能量损失厚度表示了由于边界层的存在损失了厚度为 δ_3 的自由流体的动能。

另外，还有一个参数可以描述边界层速度型的"胖瘦"，这个参数称为**形状因子**，通常用 H 表示，它的定义式是排挤厚度与动量损失厚度之比：

$$H = \frac{\delta^*}{\theta} \tag{6.11}$$

上面这些参数都只与边界层内的速度分布相关，可以简单地评估一下它们的大小，这有助于更深入地理解边界层的概念。

假设边界层内的速度分布满足二次曲线（这个假设是比较合理的，因为层流边界层内的速度分布确实比较接近于二次曲线），即

$$\frac{u}{U} = a + b\left(\frac{y}{\delta}\right) + c\left(\frac{y}{\delta}\right)^2$$

通过壁面和边界层外界的条件可以确定此式中的待定系数，这些边界条件前面已经提过了，这里重写如下：

在壁面处（$y=0$）：　　　　$u=0$

在边界层外界（$y=\delta$）：　　$u=U,\ \partial u/\partial y=0$

有了这些边界条件后，满足二次曲线的速度分布就确定了，即

$$\frac{u}{U}=2\left(\frac{y}{\delta}\right)-\left(\frac{y}{\delta}\right)^2,\quad 0\leqslant y\leqslant \delta$$

把上式代入式（6.8），式（6.9）和式（6.11）中，积分上限取为 δ，得

$$\delta^*=\frac{1}{3}\delta,\quad \theta=\frac{1}{7.5}\delta,\quad H=2.5$$

可见当速度分布规律确定后，边界层的厚度关系就都确定了，图 6-7 所示为几种边界层厚度的大小关系。

图 6-7　边界层三种厚度的大小关系

6.2.3　求解边界层问题的积分方法

如前所述，工程中一般更关心边界层对整体流动的影响，例如堵塞、阻力和损失等，显然这时使用积分法就可以了。冯·卡门（Von Kármán，1881—1963）在 1921 年首次推导了用于边界层的积分形式的动量方程。这个方程可以通过对边界层方程沿法向积分得到，也可以通过针对边界层的控制体分析得到。第二种方式在理解流动上更为有用，因此下面就使用这种方法来进行推导。

如图 6-8 所示，假设壁面的展向宽度为 b，流动为不可压。在边界层内取一沿流向长度为微小距离 $\mathrm{d}x$ 的控制体，其下侧为壁面，上侧为边界层外界。针对该控制体进行分析，我们就可以得出沿边界层法向 y 积分后的方程。

进出控制体的动量　　　　　　　　　　　　控制体所受的力

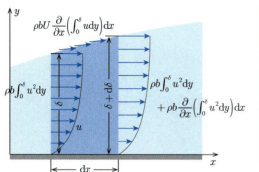
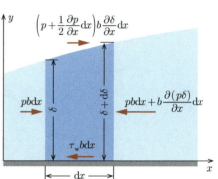

图 6-8　边界层受力和动量变化的控制体分析

1. 进出该控制体的动量

通过左侧面流入的流量为

$$\dot{m}_{\text{left}} = \int_0^\delta \rho u b \mathrm{d}y = \rho b \int_0^\delta u \mathrm{d}y$$

通过右侧面流出的流量为

$$\dot{m}_{\text{right}} = \rho b \left[\int_0^\delta u \mathrm{d}y + \frac{\partial}{\partial x}\left(\int_0^\delta u \mathrm{d}y\right) \mathrm{d}x \right]$$

通过这两个面净流出控制体的流量为

$$\delta \dot{m} = \dot{m}_{\text{right}} - \dot{m}_{\text{left}} = \rho b \frac{\partial}{\partial x}\left(\int_0^\delta u \mathrm{d}y\right) \mathrm{d}x$$

由流量连续可知，多出来这部分流量肯定是通过控制体上表面进入的。

单位时间内通过左侧面流入的动量为

$$\dot{M}_{\text{left}} = \rho b \int_0^\delta u^2 \mathrm{d}y$$

单位时间内通过右侧面流出的动量为

$$\dot{M}_{\text{right}} = \rho b \left[\int_0^\delta u^2 \mathrm{d}y + \frac{\partial}{\partial x}\left(\int_0^\delta u^2 \mathrm{d}y\right) \mathrm{d}x \right]$$

通过上表面进入控制体的流体速度为外流速度 U，这部分流体的流量就是出

口比进口大的流量 $\delta\dot{m}$，其所携带的动量流量在 x 方向的分量为

$$\dot{M}_{\text{upper}} = \rho b U \frac{\partial}{\partial x}\left(\int_0^\delta u \mathrm{d}y\right)\mathrm{d}x$$

单位时间内净流出控制体的动量为

$$\begin{aligned}\Delta \dot{M} &= \dot{M}_{\text{right}} - \dot{M}_{\text{left}} - \dot{M}_{\text{upper}} \\ &= \rho b\left[\int_0^\delta u^2 \mathrm{d}y + \frac{\partial}{\partial x}\left(\int_0^\delta u^2 \mathrm{d}y\right)\mathrm{d}x\right] - \rho b \int_0^\delta u^2 \mathrm{d}y - \rho b U \frac{\partial}{\partial x}\left(\int_0^\delta u \mathrm{d}y\right)\mathrm{d}x \\ &= \rho b\left[\frac{\partial}{\partial x}\left(\int_0^\delta u^2 \mathrm{d}y\right)\mathrm{d}x - U\frac{\partial}{\partial x}\left(\int_0^\delta u \mathrm{d}y\right)\mathrm{d}x\right]\end{aligned} \quad (6.12)$$

2. 作用在控制体上的力

忽略体积力，且已知边界层上表面的切向力为零，左侧面和右侧面的切应力在 x 方向没有分量，所以该控制体所受的力就是左侧面、右侧面、上表面三个面上的正压力以及壁面上的剪切力。

我们知道边界层内压力沿法向不变，因此在左侧面上作用着恒定的压力 p，左侧面所受的力就是压力与面积的乘积：

$$F_{\text{left}} = pb\delta$$

右侧面所受的力方向向左，并可以用左侧面力的泰勒展开表示为

$$F_{\text{right}} = -\left(pb\delta + b\frac{\partial(p\delta)}{\partial x}\mathrm{d}x\right)$$

上表面的压力沿 x 方向是变化的，其平均值可以表示为

$$p_{\text{upper}} = p + \frac{1}{2}\frac{\partial p}{\partial x}\mathrm{d}x$$

于是上表面所受的力在 x 方向的分量为

$$F_{\text{upper}} = \left(p + \frac{1}{2}\frac{\partial p}{\partial x}\mathrm{d}x\right)b\frac{\partial \delta}{\partial x}\mathrm{d}x$$

忽略二阶小量后，可以简单地写为

$$F_{\text{upper}} = pb\frac{\partial \delta}{\partial x}\mathrm{d}x$$

下表面所受的力就是壁面的剪切力：

$$F_{\text{lower}} = -\tau_{\text{w}} b \mathrm{d}x$$

于是，控制体所受的合力在 x 方向的投影为

$$\sum F = F_{\text{left}} + F_{\text{right}} + F_{\text{upper}} + F_{\text{lower}}$$

$$= pb\delta - pb\delta - \frac{b\partial(p\delta)}{\partial x}\mathrm{d}x + pb\frac{\partial \delta}{\partial x}\mathrm{d}x - \tau_{\text{w}} b \mathrm{d}x$$

$$= -\frac{\partial p}{\partial x} b\delta \mathrm{d}x - \tau_{\text{w}} b \mathrm{d}x \tag{6.13}$$

将上面的式（6.12）和式（6.13）代入动量方程中，可得

$$-\frac{\partial p}{\partial x} b\delta \mathrm{d}x - \tau_{\text{w}} b \mathrm{d}x = \rho b \left[\frac{\partial}{\partial x}\left(\int_0^\delta u^2 \mathrm{d}y\right)\mathrm{d}x - U\frac{\partial}{\partial x}\left(\int_0^\delta u \mathrm{d}y\right)\mathrm{d}x \right]$$

整理后得

$$\frac{\partial}{\partial x}\left(\int_0^\delta u^2 \mathrm{d}y\right) - U\frac{\partial}{\partial x}\left(\int_0^\delta u \mathrm{d}y\right) = -\frac{\delta}{\rho}\frac{\partial p}{\partial x} - \frac{\tau_{\text{w}}}{\rho} \tag{6.14}$$

这就是边界层积分关系式。

一般使用的时候，直接用上式比较麻烦，将其用排挤厚度和动量损失厚度表示则比较简单，下面给出转化过程。

边界层内流体沿流向的压力梯度就等于外流沿流向的压力梯度。对于外流，根据一维欧拉方程，有

$$\frac{\partial p}{\partial x} = -\rho U \frac{\mathrm{d}U}{\mathrm{d}x}$$

式（6.14）右端第一项可以写为

$$-\frac{\delta}{\rho}\frac{\partial p}{\partial x} = U\frac{\mathrm{d}U}{\mathrm{d}x}\delta = U\frac{\mathrm{d}U}{\mathrm{d}x}\int_0^\delta \mathrm{d}y \tag{6.15}$$

式（6.14）左端第二项可以根据分步积分写为

$$-U\frac{\mathrm{d}}{\mathrm{d}x}\left(\int_0^\delta u \mathrm{d}y\right) = -\frac{\mathrm{d}}{\mathrm{d}x}\left(\int_0^\delta Uu \mathrm{d}y\right) + \int_0^\delta \frac{\mathrm{d}U}{\mathrm{d}x} u \mathrm{d}y \tag{6.16}$$

将式（6.15）和式（6.16）代入式（6.14）中，整理得

$$\frac{dU}{dx}\int_0^\delta (U-u)dy + \frac{d}{dx}\int_0^\delta u(U-u)dy = \frac{\tau_w}{\rho}$$

应用排挤厚度和动量损失厚度的定义式，上式可以改写为

$$U\frac{dU}{dx}\delta^* + \frac{d}{dx}(U^2\theta) = \frac{\tau_w}{\rho}$$

这个公式通常整理成更常见的形式，如下：

$$\frac{d\theta}{dx} + (2+H)\frac{\theta}{U}\frac{dU}{dx} = \frac{\tau_w}{\rho U^2} \tag{6.17}$$

有时，用表面摩擦系数来代替式中的剪切力项，表面摩擦系数的定义为表面摩擦力与来流动压头的比值，即

$$C_f = \frac{\tau_w}{\rho U^2/2}$$

于是式（6.17）可以表示为

$$\frac{d\theta}{dx} + (2+H)\frac{\theta}{U}\frac{dU}{dx} = \frac{C_f}{2} \tag{6.17a}$$

式（6.17）和式（6.17a）称为**冯·卡门边界层动量积分方程**，是冯·卡门在1921年得出的。有了这个公式，一般的流动问题就可以用主流和边界层迭代的方法来求解了，其中有一种方法的计算步骤可以概括如下：

（1）假定流动为无粘，用势流法求出沿壁面的速度分布 $U(x)$，从而就得到了其沿 x 向的速度梯度 dU/dx。

（2）通过假设边界层内的速度分布，补充关系式 $u=f(y)$，并应用壁面上的牛顿切应力公式 $\tau_w = \mu\,\partial u/\partial y$，求解式（6.17）。

（3）根据得到的排挤厚度修正壁面形状，再次用势流法求速度分布 $U(x)$。

（4）重复上述步骤直到精度满足要求。

对于平板边界层来说，$dU/dx = 0$，式（6.17）简化为

$$\frac{d\theta}{dx} = \frac{\tau_w}{\rho U^2} \tag{6.18}$$

这时，只需要补充一个关系式 $u=f(y)$ 就可以求解了。冯·卡门假定平板层流边界层内的速度分布为二次曲线，得出的解与层流边界层的精确解非常接近，图6-9给出了布拉修斯解的速度分布与二次速度分布的对比。可以看出，起码对于平板层流边界层，二次分布还是比较接近实际情况的。边界层厚度沿流向的变化规律为

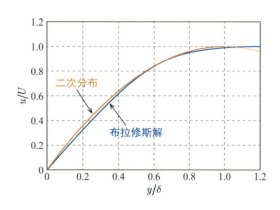

图6-9　布拉修斯解与二次分布的对比

二次分布积分解：

$$\frac{\delta}{x}=\frac{5.5}{\sqrt{Re_x}}, \quad \frac{\delta^*}{x}=\frac{1.83}{\sqrt{Re_x}}, \quad \frac{\theta}{x}=\frac{0.74}{\sqrt{Re_x}}$$

布拉修斯解：

$$\frac{\delta}{x}=\frac{5.0}{\sqrt{Re_x}}, \quad \frac{\delta^*}{x}=\frac{1.72}{\sqrt{Re_x}}, \quad \frac{\theta}{x}=\frac{0.66}{\sqrt{Re_x}}$$

对于平板层流边界层，布拉修斯解是精确解，很显然积分方法没有什么用，对于一些非相似的边界层，比如机翼表面的边界层，是不能使用布拉修斯解的，这时积分方法就可以发挥作用了。

6.3 湍流边界层

从现象上看，湍流边界层与层流边界层完全不同。如图6-10所示，湍流边界层内部的速度分布非常混乱，几乎找不出规律，并且边界层外界也不恒定，同一流向位置的边界层厚度变化可以很大。观察距壁面某一距离的点，在该点上可能一会儿是湍流，一会儿是层流。**这种层流和湍流交替的现象称为湍流边界层的间歇运动**，按照湍流和层流所占时间的比例可以定义**间歇因子**：

$$\gamma = t_{\text{turb}}/(t_{\text{lam}}+t_{\text{turb}})$$

离壁面较近的流动永远都是湍流，$\gamma=1$，在足够远的外流区则永远是层流，$\gamma=0$。对于平板湍流边界层，间歇因子沿法向的分布大概如图6-11所示。可以看到，对于平板湍流边界层，0.4δ 以下一直都是湍流，或者说 $\gamma=1$；1.2δ 以上

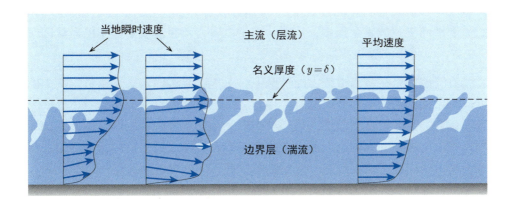

图 6-10　湍流边界层和速度分布示意图

一直都是层流，或者说 $\gamma=0$。

既然湍流边界层没有固定的厚度 δ，那这里用到的 0.4δ 和 1.2δ 又是从何而来的呢？这就涉及湍流理论的重要研究方法——湍流的时间平均。

很显然湍流都是非定常运动，但如果把湍流边界层内各点的速度在足够长的时间内平均，就会发现平均后的流场是非常有规律的，按照这种平均速度所定义的湍流边界层与层流边界层有着相似的规律。其边界层厚度也是随着流向在增加，流动在壁面处速度为零，且法向速度梯度也是在壁面处最大。

图 6-12 所示为对于平板边界层而言，流动分别为层流和湍流的速度型的比较。在相同的流动条件下，湍流边界层的厚度要比层流的大，图中将它们的厚度都无量纲化

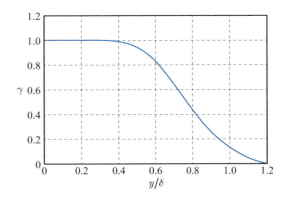

图 6-11　典型的平板湍流边界层的间歇因子

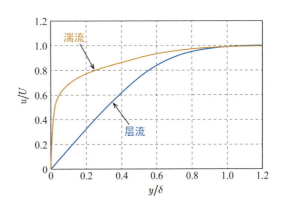

图 6-12　平板层流和湍流速度剖面的对比

了，主要为了比较它们形状的不同。可以看出，湍流边界层的平均速度剖面比层流的速度剖面要"饱满"得多，从形状因子上看，**平板层流边界层的形状因子为 2.5 左右，而平板湍流边界层的形状因子为 1.3 左右。**

湍流应该发生在雷诺数较大的情况下。对于边界层而言，雷诺数定义中的速度可以采用外流的速度，而尺度有两种常见的取法，一种是以从前缘边界层开始到当前位置的流向长度为基准，另一种是以当地的某种边界层厚度为基准。无论采用哪种尺度做基准，理论上前缘点的雷诺数都为零，沿着流向长度的增加雷诺数逐渐增大。因此，**边界层在一开始的时候应该为层流，当流动一定距离后，达到临界点，流动不再能保持稳定，层流就开始变成湍流（称为转捩）。** 因此，完整的平板边界层如图 6-13 所示。

在平板前缘刚开始的地方，雷诺数很低，这时的流动更接近于蠕动流，即粘性力占主导地位，所以会出现一个急剧增长的低速层。在其下游，随着雷诺数的增大，粘性力的作用逐渐减弱，开始符合普朗特提出的边界层厚度远远小于流向长度的特征，这时的边界层是层流的。在到达一定雷诺数后，层流边界层内部开始出现不稳定的波动（这里的雷诺数一般为 $Re_x = 5.5 \times 10^4$ 左右），这种波动是受外界扰动而形成的，但流体仍然维持层流状态。在足够远的下游，随着雷诺数的增加，粘性的阻尼作用不足以抑制扰动，于是扰动被放大，并产生更多小的涡旋运动，出现局部的、偶发性的湍流斑（这里的雷诺数一般为 $Re_x = 3.5 \times 10^5$ 左右）。在更远的下游，流动会逐渐转变为完全的湍流（一般在 $Re_x = 4.0 \times 10^6$ 以上流动就是完全的湍流了）。**平板边界层流动的层流向湍流的过渡是很漫长的一个过程，转捩区的长度可能会达到层流区长度的十几倍甚至几十倍。**

湍流边界层内部的流动具有很强的非定常性，虽然通过统计平均，其平均速

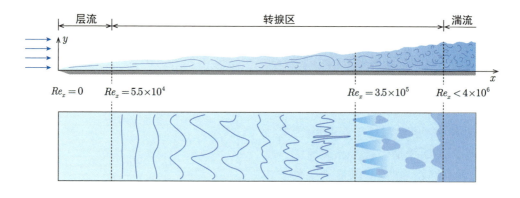

图 6-13 完整的平板边界层示意图（层流区－转捩区－湍流区）

度型具有很好的规律，但被平均消掉的非定常速度脉动的影响还是存在的。事实上对边界层方程进行平均后，用平均速度表示的湍流边界层方程与层流边界层方程并不相同，方程里面出现了脉动量的影响。

应用牛顿切应力公式 $\tau = \mu(\partial u/\partial y)$，边界层方程（6.4a）可以重写为

$$u\frac{\partial u}{\partial x} + v\frac{\partial u}{\partial y} = U\frac{\partial U}{\partial x} + \frac{1}{\rho}\frac{\partial \tau}{\partial y}$$

这个式子当然仍可适用于层流，它同时也适用于湍流的平均流动，其中的速度变为平均速度，剪切力也变为平均剪切力，即

$$\bar{u}\frac{\partial \bar{u}}{\partial x} + \bar{v}\frac{\partial \bar{u}}{\partial y} = U\frac{\partial U}{\partial x} + \frac{1}{\rho}\frac{\partial \bar{\tau}}{\partial y} \quad (6.19)$$

从数学上可以证明如下不等式：

$$\bar{\tau} \neq \mu\frac{\partial \bar{u}}{\partial y}$$

物理上对应的意义是：**平均切应力不只与平均流动的速度梯度相关，还与速度的脉动量相关**。事实上湍流的平均切应力基本上可以用如下关系式表示：

$$\bar{\tau} = \mu\frac{\partial \bar{u}}{\partial y} - \rho\overline{u'v'} \quad (6.20)$$

其中的 u' 和 v' 分别代表流向和法向的速度脉动量，也就是瞬时速度与平均速度之差，这种速度分解方法是雷诺提出来的，称为**雷诺平均方法**，是湍流研究的主要方法。这种方法将三个方向的速度分别分解为平均速度和脉动速度：

$$u = \bar{u} + u', \ v = \bar{v} + v', \ w = \bar{w} + w' \quad (6.21)$$

对于用平均量表示的边界层方程（6.19）来说，惯性力项仍与瞬时速度的表达式完全相同，只是在切应力项中有所不同，切应力满足式（6.20）所示的表达式。可以这样说，不管是定常的层流运动，还是非定常的湍流运动，任一时刻的粘性切应力都是满足本构方程的（应用于平行流动时就是牛顿切应力公式 $\tau = \mu(\partial u/\partial y)$），只是由于湍流的时间平均处理方法，才产生了所谓"湍流的切应力与层流的切应力不同"的说法。严格来说，应该这样说：**对于湍流，使用平均速度定义的切应力并不等于其平均切应力**。

对时间平均的方程来说，切应力上多出来的一项 $-\rho\overline{u'v'}$ 称为**雷诺切应力**。也

就是说，**使用时间平均方法定义了湍流的平均切应力，它由两部分构成，与平均速度梯度相关的部分称为层流粘性力（或分子粘性力），与脉动速度相关的部分称为湍流粘性力（或涡粘性力）**。式（6.20）可以进一步解读为

$$\bar{\tau} = \tau_{\text{lam}} + \tau_{\text{turb}}, \quad \tau_{\text{lam}} = \mu \frac{\partial \bar{u}}{\partial y}, \quad \tau_{\text{turb}} = -\rho \overline{u'v'} \quad (6.22)$$

在湍流边界层内，不但速度的平均值有着非常规律的分布，速度的脉动量大小也是很有规律的。上述的雷诺应力就表示了一种脉动速度的度量，有时也用脉动速度的均方根来表示三个方向的脉动速度大小。图6-14表示了平板湍流边界层的平均速度和脉动速度的实验测量结果。可以看出，平均速度在壁面处为零，并沿法向迅速增长，在距壁面0.2δ处速度就已经达到了外流速度的0.8倍，之后沿法向逐渐趋向于外流速度。三个方向脉动速度的大小（流向：$\sqrt{\overline{u'^2}}/U$，法向：$\sqrt{\overline{v'^2}}/U$，展向：$\sqrt{\overline{w'^2}}/U$）则各有不同，但规律相似。可以看出流向的脉动量最大，展向的脉动量次之，法向的脉动量最小。这是可以理解的，因为法向受壁面约束最大，脉动量自然应该最小。这三种脉动在1.2δ以外趋于零，这与前面讨论过的间歇因子在1.2δ以外趋于零是相符的。在边界层内，越是接近壁面，脉动量就越大，这是因为湍流脉动是由剪切产生的，壁面附近剪切强，自然脉动就大。但是挨着壁面的地方，受壁面的无穿透和无滑移条件的限制，三个方向的脉

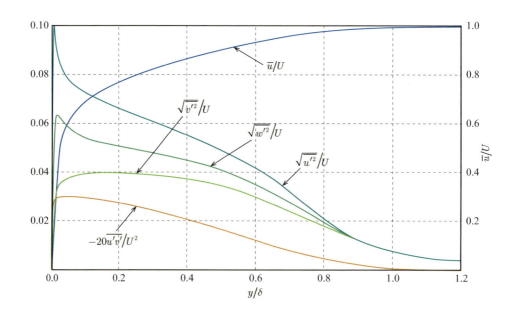

图6-14　平板湍流边界层中的平均速度和脉动速度分布

关于雷诺应力

对湍流边界层进行平均处理后，方程中的切应力多出了一项额外的切应力——雷诺应力，即

$$\overline{\tau} = \tau_{\text{lam}} + \tau_{\text{turb}}, \quad \tau_{\text{lam}} = \mu \frac{\partial \overline{u}}{\partial y}, \quad \tau_{\text{turb}} = -\rho \overline{u'v'}$$

其中的 u' 和 v' 分别为流体沿 x 轴和 y 轴的脉动速度。

根据定义，单个脉动速度的平均值为零，即：$\overline{u'}=0$，$\overline{v'}=0$，但它们相乘之后再平均（$\overline{u'v'}$）就未必是零了。不但不为零，这里我们还可以分析得出，这个值与平均速度梯度的符号相反。

假设如图所示的边界层流动，平均速度梯度为正，即 $\mu(\partial \overline{u}/\partial y)>0$，现分析如下：

第①种情况：当 $v'>0$ 时，湍流微团 A 会向上进入上层中，由于它是从下面的低速区上来的，相当于对当地的水平速度有一个负的扰动，即 $u'<0$。于是 u' 和 v' 的符号相反，即 $u'v'<0$。

第②种情况：当 $v'<0$ 时，湍流微团 A 会向下进入下层中，由于它是从上面的高速区下来的，相当于对当地的水平速度有一个正的扰动，即 $u'>0$。u' 和 v' 的符号仍然相反，即 $u'v'<0$。

也就是说，当平均流动切应力 $\mu(\partial \overline{u}/\partial y)$ 为正时，$-\rho u'v'$ 也为正。同样可以证明平均流动切应力 $\mu(\partial \overline{u}/\partial y)$ 为负时，$-\rho u'v'$ 也为负。也就是说，$-\rho u'v'$ 总是与平均流动的切应力一致。

需要注意的是，这里的微团指的是湍流的微团，它的速度都对应湍流的平均运动，因此，这里的 $-\rho u'v'$ 其实应该写成 $-\rho \overline{u'v'}$，即雷诺应力。

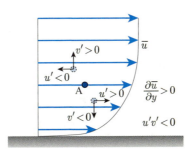

动都趋于零。有人甚至宣称，湍流边界层的壁面附近存在一个层流区。

从图 6-14 中还可以看到的一个现象是，控制边界层流动的重要参数雷诺应力 $-\rho\overline{u'v'}$ 在 $0\sim0.2\delta$ 范围内几乎保持不变，在 0.2δ 以外逐渐衰减，在 1.0δ 处基本衰减为零。

代表湍流粘性力的雷诺应力（$\tau_{\text{turb}} = -\rho\overline{u'v'}$）在壁面处应该为零，而这里的速度梯度非常大，代表层流粘性力的分子粘性力（$\tau_{\text{lam}} = \mu(\partial\overline{u}/\partial y)$）很大。在距离壁面非常小的范围内，湍流粘性力迅速上升，分子粘性力则迅速下降，很快湍流粘性力就占据了主导地位。可以说，在湍流边界层内，除了紧挨着壁面的薄层之外，切应力基本上是由雷诺应力提供的。包含上述分子粘性力占主导的薄层在内的壁面附近（大概 $0\sim0.2\delta$ 的范围内），总的切应力 $\overline{\tau} = \tau_{\text{lam}} + \tau_{\text{turb}}$ 基本保持不变。根据这个特征，一般将湍流边界层分为内外两层来研究，内层中雷诺应力保持为常数，说明内层的湍流能量处于动态平衡之中。一方面壁面的剪切不断产生湍流脉动，另一方面脉动不断地耗散成内能，这两者的大小在内层大致相等。在外层，粘性耗散占了主导地位，湍流脉动沿法向逐渐减小。

针对湍流边界层的研究有很多，至今很多理论仍在发展之中。与层流边界层不同的是，湍流边界层相关的理论非常不成熟，相关研究在早期主要依靠实验，在近些年则主要依靠数值模拟。现在工程上应用的关于湍流边界层的"理论"多数都是从试验和计算中总结出的规律而已。

6.4 管道流动

管道流动是一类生产生活中常见的流动，因此这方面的研究很早就开始了，比如古罗马发达的供排水系统显然就需要一定的管道流动知识。即使在流体力学已经形成了一定理论的欧拉和伯努利的时代，在管道流动这个问题上科学与技术仍然几乎完全是分家的，这是因为粘性在管道流动中占据主导地位，显然欧拉方程与伯努利方程都是失效的。实际上，早在普朗特发表边界层理论之前，从事管道流动的工程师们就已经能基于实验处理一些实际问题了。

管道流动研究主要关心的问题是管道所能通过的流量、流动的损失以及需要的动力等问题，这些问题都可以通过大量的实验总结出规律。然而，要真正形成通用的规律并能预测一些新的问题，就需要发展相应的理论了。我们知道，根据边界层理论，挨近壁面的流体会形成一个较薄的边界层，其外是不受粘性影响的主流区，但这个描述并不适合管道流动。因为在管道中，四面都是壁面，并且管道通常很长，粘性可能对所有区域都会有影响。

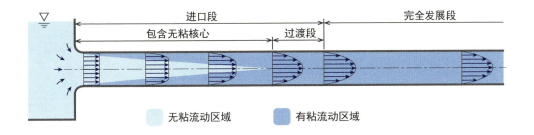

图 6-15　管道层流的进口段和完全发展段

如图 6-15 所示，只有在流体刚进入管道的一段长度内，才有边界层和主流的概念。当流过足够长的距离后，壁面的边界层厚度已经达到管道的半径那么大了，环壁的边界层连成一片，再也没有不受粘性影响的主流了。在这之后，相当于边界层厚度无法再增加了，壁面粘性力产生阻力，而流体的压力沿流向降低，产生压差力来提供驱动力，当粘性阻力与驱动力完全平衡后，流体的速度就不再发生变化了。一般把管内速度还在随流向变化的区域称为管流的进口段，而把远下游处速度沿流向不再发生变化的区域称为完全发展段。下面分别介绍适用于这两段的流动原理和分析方法。

6.4.1. 进口段

进口段的流动主要是环壁边界层发展的过程。边界层的存在造成流通面积的减小和流体动量和动能的损失。在流体绕物体流动的外流中，边界层内流量的减少使主流向远离壁面方向偏移一个距离。在等截面管道的进口段流动中，因横截面积不变，但又要流过相同的流量，环壁处流速的减小必然导致无粘核心区流速的增加。也就是说，在进口段，"主流"的流速沿流动方向是增加的，这一区域是无粘流动，满足伯努利方程，流速的增加对应着流体压力的下降。

图 6-16 给出了进口段沿流向各截面的速度剖面，在向下游流动的过程中，壁面附近的流体受粘性力作用不断减速，而无粘核心区的流体不受粘性力影响，在压差力的作用下不断加速。对于不可压流动来说，既然是等截面管道，任一截面上的平均流速就应该保持不变。因此可以说，无粘核心区的流速增加程度是由壁面附近的粘性力决定的。从力的角度分析，壁面粘性力决定了压降程度，而压差力则决定了无粘核心区中流体的加速程度。

很显然，粘性越大边界层厚度增长越快，无粘核心区也就越短。那么进口段有多长呢？这个问题还是比较复杂的，并没有精确的理论解，但是研究者通过实验确定了进口段长度与管道直径以及流动参数的关系。进口段的相对长度（进口

段长度与直径的比值)只与雷诺数相关，对于层流，该关系为

$$\frac{L_e}{D} = 0.06 Re_D \quad (6.23)$$

式中：L_e 是进口段长度；D 是管径；Re_D 是以管径和平均流速定义的雷诺数。

当雷诺数较低的时候，进口段可以很短。例如，$Re_D = 10$ 时，进口段的长度为 $0.6D$。但是实际流动的雷诺数一般都远高于这个数值，当 $Re_D = 10^5$ 时，

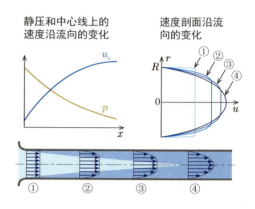

图 6-16 进口段的速度和压力变化

进口段的长度将达到 $6000D$。以自来水管道为例，内径为 15mm，则进口段的长度为 90m。不过这种情况只在理论上存在，因为雷诺数高于临界值以后，边界层就可能会转捩为湍流，不再能用层流的公式来估计进口区长度了。对于湍流，也有人根据实验总结了进口段长度与雷诺数的关系为

$$\frac{L_e}{D} = 4.4 Re_D^{1/6} \quad (6.24)$$

图 6-17 表示了管流进口段长度与雷诺数的关系，可以看出，在相同雷诺数下，湍流的进口段长度要比层流小得多。以 $Re_D = 2300$ 作为层流和湍流的分界，则在此雷诺数下，层流和湍流的进口段长度分别为

$$\left(\frac{L_e}{D}\right)_{lam} = 0.06 \times 2300 = 138$$

$$\left(\frac{L_e}{D}\right)_{turb} = 4.4 \times 2300^{1/6} = 16$$

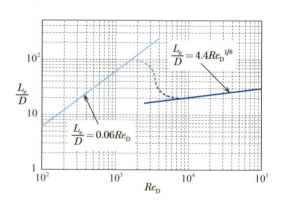

图 6-17 进口段长度随雷诺数的变化

可见湍流的进口段长度要短得多，这是由于湍流的扩散能力强，边界层厚度增长快而导致的。实际上，上面给出的层流进口段长度是直径 138 倍的结果大概就是实际能遇到的进口段的最大长度了，因为只有当 $Re_D = 10^8$ 时，湍流的进口段长度才能达到这个距离，而这样大的雷诺数是很少见的。

通常所见的管道流动的雷诺数都远大于2300，流动会是这样的：进口段一开始的边界层是层流，在还没达到完全发展时边界层就会转捩为湍流，然后很快变成完全发展段。因此，实际流动的进口段一般并不像图6-15所示的那样，而是像图6-18所示的那样。进口段的环壁层流边界层在某位置转捩为湍流，湍流边界层厚度增长快，流动迅速达到完全发展段。在层流阶段，随着边界层厚度的增长，壁面切应力沿流向迅速降低。转捩段壁面切应力较高，完全变为湍流后，壁面切应力随边界层厚度的增长而降低，在完全发展段后不再变化。

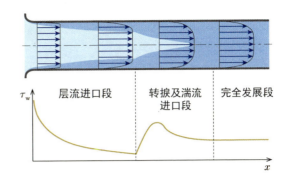

图6-18　含转捩的进口段流动及壁面切应力

6.4.2. 完全发展段

当环壁边界层在管道中心处汇合后，主流消失，边界层之间开始互相融合，再经过一段距离后，任意半径上的流动速度都不再随流向变化，从这里开始的管流称作完全发展段。既然流速沿流向不变，壁面又对流体有反向的摩擦力作用，则必然存在驱动流体向前运动的力。对于水平放置的管道而言，这个驱动力只能是上下游的压差力，即沿流动方向压力是下降的。从这个角度我们可以得出这样的结论：**在完全发展段，流体的速度沿流向不变，静压沿流向降低，总压沿流向的降低则完全是由静压的降低造成的。**

既然速度剖面沿流向不变，壁面上的法向速度梯度 $\partial u/\partial y$ 就该保持不变，因此，对于层流而言，壁面剪切应力 $\tau_w = \mu(\partial u/\partial y)$ 就处处相等。这样，沿流向单位长度的壁面摩擦阻力为常数，由阻力与驱动力相等的关系，可知压力沿流向是线性降低的。下面我们来具体推导充分发展段的压力沿流向的变化规律。

如图6-19所示，在直径为 D 的圆管中取一个圆柱形控制体，其轴线与管道轴线重合，直径为 d，且 $0 < d < D$。因为进出该控制体的动量流量相同，所以该控制体所受的合外力为零。控制体的左侧面、右侧面和环面所受的力分别为

$$F_{\text{left}} = p_1 \cdot \pi r^2$$

$$F_{\text{right}} = -(p_1 - \Delta p) \cdot \pi r^2$$

$$F_{\text{side}} = -\tau \cdot 2\pi r l$$

式中：p_1 为进口压力；Δp 为进出口的压差；τ 为控制体侧面的剪切应力；r 为控制体的半径；l 为控制体的长度。

上面这三个力的合力为零，于是有

$$\sum F = F_{\text{left}} + F_{\text{right}} + F_{\text{side}} = p_1 \cdot \pi r^2 - (p_1 - \Delta p) \cdot \pi r^2 - \tau \cdot 2\pi r l = 0$$

将壁面剪切应力公式 $\tau = \mu(\partial u/\partial y)$ 代入上式中并整理，得

$$\frac{\mathrm{d}u}{\mathrm{d}r} = -\frac{\Delta p r}{2\mu l}$$

对上式积分，并代入壁面无滑移的边界条件，可得

$$u(r) = \frac{\Delta p D^2}{16\mu l}\left[1 - \left(\frac{r}{R}\right)^2\right] \tag{6.25}$$

式中：D 为管道直径；R 为半径。把这个式子与 4.7.2 节的哈根–泊肃叶流动的解进行比较，可以看出，如果把 $\Delta p/l$ 换成适用于微控制体的 $\mathrm{d}p/\mathrm{d}x$，两者就完全一样了。

很显然，中心线上的流动速度最大，该处 $r=0$，速度为

$$u_c = \frac{\Delta p D^2}{16\mu l}$$

从而管道内流速分布可以表示为

$$u(r) = u_c\left[1 - \left(\frac{r}{R}\right)^2\right]$$

在前面的平板层流边界层介绍中，我们知道平板边界层的速度分布接近于二次曲线，但并不是二次曲线。这里我们从理论上证明了，圆管内层流的速度分布是精确的二次曲线。

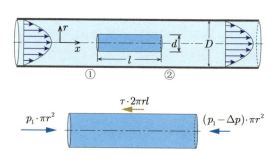

图 6-19　完全发展段的控制体分析

对速度分布公式进行平均，或者直接由二次曲线的性质都可以得出一个结论，即管内的平均流速为最大流速的一半，如果用 V 表示平均流速，则有

$$V = \frac{1}{2}u_c = \frac{\Delta p D^2}{32\mu l}$$

第6章 粘性剪切流动

> **Tips** **进口段与完全发展段之间存在过渡段**
>
> 　　有些书上把无粘核心区的结束处当做完全发展段的起点，即认为当管中的流体都受到粘性力作用后，速度沿流向就不再变化了，这其实是不对的。事实上在无粘核心区结束后，流体仍然需要经过一段掺混段，压差力和粘性力才会最终达到平衡，在此之后速度剖面不再变化，而这才是完全发展段的定义（图6-15）。
>
> 　　这里可以根据本节已有的分析简单地论证一下，我们用到了两个事实，一个是无粘核心区的流动满足伯努利方程，另一个是完全发展段的压力沿流向线性下降。
>
> 　　基于第一个事实可以得出的结论是：在无粘核心区快要结束的位置，在中心线上，流动满足下列关系式：
>
> $$dp = -\rho V dV$$
>
> 　　基于第二个事实可以得出的结论是：在完全发展段刚开始的位置上，中心线上的速度沿流向已经不再变化，即 $dV = 0$，但压力是线性下降的，即 $dp < 0$。
>
> 　　如果无粘核心区后面紧接着就是完全发展段的话，在衔接点之前，如果压力已经是线性降低的，则速度就是呈1/2次增加的，这与后面的速度不变并不能保证连续。所以可以得出结论，在无粘核心区结束之后，流体还要经过一段掺混，才能最终达到完全发展段。我们姑且称这段为过渡段，在过渡段内，流动不满足伯努利方程，压力接近于线性下降，而中心线上的速度则应该是稍有增加的。

　　把上式变化一下，就可以得到单位长度管道的压降为

$$\frac{\Delta p}{l} = 32 \frac{\mu V}{D^2} \tag{6.26}$$

可见，完全发展段的压力沿流向是线性下降的。

　　当管道尺寸一定时，压降与流速成线性关系，这是因为流速与壁面剪切力是线性关系的缘故。对于实际的管道设计问题，经常是已知流量来选择管道尺寸，

这时就要按照流量为常数来计算压力损失。用 Q 代表体积流量，则式（6.26）可以改写为

$$\frac{\Delta p}{l} = 128 \frac{\mu Q}{\pi D^4}$$

可以看出，**对于定流量的管道设计来说，单位长度的压降与管道直径的 4 次方成反比**。因此，设计中直径的一点增加也会带来很大的收益。

工程上常用压力损失系数来评估管道流动的损失大小，其定义为

$$C_p = \frac{\Delta p}{\rho V^2 / 2}$$

将式（6.26）代入上式中，整理后得

$$C_p = \frac{64}{Re_D} \frac{l}{D} = f \frac{l}{D}$$

一般把 f 称为管流的摩擦因子，可见，对于层流有

$$f = \frac{64}{Re_D} \tag{6.27}$$

上面的分析都是针对层流的，对于湍流，壁面上的切应力并不只决定于平均速度的梯度，所以上述分析失效。普朗特根据湍流的对数分布特征和实验数据得出了管道湍流的摩擦因子的半经验公式，即

$$\frac{1}{f^{1/2}} = 2.0 \lg \left(Re_D f^{1/2} \right) - 0.8 \tag{6.28}$$

式（6.28）对于光滑壁面的管道湍流是比较准确的，不过它并不是一个简单的解析式，在工程中不太好用。普朗特的学生布拉修斯总结出了另一个比较好用的经验公式：

$$f = 0.316 Re_D^{-1/4}, \quad 4000 < Re_D < 10^5 \tag{6.28a}$$

式（6.28a）在相应雷诺数范围内与公式（6.28）比较一致。根据这个公式，管道湍流的压降与流速的 1.75 次方成正比，即 $\Delta p \sim V^{1.75}$，这与实验的结果符合得很好。根据前面的介绍，层流的压降与速度呈线性关系，对于固定流量的问题，其压降与管道直径的 4 次方成反比。很显然若流动为湍流，增加管径将可以带来更多的收益。

工程中使用的管道的内壁一般都达不到完全光滑，粗糙的管壁会增加流动阻力和损失，使摩擦因子并不满足公式（6.28）。普朗特的学生 Nikuradse 用不同大小的沙粒粘在管道内壁面，通过水流，测量进出口的压差，得到了基于不同粗糙度的管道流动的摩擦因子 f，实验结果如图 6-20 所示。

从图 6-20 中可以看出，当流动为完全的层流时，实验结果与式（6.27）符合得很好；当流动为湍流时，如果壁面为光滑的，则与式（6.28）和式（6.28a）符合得很好。对于粗糙的壁面，就没有理论公式了。从实验结果可以看出，当粗糙度小于某一值之后，摩擦因子就不再与粗糙度相关，而只与雷诺数相关。小于这个粗糙度的管道都可以认为是光滑管道，通常称为水力光滑管，意思是说虽然微观上壁面是不光滑的，但是流体基本上感受不到，对于流体来说它相当于光滑的。

后人根据类似于 Nikuradse 的实验结果，总结出了几种用于计算管道湍流的摩擦因子的经验公式，其中最有名的是 Moody 的经验公式和图表，称为 Moody 图，在工程中遇到要计算管流的沿程损失的时候，就可以直接根据从 Moody 图上查出的摩擦因子进行计算了，十分方便。

我们可以根据图 6-19 的控制体分析，进一步分析一下管道内部剪切力的分

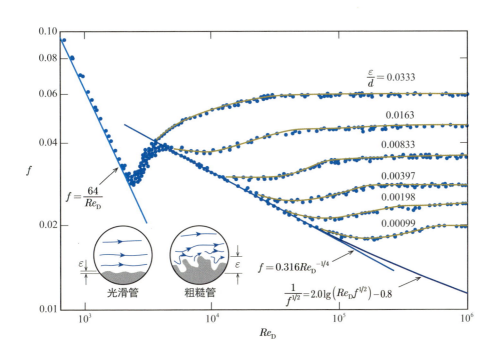

图 6-20　Nikuradse 的管流摩擦系数实验结果及相关的理论和经验公式

布。根据力的平衡，控制体满足如下关系式：

$$\sum F = F_{\text{left}} + F_{\text{right}} + F_{\text{side}} = p_1 \cdot \pi r^2 - (p_1 - \Delta p) \cdot \pi r^2 - \tau \cdot 2\pi r l = 0$$

化简可得

$$\tau = \frac{\Delta p r}{2l}$$

如果把这个控制体的长度 l 变为微尺度 $\mathrm{d}x$，可得

$$\tau = \frac{r}{2}\frac{\mathrm{d}p}{\mathrm{d}x} \quad (6.29)$$

可见，管内流体的剪切力只与流向的压力梯度和所处半径有关，这对于层流和湍流都是成立的。

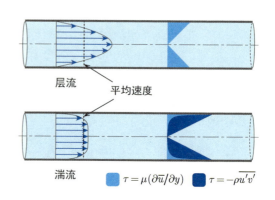

图 6-21　管流的速度及剪切力分布

根据这个分析，可以得出的一个直接结论是：**管流内部的剪切力沿径向是线性变化的，在壁面处最大，在中心处为零**。对于层流，剪切力沿径向线性分布直接决定了速度沿径向是二次分布的。对于湍流，切应力不只跟平均速度的梯度相关，还与脉动速度产生的雷诺应力相关，因此其速度剖面与切应力不直接相关。实际上管道流动与平板边界层类似，管道湍流的平均速度型也比层流的速度型要饱满得多，如图 6-21 所示。图中还给出了剪切力沿径向的分布，可以看出湍流的剪切力主要是由雷诺应力贡献的。

6.5　射流与尾迹

射流与尾迹是两种常见的流动现象，与边界层流动和管道流动不同，射流与尾迹流动中的剪切流动并不是由壁面形成的，而是由各层流体的速度差形成的，因此这类流动称为**自由剪切流动**。

6.5.1　射流

射流的特点是中央有一股流体的速度高于四周流体的速度，典型的射流为流体流入无限大的静止环境的流动，如图 6-22 所示。一旦离开喷口，射流在侧面边界上与环境的静止流体之间会有强烈的剪切，这个剪切层的粘性作用拉低了射流外层流体的速度，同时也使一部分环境中静止的流体开始运动起来。如果雷诺

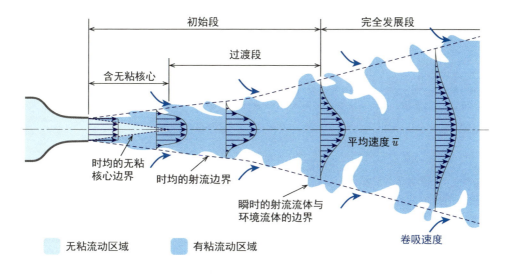

图 6-22 轴对称射流速度分布示意图

数足够低，射流可以在较长距离保持层流状态，一般情况雷诺数都较高，剪切层很快会转捩为湍流，因此常见的射流都是湍流状态。图 6-22 所示的射流速度分布是平均速度的分布，并不代表任何瞬时的速度。

射流的无粘核心区由于不受到剪切作用，因此会一直保持层流状态，直到这个核心区完全消失。从喷口到无粘核心区完全消失这一段称为射流的初始段，初始段结束后，射流进入粘性主导的过渡段，再经过一段距离后，射流的平均速度剖面形状不再随流向变化，进入完全发展段。

虽然射流和管流一样，在开始阶段存在无粘核心区，但是它们的边界条件是不同的。对于管流而言，条件是横截面积不变，因此平均速度不变。因为环壁的流体速度沿流向降低，所以无粘核心区的流速沿流向是增加的。对于射流而言，流体冲出喷口后进入无限大的空间，且环境的流体会被带动起来，因此不但平均速度不再保持不变，沿流向的流量也不再保持不变。射流的条件是在出口处流体的压力基本上等于环境压力，因此无粘核心区的流体既不受粘性力，也不受压差力，而是将保持匀速直线运动，也就是说**射流的无粘核心区的流速沿流向不变**。

从无粘核心区消失到充分发展段之间的过渡段并没有较好的理论来描述，但是对于完全发展段，利用其平均速度型相似的特征，可以仿照层流边界层的布拉修斯解的方法，得出一些有用的结论。

若流动是层流，边界上的剪切作用弱，边界扩展得就会慢一些；若流动是湍流，边界上的剪切和卷吸作用都很强，边界扩展得就会快一些。对湍流来说，一个重要的结论是：**轴对称射流的初始段和完全发展段的边界都是线性扩展的，但充分发展段扩展的速度更快一些。**

一般情况下射流很难保持长距离的层流状态，这是因为射流边界上的剪切层抵抗外界扰动的能力是很弱的，流体在这里并不能像在壁面附近那样得到壁面的帮助而减小扰动。理论上已经证明了：**射流是无条件不稳定的，也就是说即使流动雷诺数很小，射流也会不稳定，并有变为湍流的可能。**

有一种层流射流喷泉，可以在保证射流尺度足够大和流速足够高的情况下，让水流长距离保持层流状态。不同于同种流体的射流，水在空气中的射流只要速度不是特别大，空气给其的剪切力是很小的。因此只要出口处是层流的，就可以保持长距离的层流。让出口处的射流为层流所用的方法也很简单，首先水要比较纯，不含气泡等扰动源，让水在喷口前先经过一个蜂窝隔栅，在隔栅的小截面流动中的雷诺数较小，水会层流化，之后再通过喷口流出。图 6-1 所示的四周的 4 个喷泉就是利用这样的原理做成的层流喷泉，这种喷泉可以让水流在空中一直保持层流状态，辅以灯光，体现水的晶莹剔透的景象。

6.5.2 尾迹

与射流对应的一种流动是尾迹流动，射流的特点是中心的流速比四周的流速大，而尾迹的流动正好相反，中心的流速比四周的流速小。放在流场中的任何物体都会在下游形成尾迹，图 6-23 显示了当雷诺数为 4000 左右时二维圆柱的尾迹。这时的圆柱表面的边界层基本是层流状态，但尾迹是湍流的，并形成卡门涡街，具有强非定常性。然而，将流场长时间平均后，得到的平均速度仍然是很有规律

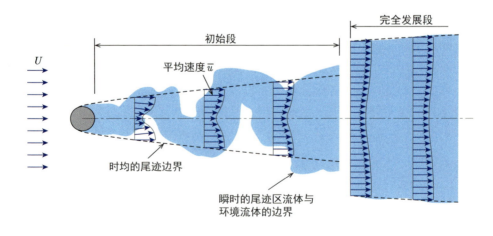

图 6-23　圆柱尾迹流动速度分布示意图

的。如果是流线型物体，例如图 6-3 所示的绕机翼流动，且雷诺数很大，则尾迹在大尺度上可以是定常的。这时的尾迹区速度分布要更有规律一些。

尾迹的速度亏损是由两种来源产生的，一个是物体表面边界层的低速区，另一个是物体表面或后部的分离带来的低速区。流体刚离开物体的时候，分离区的低速区在尾迹中间，物体表面边界层的低速区在两侧，这两部分在下游迅速掺混形成统一的尾迹亏损区。

对于像图 6-23 这样的钝体绕流，紧邻物体后部的尾迹区的压力一般是低于环境压力的，所以在尾迹刚开始的区域，流体有向中心线汇聚的趋势。在足够远的下游，压力趋于一致，流体变为平行流动，但速度亏损要持续到很远的下游。

与射流一样，尾迹也可分为初始段和完全发展段。如果不考虑分离造成的低速区，认为尾迹是从一个厚度为零的物体尾缘开始的，则尾迹初始段的速度型就是由物体两侧的边界层决定的。在足够远的下游（对于圆柱来说大概要到 100 倍直径以后），尾迹的形状则完全由自由剪切层决定，其速度型与射流一样也是相似的，流动机理也大同小异。与射流不同的是尾迹由边界层或分离开始，因此多数时候从开始就是湍流状态。

尾迹的完全发展段也满足相似性，因此具有相似解，二维尾迹的宽度沿流向的增长不是线性的，而是更缓慢一些：

$$\delta \propto x^{1/2}$$

式中：δ 表示平面尾迹的宽度；x 表示流向坐标。这个规律对于层流和湍流的尾迹来说都是成立的，不过湍流的尾迹宽度增加更快。

6.6 边界层分离现象

对于边界层流动，壁面剪切力相当于壁面施加给流体的摩擦阻力。我们知道，一个物体在平面上滑动时，受到平面的摩擦阻力，如果不给物体提供驱动力的话，它的速度会越来越慢直到停下来。当这个物体逐渐停下来时，摩擦力也将逐渐趋于零。对于平板边界层流动来说，靠近壁面的流体微团不断地被减速，但并不会完全停下来。这是因为上层的流体还施加给这个流体微团向前的驱动力，壁面的阻力体现为不断地使更多的流体微团减速，于是边界层越来越厚。经过非常长的距离后，壁面的摩擦力会将附近的流体速度都降低到了接近于零。这时，壁面附近的法向速度梯度趋于零，壁面对流体微团的摩擦力也将趋于零，逐渐地不再阻碍流体的运动。所以，**平板边界层内的流体速度永远为正，不会减小到零，更不**

会出现倒流。

现在来看另一种情况，壁面不再是顺流向的平板，而是有一定扩张角度的壁面，或是有一定曲率的壁面。其效果是在流动方向上主流的速度在下降，相应的压力在增加。根据边界层理论，压力沿壁面的法线方向不变，因此在边界层内压力沿流向也是增加的。这样，流体微团就受到两个力的作用，一个是壁面的摩擦力，一个是压差力，这两个力都是与流动方向相反的。当壁面附近的流体微团的流速在这两个力的作用下降低到接近于零时，摩擦力也趋向于零，但压差力还在。于是，流体微团就有可能开始反向运动，在宏观流动上体现为倒流。倒流的流体与上游顺流的流体交汇，就会向远离壁面的地方流动，从而使整个边界层内的流体都向上抬起，与壁面分离。**这种由于流体受到逆向压差力而产生的边界层流体离开壁面的现象就叫做边界层分离。**

图 6-24 表示了机翼迎角过大时，其上表面边界层在尾缘附近发生的分离现象和流动图画。从上面的分析可知，只有流动存在逆向的压差，边界层才有可能发生分离，平板边界层和顺向压差的边界层都是不会产生分离的。因此，**边界层发生分离的一个必要条件是存在逆压梯度**。另一方面，如果流体是无粘的，减速产生的最大压力就对应速度减到零时的压力，即总压，也不可能在压差力的作用下产生回流。因此，**分离的另一个必要条件是流体存在粘性**。

我们也可以从速度分布上证明分离的必要条件包含逆压梯度，如图 6-24 所示，在上游流体是正流，在下游流体是倒流。因此，必然存在一个位置，流体在

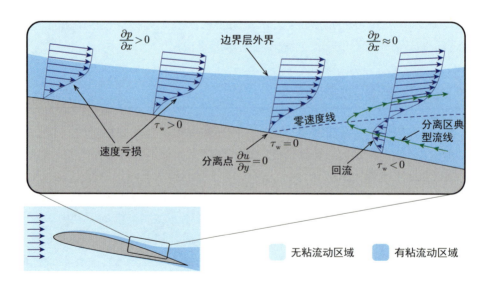

图 6-24　机翼表面湍流边界层的分离现象及流动细节

该处的速度无流向分量,这个位置就是分离点。在分离点处,有如下关系式:

$$\left.\frac{\partial u}{\partial y}\right|_{\text{wall}} = 0$$

我们知道,在边界层外界处同样有:

$$\left.\frac{\partial u}{\partial y}\right|_{\text{edge}} = 0$$

只要边界层内的流体不出现倒流,都有 $\partial u/\partial y > 0$。

这样,在壁面附近,速度梯度就需要从零增加到一个有限值,因此其变化率为正,或者说速度对法向坐标的二阶导数为正:

$$\frac{\partial^2 u}{\partial y^2} > 0$$

为了有助于理解,图 6-25 给出了分离点处速度、速度梯度(一阶导数)以及速度的二阶导数沿法向的变化规律。

根据边界层方程:

$$u\frac{\partial u}{\partial x} + v\frac{\partial u}{\partial y} = -\frac{1}{\rho}\frac{\mathrm{d}p}{\mathrm{d}x} + \frac{\mu}{\rho}\frac{\partial^2 u}{\partial y^2}$$

在紧挨着壁面的流线上,速度 u 和 v 都为零,边界层方程简化为

$$\frac{\mathrm{d}p}{\mathrm{d}x} = \mu\frac{\partial^2 u}{\partial y^2}$$

如果速度沿法向的二阶导数为正,则有

$$\frac{\mathrm{d}p}{\mathrm{d}x} > 0$$

这样我们就较为严格地证明了:在分离点附近必然存在逆压梯度。需要注意的是,这里使用的边界层方程只适用于层流,所以这个证明也只有对层流才是严格成立的。

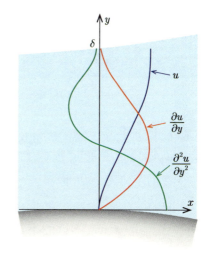

图 6-25 分离点的速度及其导数沿法向的变化规律

虽然边界层分离的必要条件十分清晰,但其充分条件却并不明朗,也就是说我们明确地知道有些情况肯定不会发生边界层分离,但我们并不确切知道哪些情

况肯定会发生分离。对于接近于平板层流的有压力梯度层流（例如小扩张角的二维通道流动），定义无量纲压力梯度参数如下：

$$m = \frac{x}{U}\frac{dU}{dx} = -\frac{x}{\rho U^2}\frac{dp}{dx}$$

式中：x 为从前缘开始的长度；U 为边界层外界处的速度。

采用与求解平板层流边界层时的布拉修斯解类似的方法可以得出流动的相似解，进而得出分离的条件。结论是，当 $m = -0.0904$ 时，边界层将发生分离。这个结论是针对速度型相似的层流边界层得出的，用于其他非相似的边界层问题时会有一些差别。例如，根据这种相似解得出的分离时边界层的形状因子为 $H = 4.0$，而根据大量测量结果得到的层流边界层分离时的形状因子大概为 $H = 3.5$。

下面我们根据层流相似解给出的判断准则 $m = -0.0904$ 来评估一下实际流动的分离条件。假设有一个二维扩张通道，如图 6-26 所示，其进口宽度为 W_1，单面扩张角为 α，则根据不可压缩流动的连续方程，距进口 x 处的无量纲压力梯度参数为

$$m = \frac{x}{U}\frac{dU}{dx} = -\frac{2x}{W_1}\tan\alpha$$

于是该二维通道的分离条件为

$$\frac{2x}{W_1}\tan\alpha = 0.0904$$

假设进口宽度为 100mm，单面扩张角为 5°，则分离点与前缘的距离为 52mm；若单面扩张角为 1°，则分离点与前缘的距离为 260mm。

可见，对层流边界层来说，很小的扩张角也会导致不远的下游发生分离。然而在实际流动中，像 1° 这样小的扩张角的二维通道，流动可以保持很长的距离都不分离。这是因为实际流动的雷诺数一般较高，边界层在还没有分离之前就会转捩为湍流，而湍流的抗分离能力要比层流强得多。

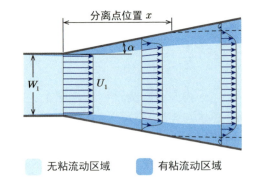

图 6-26 二维扩张通道内的分离

对于湍流，没有较好的预测分离的理论，主要是依赖于实验数据总结的模型。较为公认的湍流边界层发生分离时的形状因子为 $H=2.4$。由于实际流动情况千差万别，判断湍流是否会分离至今仍然没有较好的方法。对于如图 6-26 所示的二维扩压通道，Reneau 等人在 1967 年发表了一些实验结果，总结了分离发生的条件。我们可以根据这些实验结果，拟合出以下的公式：

$$\frac{x_s}{W_1} = \frac{1}{-0.0031 + 0.0156\alpha^{1.5}}$$

式中：α 为单侧扩张角；x_s 为分离点位置（从进口到分离点的距离）。

我们来使用这个公式计算与前述层流相同条件下的分离点位置。在进口宽度为 100mm，单面扩张角为 5° 时，通过该式计算可得分离点距前缘 584mm；若单面扩张角为 1°，则分离点距前缘 8000mm。可见，湍流的抗分离能力比层流要强很多。

上面的经验公式偏保守，也就是说在该公式计算得到的分离点之前边界层是保证不会分离的，但也有可能在该点之后很远才分离，下面的公式则给出了分离点与前缘距离的上限（即最远可能）：

$$\frac{x_s}{W_1} = \frac{1}{-0.0016 + 0.0078\alpha^{1.5}}$$

此时算出的单面扩张角为 5° 时的分离点与前缘的距离为 1167mm。所以，谨慎一些说，对于通过该二维通道的湍流，边界层将会在距前缘 584~1167mm 的位置发生分离。

根据上面两个关系式可以总结出二维扩张通道的分离点位置与扩张角的关系，如图 6-27 所示，下部的区域是明确的不分离区域，上部的区域是明确的分离区域，中间的区域则要根据具体情况来判断。

需要注意的是，一般情况下分离点位置还与雷诺数、壁面的粗糙度、来流的湍流度以及出口的压力分布等因素有直接或间接的关系。图 6-27 所总结的规律仅供参考使用。

湍流边界层比层流边界层抗分离能力强的主要原因是湍流的掺混能力强，在承受同样逆压梯度的情况下，内层流体微团可以通过额外的湍流涡粘性力从外层获得更多的动量补充，从而保持在更远的距离不发生回流。从边界层的平均流动速度型上也可以看出，湍流的边界层更为饱满，因此外层可以给予内层更多的粘性力，拖动内层向前流动。

分离的一个直接效果是产生额外的阻力和损失。在实际流动中多数时候是需要减小阻力和损失的，于是要尽量避免分离的出现。例如，各种高速运动的物体都要尽量做成流线形来减阻，流体机械中也要尽量减少过大的局部逆压梯度来提高流动效率。有时，也需要增大阻力或增大损失，这时就要刻意造成流动分离。例如，降落伞和飞机降落时打开的减速板就都是利用分离来增大阻力，而管道中的阀门则是通过产生局部分离来增大流动损失，使流体总压降低来控制流量的。

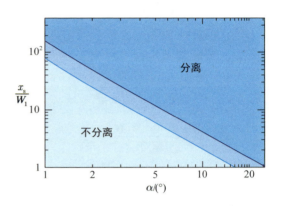

图 6-27　二维扩张通道湍流边界层的分离位置与扩张角的关系

前面讲的分离都是指二维分离，特征是有回流的出现。实际的流动都是三维流动，发生分离时未必一定会有回流出现，流体可能会横向流动来满足流量连续。图 6-28 表示了两种典型的三维分离形态，图（a）是风吹过半圆形的建筑物时，屋顶和附近地面处的分离；图（b）是飞机在大迎角下飞行时，翼根处发生的三

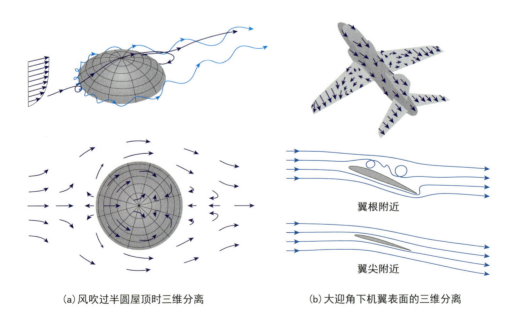

(a) 风吹过半圆屋顶时三维分离　　　　(b) 大迎角下机翼表面的三维分离

图 6-28　两种典型的三维分离示意图

维分离。可以看出，这两种流动都具有高度的三维性，流体不一定是沿法线方向离开物体表面，而是产生了很大的横向速度。

在图 6-28（a）中，地面附近的气流接近半圆屋顶时，承受较大的逆压梯度，产生分离，气流向上卷起并从两侧绕过建筑物，形成旋涡流动（这种旋涡称为马蹄涡）。另外，气流经过屋顶最高点后，下降过程中产生分离，在此处通常形成较为复杂的一系列旋涡。气流在建筑物后方的地面上再次形成正向流动，这一点称为再附点（即分离的边界层再次附着于壁面）。在图 6-28（b）中，该飞机在迎角过大时，翼根先发生失速，从前缘开始就发生大面积分离，这些分离产生的倒流沿翼展向外流动，并在翼中处重新折回成正向流动。在翼尖处还存在翼尖涡，流体从下表面绕过翼尖在上表面形成小范围的分离流动。

6.7 流动阻力和流动损失

流动阻力和流动损失是流体力学在工程应用中永恒的主题。流体的静力学问题已经得到了完美的解决，无粘流动也有较为完美的势流方法，但与流动阻力和流动损失相关的问题还没有较好的理论和解决方法，目前还只能针对具体问题专门分析来解决，数值模拟在这个问题上的精度也没有保障，很多时候还依赖以往的经验模型和试验得到的数据。

我们知道，当流体没有粘性时，是不会产生流动阻力和流动损失的。所以要解决流动阻力和流动损失问题，就必须要研究粘性的作用机理，湍流则让这个问题大大复杂化了。由于湍流展现出增大流体粘性剪切力和粘性耗散两方面的特征，一旦出现湍流，就要同时考虑分子粘性和湍流涡粘性的影响，而湍流涡粘性的特性至今为止并没有得到较好的解决，这就是流动阻力和流动损失问题至今不能得到较好解决的关键所在。

6.7.1 流动阻力

虽然流动阻力是由粘性造成的，但从直接效果上看来，很多时候压差力才是阻力的最大贡献者。例如，图 6-29 所示的垂直来流放置的零厚度平板，我们都知道它会受到较大的阻力，但值得注意的是，这个阻力却与粘性力没有直接关系，因为它没有侧表面，平板表面的粘性力是不会产生流向分量的。因此，这种情况下阻力完全是由压差力造成的。

通过分析可以知道，该平板迎着流体面上的中心处压力等于来流的总压。流体被滞止后会沿径向加速流动，压力相应降低，绕过平板的边缘，并受主流带动再次大致沿流向流动。由平行的流线压力相等的概念，我们可以猜测平板后面流体的压力大概等于刚绕过平板的流体压力,由于绕过平板的流体速度会比来流速度更大一些,所以这个压力会小于来流的静压。可见,对于这个平板来说,迎面的压力接近于来流总压,背面的压力小于来流静压,由此我们大概可以判断,作用在平板上的阻力应该稍大于来流的动压与平板面积的乘积(实验证明这种情况下平板阻力是这个值的 1.1 倍左右)。

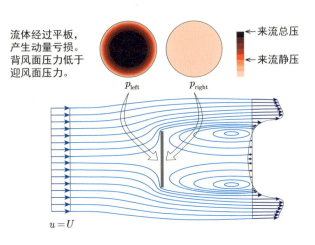

图 6-29 垂直来流的零厚度平板的真实流动

工程上把上面这种由压差力造成的阻力称为压差阻力或形状阻力。虽然完全由压差力提供,但并不是说这个阻力与粘性力无关,因为如果流体是无粘的流动,流动形式可以如图 6-30 所示,来流被滞止并绕过平板,汇聚到平板背面再向下游流动,前后是完全对称的。从积分观点看,流体经过平板后动量没有变化,因此不会给予平板作用力。从微分观点看,平板迎风面和背风面的压力分布完全相同,平板不受作用力。所以说,压差阻力也是和粘性作用密切相关的,粘性影响了压力的分布。

我们接着来分析平板所受的流动阻力,这次把平板顺流向放置,如图 6-31 所示。很显然在这种情况下,由于没有迎风面积,压差阻力必然为零,上下表面的粘性切应力构成了平板所受的全部阻力。**这种由表面粘性切应力造成的阻力称为摩擦阻力**。从常识我们知道,对于同样大小的平板,顺流向放置的阻力要远远小于垂直流向放置的阻力。也就是说,在作用面积相同的情况下,压差力造成的阻力要远大于粘性力造成的阻力。这种从

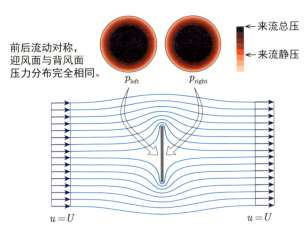

图 6-30 垂直来流的零厚度平板的势流

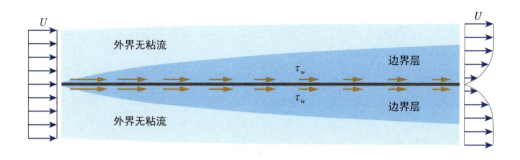

图 6-31 顺流向放置的平板附近的流动和流体对壁面的摩擦力

生活中得出的常识其实是建立在高雷诺数流动的基础上的,因为雷诺数足够高时,压差力远大于粘性力。

对于一般的迎风面积和侧面积都不为零的物体,阻力为压差阻力和摩擦阻力之和,这两种阻力哪一种居主要地位要看压力和粘性力的分布形式以及分别作用的面积。在图 6-32 中给出了几种典型物体的压差阻力和摩擦阻力占总阻力的比例。要注意的是这两种阻力通常都与雷诺数相关,所以图中的圆柱和翼型的结果是针对特定雷诺数而言的。例如,后面我们会看到,对于圆柱,当压差阻力占 90% 时,对应的雷诺数是 2025。对于翼型,这个问题更加复杂些,不但与雷诺

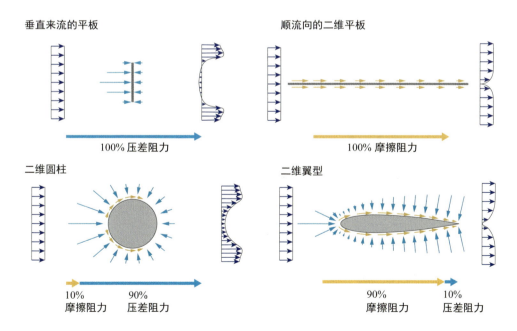

图 6-32 几种典型物体的压差阻力和摩擦阻力所占比例

数相关,还与其后部扩张程度(影响分离点)直接相关。因此,图6-32中的结果并不具有一般性意义。尽管如此,该图还是可以让我们对这两种阻力的大小有一个定性的认识。

以图6-32中的二维圆柱为例,其摩擦阻力主要由前半部壁面上的粘性切应力决定,因为其后半部的边界层是分离状态,壁面上的粘性切应力是很小的。同样由于分离的原因,后半部的压力没有能恢复到与前半部相同的水平,因此产生了较大的压差阻力。

定义阻力系数如下:

$$C_D = \frac{F_D}{\frac{\rho V^2}{2} A} \qquad (6.30)$$

式中:F_D代表阻力;V为来流速度;A为物体的迎风面积。

圆柱的阻力系数随雷诺数的变化关系如图6-33所示。雷诺数的不同可以是速度、尺度或流体粘性的不同,我们这里以速度变化为例进行分析。

(1)$Re \ll 1$时,流速极低,流体绕过圆柱后在其后部汇聚,流动看起来前后对称,但前后的压力并不相等。因为这时粘性力占主导地位,惯性力几乎可忽

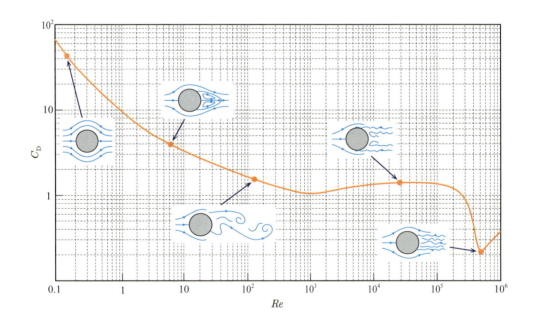

图6-33 圆柱的阻力系数随雷诺数的变化

略，粘性力直接和压差力平衡，这种流动又称为蠕动流。这时的压差阻力和摩擦阻力都很大，因此阻力系数很大。

（2）$Re<1$ 时，随着来流速度的增加，壁面附近的法向速度梯度随主流速度近似线性增加，从而使摩擦阻力与流速成正比，于是阻力系数近似与流速（雷诺数）成反比，线性下降。

（3）$1<Re<10^3$ 时，在这一范围内，随着流速的增加，圆柱后部出现分离，压差阻力开始成为阻力的主要组成部分。压差阻力的增加是由于分离点前移引起的，阻力系数比起之前的线性下降放缓了一些，大概与流速的 1/2 次方成反比。

（4）$10^3<Re<3\times10^5$ 时，在这一范围内，压差阻力明显大于摩擦阻力。压差阻力主要与分离点位置直接相关，这时圆柱前半部边界层都是层流，分离点大约稳定在从前缘滞止点算起 82° 左右，因此这一阶段阻力系数基本与雷诺数无关。

（5）$Re\approx 3\times 10^5$ 时，在这一雷诺数附近，随着雷诺数的增加，阻力会突然减小。这是因为圆柱前半部的层流边界层在分离点之前发生了转捩，转捩后的湍流抗分离能力更强，使分离点大大后移（大约为 125°）。于是，圆柱后半部的低压区相对更小，压差阻力突然减小了很多。

（6）$Re>3\times 10^5$ 时，在这一范围内，流速继续增加，分离点位置基本保持不变。压差阻力对阻力系数的影响不大，但摩擦阻力增加，使阻力系数随流速增加。

上面提到的在雷诺数高于某一值的时候阻力突然变小的现象在历史上称为"阻力危机"。所谓的危机并不是流动现象有什么很坏的影响，而是说这个现象使传统的流体力学理论受到了挑战，学术界出现了危机。现在我们很清楚，这是由于层流边界层在还没有达到分离的时候先转捩成了湍流的原因。

可以根据阻力的来源分别定义压差阻力系数 C_{Dp} 和摩擦阻力系数 C_{Df}，来研究这两种阻力的大小关系。对于 $Re=10^3\sim 10^5$ 的绕圆柱流动而言，分离点前的边界层为层流，因此有较好的理论解，并且有较多的试验数据验证，因此这里针对这个雷诺数范围进行分析。这时的摩擦阻力与雷诺数的关系为

$$C_{Df}=\frac{5.9}{\sqrt{Re}}$$

这个雷诺数范围下压差阻力与雷诺数无关，基本为常数，$C_{Dp}=1.2$。摩擦阻力占总阻力的比例为

$$\frac{F_{Df}}{F_D}=\frac{C_{Df}}{C_{Dp}+C_{Df}}=\frac{5.9/\sqrt{Re}}{1.2+5.9/\sqrt{Re}}\approx\frac{1}{1+0.2\sqrt{Re}}$$

当 $Re=10^3$ 时，$F_{Df}/F_D \approx 14\%$；

当 $Re=10^5$ 时，$F_{Df}/F_D \approx 1.6\%$。

我们知道很多工程上的流动问题的雷诺数都大于 10^5，从上面的分析可以看出，对于圆柱这样的钝体来说，这时摩擦阻力还不到总阻力的 2%。要减小物体的阻力，主要应该从压差阻力下手，也就是尽量控制物体表面的分离。让边界层提前转捩为湍流就是一种行之有效的控制分离的方法。提高来流的湍流度、增加壁面的粗糙度、在壁面加局部小的扰动等都是常见的方法。高尔夫球表面的凹坑就有这个作用，由于阻力的减小，比起光滑的高尔夫球，有凹坑的高尔夫球的飞行距离可以增加 4~5 倍。

对于流线形的物体，例如机翼，其表面边界层基本无分离，则摩擦阻力占主导地位。我们知道湍流边界层的摩擦阻力要远大于层流边界层的摩擦阻力，因此这时将边界层太早转捩成湍流并不是一个好的选择。一种减小阻力的方案是：先让边界层尽量保持层流来减小摩擦阻力，在经历逆压梯度快要发生分离时，让边界层转捩为湍流。使用这种原理的翼型称为可控扩散叶型，目前在机翼和发动机叶片上广泛采用。

如果采用积分方法通过动量方程来分析，则不需要区分摩擦阻力还是压差阻力，可以直接通过尾迹的速度亏损大小来得出阻力。摩擦阻力大则边界层就会厚，压差阻力大则分离区就应该大，尾迹的速度亏损实际上反应了上述两种作用之和。图 6-34 给出了一个机翼在不同迎角下，边界层和分离区分别对尾迹区动量亏损的贡献的示意图。可见，机翼在正常工作状态下，摩擦阻力应该占主导地位，只有当发生明显的分离时，压差阻力才会成为阻力的主要来源。

有一种说法，一个物体的阻力主要取决于其后部的形状，而不是前部（有人甚至将压差阻力直接称为后部阻力）。这种说法是有一定道理的，我们可以通过图 6-35 中的几个物体来分析一下。这些分析只适用于亚声速流动，超跨声速流动会很不一样。

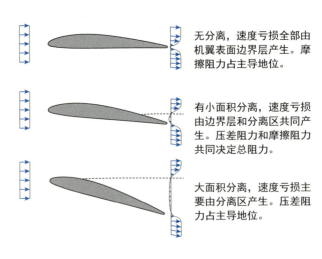

图 6-34　用积分法分析二维机翼的阻力构成

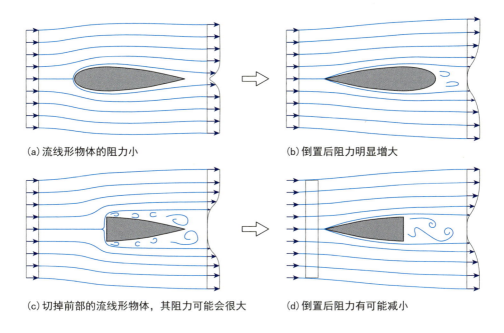

图 6-35　物体的前后部形状对阻力的影响

图 6-35（a）所示的流线形物体是实践中总结出的阻力较小的物体，其特点是前圆后尖，自然界中的鱼和鸟等都是这个体型。流过该物体的流线如图所示，由于其后部是逐渐变尖的，沿流向的逆压梯度较小，边界层不会分离，仅仅在尾缘处会存在一点突扩导致的分离。因此说，要想物体的阻力小，其后部应该逐渐变小，且尾缘尺寸越小越好，这就是将压差阻力称为后部阻力的合理之处。如果将这个流线型物体倒置，其后部变化变得很剧烈，流向逆压程度大，流体绕过最高点后很快就会发生分离，形成比较大的低压区，这时的阻力就要大得多，如图 6-35（b）所示。

然而，物体的前部形状对阻力的影响同样可以很大。图 6-35 所示流线形物体的前端是尖一些还是圆一些，影响都不大，但如果是齐头的，如图 6-35（c）所示，流体在绕过尖角后一定会发生分离，如果这个分离一直不能恢复，延续到物体的尾缘的话，就会在后部形成很大的分离区，从而产生很大的阻力。如果将这个物体倒置，如图 6-35（d）所示。我们很有可能会惊奇地发现它的阻力比正放的时候要小。这是因为倒置后虽然还会在物体后部发生分离，但这个分离区的大小就跟物体的迎风面积差不多，而不会像正放那样，形成明显大于物体迎风面积的分离区。

回头来再看看图 6-35（a）中的流线形物体的前部形状，如果把物体前部的

有趣的空气阻力问题

我们来尝试回答以下这几个与空气阻力有关的问题。

（1）如果雨伞够坚固，可以充当降落伞用吗？

（2）向天上开枪，子弹落下来会不会打死人？

（3）雨滴的下落速度是多少？为什么雾霾可以浮在空中？

这几个问题的本质是一样的，都是要知道对于下落中的物体，当空气阻力等于重力时，物体的速度。对于问题（1），假设一个人拿一把超大的雨伞，直径为 1.5m，人的体重为 60kg。认为雨伞的形状是半圆球壳，阻力系数为 1.42，则有如下关系式：

$$D = C_D \times \frac{\pi}{4} d^2 \times \frac{1}{2} \rho V^2 = 1.42 \times \frac{3.14}{4} \times 1.5^2 \times \frac{1}{2} \times 1.2 \times V^2 = 1.5 V^2$$

$$D = mg = 60 \times 9.8 = 588 \text{N}$$

$$V \approx 20 \text{ m/s}$$

就是说，人拿伞从高处跳下，会以 20m/s 的速度落地，这大概相当于从六层楼跳下来的落地速度，所以雨伞是绝对不能充当降落伞用的。

对于问题（2），以手枪为例，子弹直径 9mm，弹重 6g。下落过程中弹头可能会翻滚，可以用球体的阻力系数估算。雷诺数约为 $10^3 \sim 10^5$，球体的阻力系数约为 0.45。于是可以算出子弹的落地速度是 50~60m/s。这个速度远低于子弹出膛的速度，可以伤人，但不会危及生命。

对于问题（3），受表面张力作用，雨滴大概呈球形，直径一般在 0.5~5mm 之间，雷诺数为 40~4000。直径 5mm 的雨滴下落速度大概为 11m/s，直径 0.5mm 的雨滴下落速度大约为 2m/s。

雾滴的直径为 1~120μm，按照球体的阻力估算，最大雾滴的下落速度也只有 0.2m/s。最小雾滴的雷诺数非常小，阻力系数可高达 35000，下落速度则只有 0.1m/h。换成比水重的物质，速度也快不了多少。天花板附近的一个 1μm 左右的灰尘需要一天左右的时间才能落到地板上，只要有一点气流扰动，这些微粒就很难会落回地面。

圆头改成尖头，阻力一般并不会减小，甚至非常可能会增加。因为只要没有分离，改变前部的形状就基本不会影响压差阻力，前部改成尖头会增加物体的长度和表面积，产生额外的摩擦阻力，所以总阻力会增加。从动量积分方程的角度看，物体长度大导致的是边界层变厚，产生更大的动量亏损。

综上所述，在亚声速流动中，物体后部的形状对其阻力具有决定性的作用，但其前部的形状也很重要。有些时候"前钝后尖"的物体阻力小，有些时候"前尖后钝"的物体阻力小，并不能一概而论，关键是要控制表面边界层的分离。对于一般的物体，决定阻力大小的主要因素是压差阻力，其次才是摩擦阻力，这两者可以统一用尾迹区的大小来衡量。

研究者一直在努力减小汽车的风阻，很显然把汽车做成流线形的阻力是最小的，但这种形状并不实用。比起几十年前，现在的汽车在保证实用性的前提下已经大幅降低了阻力，靠的是对流动更深入的理解。常规的措施是通过全面优化汽车前部、后部、车顶和底盘等处的形状来实现的。对于方头方脑的大型集装箱卡车来说，驾驶室上方普遍安装了整流罩，这是通过改变前部形状来减阻的措施。对于其后部的形状，目前并没有太多的改变。可以预计，随着能源危机的加重，卡车的形状优化必然会越来越受到重视，针对其后部的形状优化也会多起来。

图 6-36 给出了几种典型的物体在常见雷诺数下的阻力系数，这些结果都是

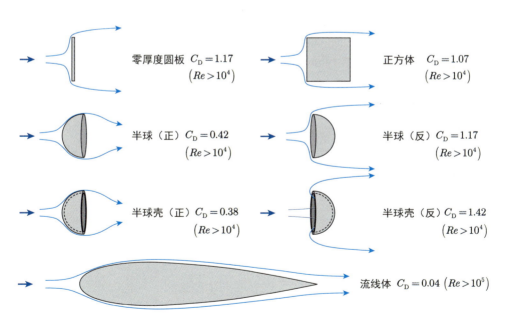

图 6-36　几种典型的三维物体在常见雷诺数下的阻力系数

通过实验得到的。可以看出，物体的前部和后部的形状对阻力都有明显的影响，其中阻力最小的流线体的阻力系数只有 0.04，而阻力最大的半圆球壳的阻力系数高达 1.42。也就是说，相同迎风面积的这两种物体的阻力相差 30 多倍。飞机的外形就是本着阻力最小设计的，而降落伞则是本着阻力最大设计的。战斗机在短跑道着陆时，打开减速伞，阻力大大增加，可以有效地缩短滑跑距离。

6.7.2 流动损失

在内流中，通常更关心的不是流动阻力，而是流动损失。虽然很多时候阻力大就代表损失大，但由于它们分别对应的是动量和能量的变化，因此其本质是不同的。流体在边界层内既产生动量亏损同时也产生能量亏损，这时阻力与损失的变化趋势一致。但对尾迹区来说，在物体尾缘处和其后一定距离处的动量亏损基本上相同，但能量亏损有较大的差别。或者说，**流体只在与物体接触的表面上产生阻力，一旦离开了物体，就不再产生阻力了。但尾迹区的速度亏损会在下游持续发生剪切作用，还在不断产生流动损失。**

我们可以回顾基础力学的知识，以最简单的小球碰撞来理解动量和能量的关系。在光滑平面上，一个速度为 V 的小球正碰撞一个静止的同样小球，如果第一个小球完全停下，第二个小球以速度 V 弹出去，则动量和动能都是守恒的，这种情况发生在完全弹性碰撞中。如果两个小球粘在一起以速度 $V/2$ 运动，则动量仍然是守恒的，但动能就变为了原来的 $1/2$，这种情况属于塑性碰撞，损失的动能转化成了内能。可见，能量变化并不一定对应着动量变化，动量守恒的前提是无外力，而机械能守恒的前提则要苛刻得多。

小球的塑性碰撞导致机械能不可逆地转化成了内能，这种塑性在流体中对应着粘性。根据能量方程可知，粘性产生的耗散主要是通过流体微团之间的剪切运动造成的，因此凡是存在速度梯度的地方就会有流动损失。对于一个没有分离的绕翼型流动，损失主要由两部分构成，一个是物体表面的摩擦损失，另一个是流体离开物体后在尾迹内的掺混损失。实际流动中最大的速度梯度几乎总是发生在壁面附近的边界层内，因此壁面附近会产生比较大的损失。然而，在有大面积分离存在的流场中，分离区才是损失的主要来源。这是因为虽然边界层内的局部流动损失最大，但受影响的流体却不多，分离区则常伴随着大尺度非定常的涡旋运动，将大量主流的流体牵连进有较强剪切作用的分离区中。

在风机和泵等流体机械中，除了边界层的摩擦损失、尾迹的掺混损失以及分离引起的掺混损失之外，还会存在大量的"二次流动"掺混损失。所谓的二次流动，就是那些与设计的流动方向垂直的速度分量构成的流动。这些二次流动的存在造成整个主流区也存在大量的剪切作用，产生可观的损失。

流动损失与不可逆过程熵的变化直接相关,对于与外界无热量和功交换的流动,熵变可以用流体的总压变化来表示如下:

$$s_2 - s_1 = -R \ln \frac{p_{t2}}{p_{t1}} \quad (6.31)$$

式中:p_{t2}/p_{t1} 为总压恢复系数。

多数管内流动都是与外界基本无热量和功交换的流动,因此式(6.31)具有较为广泛的应用,工程上经常用总压损失直接代表能量损失。一般流动的总压恢复系数是非常接近于1的,这时式(6.31)可以近似简化为

$$s_2 - s_1 \approx R \left(\frac{p_{t1} - p_{t2}}{p_{t1}} \right)$$

可见,损失不是特别大的时候,总压的减少量也能代表损失的大小,这时使用另一个参数——总压损失系数——来表示损失更为方便,其定义为总压减少量与来流动压之比:

$$\frac{p_{t1} - p_{t2}}{\rho V_1^2 / 2}$$

总压损失系数和总压恢复系数的含义是不一样的,总压恢复系数表示流体剩余机械能与原有总机械能之比,而总压损失系数则表示了流体机械能损失量与原有动能之比。

对于不可压管道流动,总压恢复系数可以进行下列近似变换:

$$\frac{p_{t2}}{p_{t1}} = \frac{p_2 + \rho V^2/2}{p_1 + \rho V^2/2} = \frac{p_1 - \Delta p + \rho V^2/2}{p_1 + \rho V^2/2} = 1 - \frac{\Delta p}{p_{t1}}$$

其中的压降 Δp 主要与来流动压和流动雷诺数有关,当流速不变时,Δp 基本为常数。所以,如果来流的总压更多地储存在静压中,则损失会小得多。对于可压缩流动,道理也是一样的,**尽可能让能量以压力能的形式存储和运输,是降低流动损失的关键**。同样的送风量,采用较粗的管道可以有效地减小损失,就是因为这时能量更多地以压力能存储的缘故。

上述分析如果使用总压损失系数更为清晰,对于不可压缩流动:

$$\frac{p_{t1} - p_{t2}}{\rho V_1^2 / 2} = \frac{\Delta p}{\rho V_1^2 / 2}$$

当不改变流速,而提高来流静压时,总压损失系数保持不变。对于可压缩流动,来流静压的提高会增加密度,进而影响来流的动压,总压损失系数会增加一些,但比起提高速度来说还是要合算得多。

下面,我们将通过三个典型的例子,来讨论在具体流动中损失的产生机理。这三种流动分别是:等截面管道的流动损失;突然扩张管道的流动损失;尾迹的流动损失。

1. 等截面管道的流动损失

对于等截面管道的完全发展段的流动,其各截面上的流动速度完全相同,且都是平行流动的。取任何一条流线,沿流动方向的流速并不改变,压差力与粘性剪切力平衡,因此流体的静压是沿流向下降的。显然这时候伯努利方程是不适用的,或者说流体的总压是不守恒的。假设壁面是绝热的,则总压下降直接代表了流动损失。由于流速不变,总压降低完全由静压降低体现,因此静压的降低量也就直接代表了流动损失。

上面的分析是从动量方程出发的,虽然可以得出损失的大小,却不能反映损失产生的本质。在微观上,所谓的损失就是能量方程中的耗散项,即

$$\Phi_v = 2\mu\left(\frac{\partial u}{\partial x}\right)^2 + 2\mu\left(\frac{\partial v}{\partial y}\right)^2 + 2\mu\left(\frac{\partial w}{\partial z}\right)^2 \\ + \mu\left(\frac{\partial v}{\partial x}+\frac{\partial u}{\partial y}\right)^2 + \mu\left(\frac{\partial w}{\partial y}+\frac{\partial v}{\partial z}\right)^2 + \mu\left(\frac{\partial u}{\partial z}+\frac{\partial w}{\partial x}\right)^2$$

完全发展的管流属于简单的二维轴对称流动,上式简化为

$$\Phi_v = \mu\left(\frac{\partial u}{\partial r}\right)^2$$

也就是说,**对于不可压缩管道的层流流动,损失只与速度沿径向的梯度有关**。

因此,可以说管流的损失产生于所有区域,因为管道里到处都存在着剪切流动。任何增加这种剪切作用的因素都会导致流动损失的增加,增加平均流速、减小管径等都会增大径向速度梯度,从而使损失增加。

按理说,流动损失意味着宏观的动能不可逆地转化为内能的过程。但管流的流速却保持不变,体现为静压的下降,这是怎么回事呢?

这个问题可以这样理解,粘性力一直在通过剪切作用将流体的宏观动能转化为内能,但同时,流体的压力势能还在不断地转化为动能。压力势能转化成多少

动能，粘性就损失多少，它们之间是一个动态平衡关系。可以认为管流是一个压力势能不断地转化为内能的过程，但这种转化是通过流动实现的。

2. 突扩管道的流动损失

当流体从小尺寸管道突然进入大尺寸的管道时，会发生突变式分离，进而产生大量的损失。与等截面管道流动不同，这种损失主要不是由壁面摩擦造成的，而是由分离产生的掺混造成的。

图 6-37 所示为突然扩张的管道流动示意图。这种情况下的掺混损失远大于壁面摩擦损失，所以这里假设整个流动的壁面粘性力都可以忽略，仅分析由于突扩所造成的损失大小。取如图所示的控制体，连续方程为

$$A_1 u_1 = A_2 u_2$$

控制体只受到压差力作用，其大小为

$$\sum F = p_1 A_2 - p_2 A_2 = (p_1 - p_2) A_2$$

进出控制体的动量流量差为

$$\dot{m}(u_2 - u_1) = \rho A_1 u_1 (u_2 - u_1)$$

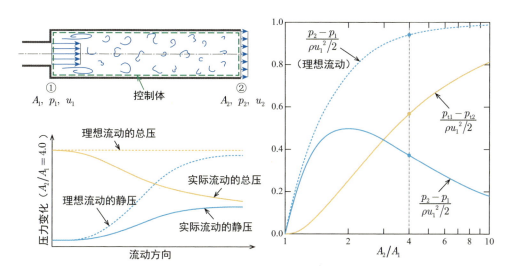

图 6-37 突然扩张的管道流动的压力损失

动量方程为

$$(p_1 - p_2)A_2 = \rho A_1 u_1 (u_2 - u_1)$$

把动量方程与连续方程联立，得到突然扩张所产生的总压损失系数为

$$\frac{p_{t1} - p_{t2}}{\rho u_1^2/2} = \left(1 - \frac{1}{AR}\right)^2$$

式中：$AR = A_2/A_1$ 表示扩张面积比。

上式就是突然扩张所产生的损失大小。这个忽略了壁面摩擦的理论分析结果与实验值吻合得还是不错的。可以看到，当面积比为4时，总压损失系数为0.563，即扩张损失掉来流动压的一半还多。当面积比为无穷大时，总压损失系数为1，即全部来流动压都损失掉了，这相当于射流进入无穷大空间的情况。

对不可压缩流动，出口的速度是由连续方程决定的，即决定于进出口的面积比，所以动压也决定于面积比。无论流动是理想流动还是有粘流动，出口的动压都相同。损失使总压降低，相应的静压升就会有所减小，达不到理想的扩压水平。可以根据上述分析得出突然扩张管道的静压升系数如下：

$$\frac{p_2 - p_1}{\rho u_1^2/2} = \frac{2}{AR}\left(1 - \frac{1}{AR}\right)$$

用这个公式得出的压升随面积比的变化曲线如图6-37所示。可以看到，当面积比为2时，静压升系数达到最大值，为0.5，或者说，突扩管道最高只能回收50%的动压，大于这个面积比后，不但损失会加大，扩压能力还会变小。

跟等截面管流的例子一样，上面的分析是从动量方程出发进行的，不能反映损失产生的本质。我们下面来具体分析一下本例中损失产生的机理。

首先我们来看一下，为什么用简单的无粘流动的控制体分析就可以得出损失的大小。本例中的关键是在动量方程中进行力的分析时，左侧面所使用的压力为细管的压力 p_1，而作用面积用的却是粗管的面积 A_2。这事实上隐含了一个假设，即：粗管进口处的压力等于细管出口的压力 p_1。这个假设是基于细管中的流体会以平行射流的方式进入粗管中而得出的。这种流动方式比较符合实际情况，反映了流体在此处不符合伯努利方程，或者说，变相考虑了粘性的作用。这个粘性的作用是在分离区内产生损失，使部分机械能不可逆地转化成了内能。

实际上的损失当然不是在突扩处立即产生的，而是在下游掺混过程中持续地产生。如图6-37左下图所表示的那样，对于面积比为4.0左右的突扩管道来说，

主要的掺混在下游 4～5 倍粗管直径内完成，在这段距离内静压上升，总压下降。

如果不是突然扩张，而是如图 6-38 所示那样的渐扩管道，则进行控制体分析时，除了进出口，环壁上也会有压力的作用，这个压力从进口到出口是在逐渐增加的。正是由于环壁压力的存在，保证了流体的动能向压力能的转化，使流动符合伯努利方程。其实这正是推导伯努利方程时经常使用的模型。

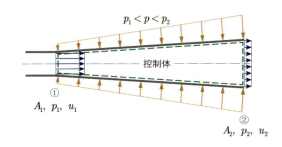

图 6-38　流体通过渐扩管道时的流动

我们可以从微观上分析一下流体经过突扩管道的损失发生过程。在突扩处，流体以射流的方式从细管道进入粗管道，这时压力没有增加，速度也没有降低，所以总压暂时还没有损失。**在向下游发展的过程中，流体会在两种作用下减速：**一个是两侧分离区的低速流体对射流的粘性力剪切作用使其减速，这种减速使动能不可逆地转化成了内能，或者说动压的减少并没有增加静压，总压出现了损失；另一个是下游流体对射流的压力阻碍，这是一种正压力做功，对于不可压缩流动来说满足伯努利方程。对于可压缩流动，压缩功造成内能的增加，但过程是完全可逆的，仍然不造成总压的损失。极限情况下，突扩面积比为无穷大，即射流进入无限大空间的流动，流体在喷口处的压力就等于远下游的压力了，这时就不存在正压力产生的无损失的减速了，减速完全是由射流两侧的粘性剪切力造成，所以流体的动压会全部损失。

3. 尾迹的流动损失

流体流经物体时，粘性力不但在物体表面产生损失，同时也造成一个速度亏损。这个速度亏损在流体离开物体之后仍然存在，形成尾迹。尾迹区在向下游的流动过程中，会逐渐地与主流掺混均匀，这个掺混过程几乎完全是由粘性力主宰的，因此会产生明显的损失。

这里通过一个顺流向放置的零厚度平板来分析一下尾迹区的掺混损失。首先来分析平板边界层产生的损失，取一个控制体，进口为平板前缘，出口为平板尾缘，下表面为壁面，上表面为一条流线，这条流线在出口处和边界层外界相交，如图 6-39 所示。

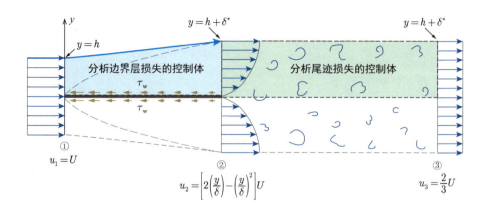

图 6-39　平板边界层的摩擦损失和尾迹的掺混损失

设流体在进口处的总压为 p_t，静压为 p_s，到出口时，静压仍然为 p_s，但总压则有所损失，损失的大小完全取决于速度亏损。在壁面处，动压完全损失，$p_{t,wall}=p_s$，在边界层外界处，总压没有损失，$p_{t,edge}=p_t$。对整个出口的总压较为合理的评估是采用质量加权平均，即

$$\overline{p_{t2}}=\frac{1}{\dot{m}}\int_0^\delta p_{t2}\cdot\rho u_2 \mathrm{d}y$$

其中的流量等于进口处的流量，设进口处控制体的高度为 h，则它等于出口处的边界层厚度 δ 减去排挤厚度 δ^*，于是有

$$\dot{m}=\rho h U=\rho U\left(\delta-\delta^*\right)$$

在出口处，总压为当地的静压与动压之和：

$$p_{t2}=p_s+\frac{1}{2}\rho u_2^2$$

根据上面两个公式，出口的平均总压为

$$\overline{p_{t2}}=\frac{1}{\rho U\left(\delta-\delta^*\right)}\int_0^\delta\left(p_s+\frac{1}{2}\rho u_2^2\right)\cdot\rho u_2 \mathrm{d}y$$

对于层流边界层，假设流速为二次曲线是比较接近实际情况的，这个二次曲线前面已经得出，如下所示：

$$\frac{u}{U}=2\left(\frac{y}{\delta}\right)-\left(\frac{y}{\delta}\right)^2,\quad 0\leqslant y\leqslant\delta$$

有了速度分布，代入上面的平均总压的关系式中，可得

$$\overline{p_{t2}} \approx p_s + 0.69\left(\frac{1}{2}\rho U^2\right)$$

就得到边界层的总压损失系数为

$$\frac{p_{t1} - \overline{p_{t2}}}{\rho U^2/2} \approx 0.31$$

现在我们来看尾迹区的损失。仍然假设各处静压都相等，则尾迹区的流体基本上为平行流动，另外假设尾迹区的流体离开平板后就不再受到主流的剪切作用，而是自行掺混，并在下游某处掺混均匀。

取控制体如图 6-39 所示，根据连续方程，进出口流量相等：

$$\int_0^\delta \rho u_2 \mathrm{d}y = \rho u_3 \delta$$

上式中左边积分号内部的速度 u_2 也就是边界层结束处的速度，使用前面假定的二次分布，可以得到掺混均匀后的速度为

$$u_3 = \frac{2}{3}U$$

于是掺混均匀后的总压为

$$p_{t3} = p_s + \frac{1}{2}\rho u_3^2 \approx p_s + 0.44\left(\frac{1}{2}\rho U^2\right)$$

按照平板之前未受扰动的来流动压计算，总压损失系数为

$$\frac{\overline{p_{t2}} - p_{t2}}{\rho U^2/2} \approx 0.24$$

可见，流体通过一个顺流向放置的无厚度平板，如果流动是层流，按照二次速度分布估算，在平板表面边界层内产生的损失为来流动压的 31%，在其后的尾迹内产生的损失为来流动压的 24%，总的损失是来流动压的 55%。

上面的结果只是针对边界层内部的这些流体而言的，根据具体问题中边界层占整个流量的多少，具体的总压损失会有所不同。不过这里要强调的是，相比边界层内而言，尾迹区的损失也是不可忽视的。在本例中，**边界层和尾迹对总损失的贡献分别为**

边界层: $\dfrac{Loss_{BL}}{Loss_{Total}} = \dfrac{0.31}{0.31+0.24} \approx 56\%$

尾迹: $\dfrac{Loss_{Wake}}{Loss_{Total}} = \dfrac{0.24}{0.31+0.24} \approx 44\%$

扩展知识

1. 均匀各向同性湍流理论

湍流运动比较复杂，很难用统一的理论来描述，迄今为止最完善的理论是针对均匀各向同性湍流的。对这个理论贡献最大的应该算是前苏联科学家柯尔莫哥洛夫（Andrey Nikolaevich Kolmogorov, 1903—1987），他在总结前人理论的基础上，在 1941 年提出了较为完善的均匀各向同性湍流理论，业内有时又把这个理论称为 K41 理论。这里对这一理论做一点介绍，感兴趣的读者可以自己去相关的湍流教材中学习更深入的内容。

湍流理论中最核心的内容是能量的产生、传递和耗散。这里所说的能量指的是湍流动能，是由湍流的脉动速度定义的动能。对于均匀各向同性湍流，三个方向脉动速度的统计平均相同，湍流动能表达式为

$$k = \frac{1}{2}\left(\overline{u'^2} + \overline{v'^2} + \overline{w'^2}\right) = \frac{3}{2}\overline{u'^2}$$

经典的湍流理论把湍流看成由尺度不同的涡构成的流动。对一个具体的流动来说，最大的涡代表了平均运动的剪切和旋转。在高雷诺数下，这样的大涡不能保持稳定，会破碎成非定常性很强的小一点的涡，这就把平均运动的动能变成了湍流动能。这些小涡可能仍然不稳定，进一步破碎成更小的涡，即湍流动能从大尺度涡不断向小尺度涡传递。当尺度小到一定程度时，基于涡尺寸的雷诺数很小，粘性力起重要作用，于是动能耗散成内能。这个湍动能的产生、传递和耗散的过程最初是英国科学家理查德森（Lewis Fry Richardson, 1881—1953）在 1922 年提出来的，可以用图 6-40 表示。

经典湍流理论认为，湍流中最小的涡是雷诺数等于 1 的涡，称这个涡为耗散涡，这个涡的直径称为耗散尺度，或柯尔莫哥尺度，用 η 表示。比这个尺寸小的涡因为粘性作用很强，会随时耗散掉而不能存在。基于耗散涡的雷诺数为

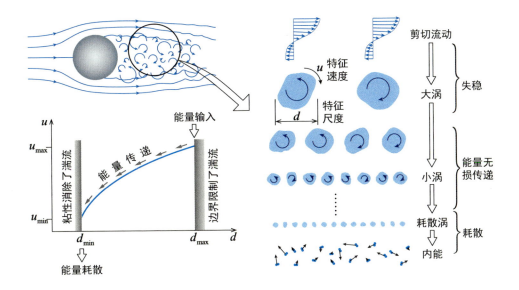

图 6-40　湍流中的能量传递和能级分布

$$Re_k = \frac{u_k \eta}{\nu} \sim 1$$

其中的 ν 为流体的运动粘性系数 $\nu = \mu/\rho$，u_k 可以理解为耗散涡的旋转线速度。从这个式子看，似乎粘性越大的流体耗散涡尺寸也越大。其实不然，因为耗散涡的转速 u_k 也是与粘性相关的。用 ε 表示湍流动能的耗散率，即单位时间内湍流动能转化为内能的数量，$\varepsilon \sim u_k^2/t_k$，可以得到下面的关系式：

$$\eta \sim \left(\frac{\nu^3}{\varepsilon}\right)^{1/4}$$

根据能级传递理论，湍动能的耗散率等于它的生成率，即主流动能转化成湍流动能的速率。可见，对于某种流体来说，主流输入给湍流的动能越多，则耗散涡的尺寸就越小。比如，搅拌一杯水，搅拌的力度越大，则水越混乱，即含有越多尺寸的涡。这里，搅拌的力度大就对应着湍流生成率高，而含有更多尺度的涡就意味着最小的涡（耗散涡）的尺寸小。

湍流中最大尺寸的涡决定于系统的边界尺寸，比如管径或者边界层厚度，用 L 表示。它与耗散涡尺寸的关系是：

$$\frac{L}{\eta} \sim Re_L^{3/4}$$

对于给定几何的流动来说，从这个式子可以看出，雷诺数越大，则小涡的尺寸就越小。或者说，高雷诺数流动中蕴含更多的涡尺度。当雷诺数很小时，大涡和小涡的尺寸差不多，这时动能在大涡中就开始耗散，形不成能级传递的形式，这种流动就属于有旋涡的层流流动，不再是湍流了。

2. 湍流的数值计算

近年来蓬勃发展的计算流体力学已经可以解决大量的流动问题，不过湍流的求解问题仍然是工程师们必须面对的障碍。从物理问题的角度看，高雷诺数的流动在遇到微弱扰动时就会失稳而产生湍流。从控制方程的数学性质上看，N-S方程在高雷诺数时对初边值的小扰动异常敏感，会产生长时间的不规则解，或称为混沌解。这种情况下，即使能得到N-S方程定常解，也只代表无数种解中的某一种情况而已。这种解对应的流动转瞬即逝，对于实际问题没有太大的价值，实际问题通常更关心的是时均后的流场，以及脉动项的频谱信息。

在数值求解湍流时，用N-S方程求解全部湍流细节的方法称为直接数值模拟法（DNS，Direct Numerical Simulation）。用时均的N-S方程求解时均流动，脉动项的影响用数学模型估算的方法称为雷诺平均方法（RANS，Reynolds Averaged N-S）。介于它们之间的还有一种方法，称为大涡模拟法（LES，Large Eddy Simulation），大涡模拟法对湍流中的大涡用N-S方程求解，小的各向同性涡用数学模型估算。

由于高雷诺数时湍流中小涡的空间和时间尺度很小，求解需要天文数字的计算机内存和计算时间，因此，以当前的计算能力，多数时候人们并没有选择的余地，只能采用RANS方法，这时湍流模型的选用就成了关键。DNS方法目前更多地用于研究湍流本身，DNS计算必然是非定常的，这样才会包含大量的瞬时解，把这些瞬时解平均，理论上就是湍流的时均运动了，前提是这些瞬时解都是准确的，且瞬时解的数量足够多。LES方法解决了DNS计算量太大和RANS的湍流模型对大涡估算不准确的问题，目前正在快速发展中。

这里举一个例子来解释这三种计算方法的不同。如图6-41所示，从山顶往下滚石头，想知道石头撞击墙的位置。由于地面不平的不确定性使这个问题难以理论求解，而且这也不是一个完全随机的问题，用统计理论也会有误差。小石头滚多次，每次结果都不同，用大石头的话，对地面小扰动不敏感，一次滚动的结果更接近小石头多次结果的平均。用DNS计算时，所有流动细节都考虑，受小扰动影响大，解的分散度也大。在用RANS计算时，小的脉动都忽略了，得到的接近于平均结果。这样看来，如果只关心平均流动，似乎RANS方法就足够了。

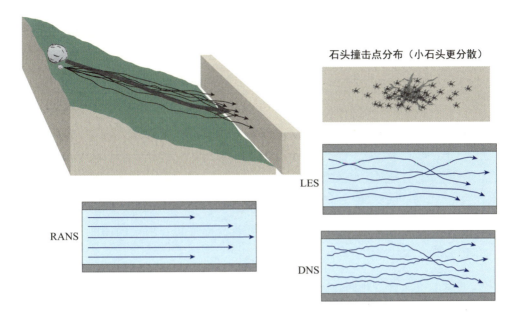

图 6-41 湍流中的能量传递和能级分布

然而，模拟湍流对平均流动影响的湍流模型并不完善，所以 RANS 的计算结果并不能保证就是 DNS 计算结果的平均。理论上对 DNS 或 LES 的计算结果进行时均得到的流场应该更准确些，不过它们也有自己的精度问题。所以说 RANS 得到的是平均结果，DNS 和 LES 可以得到更多流动细节，这只是理论上的描述。实际上，时均流场的准确性才是这三种方法的基础，毕竟工程上最需要的是时均流场。

3. 湍流边界层分离

湍流边界层的分离不像二维层流边界层的分离那样有严格的定义。一般来说，

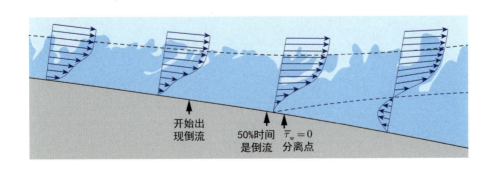

图 6-42 湍流边界层的分离

边界层内的脉动速度明显小于平均速度，不会有倒流。在接近分离点时，平均速度下降较多，而脉动速度不怎么变化，就会出现倒流了。一般定义平均壁面剪切力为零的位置为分离点，则倒流在分离点前方一定距离就开始出现了，如图 6-42 所示。也就是说，对于湍流边界层，不能以出现倒流做为分离点的判断准则。

思考题

6.1 一般情况下，管流的临界雷诺数是 2100 左右，而平板边界层的临界雷诺数是 10^5 左右，为什么相差这么大？

6.2 牛顿切应力实验 1-7 中的速度分布是线性，而平板边界层的速度分布却接近二次曲线，为什么？

6.3 对管道湍流而言，相同流速下，越细的管道越倾向于层流；对高雷诺数的平板边界层而言，壁面附近湍流度最高，主流是层流的。那么，壁面的存在对湍流到底是增强还是减弱的效果？

6.4 湍流很难定义，但我们通常一眼就能分辨出层流和湍流，尝试总结湍流区别于层流的几个特征。

第 7 章
可压缩流动基础

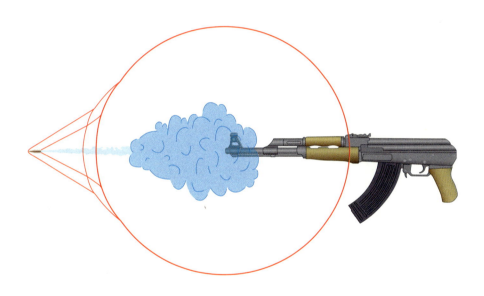

子弹几乎总是先于声音到达。

7.1 声速和马赫数

判断流动是否为可压缩流动的唯一标准是流体微团的体积在运动过程中是否发生了改变。当微团的体积有变化时，它与外界就有压缩功和膨胀功的作用，机械能和内能之间就会有转换。这时即使流动是等熵的，伯努利方程所描述的机械能守恒也不再成立了，流动问题会变得复杂一些。

造成流体微团体积改变的原因显然是力。当流体温度发生变化时，压力也相应地改变，若流体微团不受束缚，其压力会趋于与环境一致，就产生热胀冷缩效果，使微团的体积发生改变，这是由温度变化引起的可压缩流动。空气从地表附近上升到几千米高空的过程中，会随着环境压力的降低而膨胀，这是由体积力引起的可压缩流动。对于高速旋转着的管路或流道来说，流体从旋转半径小的地方运动到旋转半径大的地方会被压缩，这是由惯性力引起的可压缩流动。

在实际问题中，我们更多遇到的可压缩流动都是由惯性力造成的。当流体运动速度较高时，惯性力往往对其中的流体微团的压缩与膨胀起决定性作用。特别地，当流体的运动速度接近或超过声速时，惯性力引起的压缩和膨胀对流动的影响将是决定性的。所以，**一般说起可压缩流动，经常特指跨声速和超声速流动**。一般的流体力学书上都会提到用马赫数的大小来区分可压缩流动和不可压缩流动，就是这个道理。

7.1.1 声速

微弱扰动产生的压力变化在流体中是以纵波的形式传递的，是流体的一连串压缩和膨胀行为。其传播速度与扰动形式无关，而只取决于流体的性质。无论人耳可以听到的声波，还是次声波或超声波，其传播速度都是声速。

可以用形变在弹簧中的传递来分析纵波的传播速度。显然，弹簧的刚度越大，促使形变传递的力就越大。弹簧的质量越大，拖累形变传递的惯性就越大。根据牛顿第二定律，力越大则加速度越大，惯性越大则加速度越小。如果用 E 代表弹性模量，用 ρ 代表沿弹簧轴线单位长度的质量，则形变的传播速度应该与 E/ρ 呈正相关。同样外形的弹簧，钢弹簧传递纵波的速度一定比铜弹簧快，因为钢的弹性模量比铜大，密度却比铜小。同种材料，不同丝直径和绕法的弹簧中的波速也大不相同。图 7-1 表示了同种材料，单位长度质量相同，但丝的粗细和绕法不同的两个弹簧中纵波传递速度的不同。丝粗，整体直径小的弹簧弹性模量大，波传递的速度也就更大。

弹性模量的定义为应力和应变的比值，即 $E=\sigma/\varepsilon$。对于流体，其中的应力

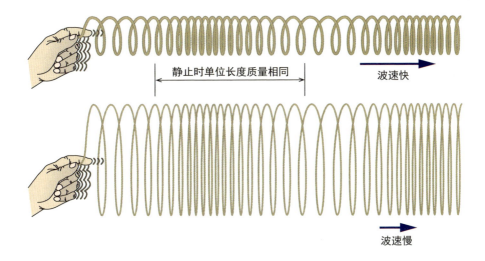

图 7-1　同种材料，相同质量，不同弹性模量的两个弹簧中的波速

为压力的增量 $\mathrm{d}p$，应变则为体积的相对减小量 $-\mathrm{d}B/B$。对单位质量的流体来说，体积 B 为密度 ρ 的倒数，因此体积的相对减小量为

$$-\mathrm{d}(1/\rho)/(1/\rho)$$

从而流体的弹性模量为

$$E=\frac{\mathrm{d}p}{-\mathrm{d}(1/\rho)/(1/\rho)}=\rho\frac{\mathrm{d}p}{\mathrm{d}\rho}$$

跟弹簧一样，扰动的传播速度与 E/ρ 有关，因此流体中的声速可表示为

$$a\sim\mathrm{d}p/\mathrm{d}\rho$$

以上定性分析了流体中的声速，实际上使用控制体积分方法，可以从一维流动的连续方程和动量方程得到具体的声速公式。鉴于所有气体动力学书上都有相关推导，这里只给出其结果为

$$a=\sqrt{\mathrm{d}p/\mathrm{d}\rho} \tag{7.1}$$

可见声速与 $\mathrm{d}p/\mathrm{d}\rho$ 正相关，与定性分析相符。

式（7.1）表示了一般形式的声速公式，对于具体的气体和液体，还可以得出更为实用的公式，这需要知道压力随密度的变化规律。牛顿曾经假设气体中声速传播为等温过程，得到了声速的公式为

$$a_{\text{isothermal}} = \sqrt{RT}$$

等温假设看似很合理,因为我们感觉不到声音的传播会引起流体温度的变化。然而由该公式计算出来的声速却比实际测得的声速低很多。例如,15℃时,空气中的声速为 340m/s,但根据上面的公式算出来的声速却为 288m/s。

牛顿之后,很多人试图推导声速公式或者直接测量声速,这其中拉普拉斯(Pierre-Simon marquis de Laplace 1749—1827)的贡献最大,最终得到了更为准确的声速公式。现在我们可以利用等熵过程的压力与密度的关系式 $p/\rho^k = \text{const}$ 很容易得到声速公式为

$$a = \sqrt{kRT} \tag{7.2}$$

可见,理想气体中的声速只决定于气体的温度,温度越高则声速就越大。我们前面用弹性和惯性的关系来分析了声速,其实也可以用分子运动论来分析。很显然温度越高,气体分子的热运动速度就越快,而扰动在气体中的传递在微观上靠的就是分子的热运动。所以也可以认为:**小扰动在气体中的传递速度与气体分子热运动的平均速度相当**。气体分子的热运动速度满足麦克斯韦速率分布定律,相同温度下,不同种类的气体分子的平均速度也不同。空气作为一种混合气体,其分子热运动的速度有一个较大的范围,但其平均速度与声速相当。

7.1.2 马赫数

在前面几章的不可压缩流动中,雷诺数经常作为一个重要的无量纲数出现。而在可压缩流动中,还有一个最重要的无量纲数——马赫数,其定义为运动速度与当地声速的比值,即

$$Ma = \frac{V}{a}$$

由于声速并不是一个定值,相同的马赫数并不表示相同的速度。比如说一种战斗机的巡航马赫数能达到 2.0,并不是说它的速度能达到我们通常记得的声速 340m/s 的 2 倍 680m/s,而是指其在平流层内巡航时的速度是当地声速的 2 倍。我们知道平流层大气的温度大约为零下 60℃,从声速公式可以算出那里的声速为 290m/s 左右。马赫数 2.0 对应的速度为 580m/s。

既然马赫数并不表示实际的速度,那为什么在气体动力学中用它来表示流速的大小呢?这其实和不可压流动中使用雷诺数来描述速度大小是类似的道理。马赫数表示了流体中两种作用力的对比关系,和雷诺数一样是决定流动状态的无量纲数。雷诺数表示的是惯性力与粘性力之比,雷诺数越大则说明粘性力的影响越

小；马赫数表示了惯性力与弹性力之比，马赫数越大则说明弹性力的影响越小。马赫数比较高时，惯性力主导流动，类似于弹簧，质量很大但弹性模量却很小，比较容易被强烈地压缩或拉伸。比如，空气从静止开始等熵加速到 $Ma=3.0$，其密度会变为静止时的8%左右，相当于被大大地拉伸了。

对于实际的流动问题，当马赫数较高时，压缩性对流动的影响往往远大于粘性。图7-2给出了球的阻力系数随雷诺数和马赫数的变化，可以看出第6章中所分析的球阻力的结论其实只适用于马赫数很低的不可压缩流动，当马赫数较高时，雷诺数的影响几乎可以忽略。也就是说，当压缩性的影响变得明显，粘性的影响就退居次席了。高速流动中应主要考虑压缩性的影响。

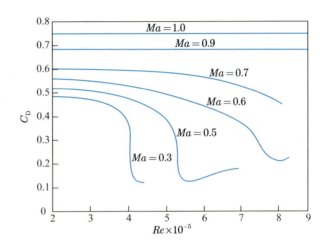

图 7-2　球的阻力系数随雷诺数和马赫数的变化

压缩性与马赫数的关系可以从一维欧拉方程得出。气流的一维欧拉方程为

$$\frac{\mathrm{d}p}{\rho} + V\mathrm{d}V = 0$$

经过简单变换可写为

$$\frac{\mathrm{d}p}{\mathrm{d}\rho} \cdot \frac{\mathrm{d}\rho}{\rho} = -V\mathrm{d}V$$

将声速公式 $\mathrm{d}p/\mathrm{d}\rho = a^2$ 和马赫数定义 $Ma = V/a$ 代入上式中，得

$$\frac{\mathrm{d}\rho}{\rho} = -Ma^2 \frac{\mathrm{d}V}{V}$$

这个关系式表示了流体密度随速度的变化关系。从此式可以得出，$Ma=0.3$ 时，密度相对变化量为速度相对变化量的9%，流场中速度变化10%，密度变化还不到1%，所以一般可以认为密度是不变的。从此式还可以得出一个结论：当 $Ma > 1.0$ 时，随着速度的增加，密度以更快的速率减小，密流 ρV 是下降的，由连续方程 $\rho V A = \text{const}$ 可知，超声速流动经过扩张通道时，速度反而会增加。

7.2 定常绝能等熵流动关系式

在这一节中，为了专注于压缩性的影响，我们分析这样一种流动：流动定常，在流动过程中与外界无热量和功的交换，并且忽略粘性。当与外界无热量和功的交换时，流体本身的能量是守恒的，如果同时没有粘性作用，就不会发生机械能不可逆地转化为内能的情况，流动过程就是等熵的。

回忆一下伯努利方程的适用条件：沿流线、定常、无粘、不可压，这其中并未提到绝热。这说明在这样的条件下，即使有热量交换，流体的机械能仍然可以保持不变。这一点我们在能量方程的部分已经详细分析过了，如果不考虑化学能和电能等能量，流体的机械能与内能之和为常数，它们的转化只有两种形式：一个是压缩和膨胀导致的机械能和内能之间的可逆转化，另一个是粘性导致的机械能不可逆地转化为内能。不可压和无粘两个条件使得机械能与内能相互独立，于是流体与外界的热量交换只影响其内能，而不会影响机械能守恒。

与伯努利方程适用的情况不同，这里要研究可压缩流动的问题，机械能与内能之间可以通过压缩和膨胀来转换。为了简化问题，我们加上绝能和无粘这两个条件，于是这些过程中虽然有内能变化，但都是可逆的。

7.2.1 静参数与总参数

在不可压缩流动中有总压的概念，但并没有总温和总密度的概念。因为不可压缩流动的密度不变，温度也与流速无关，可压缩流动则不同。对于气体，从可压缩流动的伯努利方程或者热力学关系式都可以得出下面的一维定常绝能流动的能量方程：

$$c_\mathrm{p} T + \frac{V^2}{2} = \mathrm{const} \quad \text{或} \quad h + \frac{V^2}{2} = \mathrm{const}$$

该式表示流体与外界无能量交换的条件下，焓与动能的和在流动过程中保持不变。与不可压流动中总压的定义类似，可以定义流动的总焓如下：

$$h_\mathrm{t} = h + \frac{V^2}{2} \tag{7.3}$$

总焓代表了流动的总能量，根据焓的定义还可以定义气流的总温：

$$T_\mathrm{t} = T + \frac{V^2}{2c_\mathrm{p}} \tag{7.4}$$

因此，对于特定气体来说，总温就代表了总能量。

Tips 理想气体的熵和过程参数变化

做功和传热是能量传递的两种方式。热力学中使用 p-v 图来表示做功量，使用 T-s 图来表示传热量。体积功和可逆过程的传热量可分别表示为

$$\mathrm{d}w = p\mathrm{d}v \quad \text{和} \quad \mathrm{d}q_{\mathrm{rev}} = T\mathrm{d}s \quad \text{（这里的 } v = 1/\rho \text{ 为比体积）}$$

理想气体从外界吸收的热量一部分用来增加内能，一部分用来对外做膨胀功，因此得到熵变与内能的关系为

$$T\mathrm{d}s = \mathrm{d}\hat{u} + p\mathrm{d}v$$

对于理想气体，有这些关系式：$\mathrm{d}\hat{u} = c_v\mathrm{d}T$，$\mathrm{d}h = c_p\mathrm{d}T$，$pv = RT$，$c_p - c_v = R$，$c_p/c_v = k$，代入上式中，可得到可逆绝热过程中（$\mathrm{d}s = 0$），气体参数的变化如下：

$$\frac{p_2}{p_1} = \left(\frac{\rho_2}{\rho_1}\right)^k, \quad \frac{T_2}{T_1} = \left(\frac{\rho_2}{\rho_1}\right)^{k-1}, \quad \frac{T_2}{T_1} = \left(\frac{p_2}{p_1}\right)^{\frac{k-1}{k}}$$

就是说，理想气体在经历等熵过程时，压力、温度、密度这三者的变化满足上述关系。按比热比 $k = 1.4$ 计算，若密度变为原来的 2 倍，则温度变为原来的 1.32 倍，压力变为原来的 2.64 倍。根据理想气体的状态方程，也可以这样理解，压力的增加是由密度（代表分子个数）和温度（代表单个分子的动能）共同决定的，即

$$p_2/p_1 = (\rho_2/\rho_1)(T_2/T_1) = 2 \cdot 1.32 = 2.64$$

当过程不可逆时，就会有损失（熵产 >0）。这种损失体现在：压力增加相同比例时（输入的压缩功相同），相较可逆过程，不可逆过程的温度增加要大一些，密度增加要小一些。当再让其膨胀到原来的密度时，温度不能完全恢复，保留成了不好用的内能。

能量方程中的耗散项 Φ_v 表示了粘性力拖动剪切运动所做的功，显然这种剪切运动的功不增加气体的压力而只增加气体的温度，不满足等熵变化规律，体现为损失。可以说有粘流动都是有损失的（熵产 >0）。

（有关压缩和膨胀会使气体的温度改变的原理可参考本书第 4 章中的 Tips：气体被压缩时温度为什么会升高？）

我们知道总压代表气流的总机械能,所以总压在流动过程中保持不变的条件包括无粘。但粘性并不会改变流体的总能量,所以只要流动与外界绝能,总温就保持不变。

式(7.4)右端第一项为气体的静温,第二项为气体的动温,它们的关系只与气流的马赫数相关。将定压比热容和马赫数的定义式代入式(7.4)中,就可以得到气流的总温、静温与马赫数的关系(见本页的"总静温关系的推导")(气体动力学的公式较多,为了保持概念叙述的连续,本章中大量的数学推导都采用这类图形表示),得出的总温、静温之间的关系为

$$\frac{T_t}{T}=1+\frac{k-1}{2}Ma^2 \qquad (7.5)$$

鉴于马赫数表示了压缩性的大小,总温与静温的关系也完全是气体压缩性的体现,这两者的差别越大表明气体的压缩性就越强。例如,汽车以120km/h的速度行进,相当于 $Ma=0.1$,总温比静温大0.2%。将手伸出车窗外,迎风面的温度将比气温大0.6℃左右,这点温升相对于气流带来的换热影响来说是微不足道的,人是感受不到迎风面温度高的。然而,当马赫数比较高时,气流滞止导致的温升就很可观了。例如,战斗机以 $Ma=2.0$ 巡航时,$T_t/T \approx 1.8$,即使按照平流层的大气温度 -60℃ 来算,总温也高达110℃。导弹的速度更快,其头部感受的总温更是要高得多,加上粘性摩擦引起的加热效应,这些高速运动的物体前部是承受很高的温度的。航天器返回舱需要热保护,进入大气层的流星会烧毁等都和这种作用相关,这些问题称为气动加热问题。

将气体状态方程 $p=\rho RT$ 和绝能等熵条件 $p/\rho^k=$const 代入式(7.5)中,还可以得出可压缩流动的压力和密度随马赫数的变化关系如下:

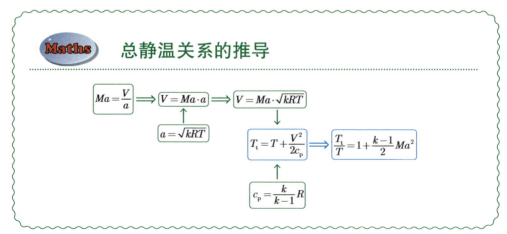

$$\frac{p_\text{t}}{p} = \left(1 + \frac{k-1}{2} Ma^2\right)^{\frac{k}{k-1}} \quad (7.6)$$

$$\frac{\rho_\text{t}}{\rho} = \left(1 + \frac{k-1}{2} Ma^2\right)^{\frac{1}{k-1}} \quad (7.7)$$

当取不同的运动坐标系为参考时，气流的总温和总压将会有所不同，而静温和静压是气流的热力学属性，是不随坐标变化的。

我们知道对于不可压缩流动，总压等于静压和动压之和：

$$p_\text{t} = p + \frac{1}{2}\rho V^2 \quad (7.8)$$

该式与可压缩流动式（7.6）之间是什么关系呢？

首先可以确定的是，不可压缩假设并不是完全精确的，所以式（7.8）是近似的，而式（7.6）应该是精确的。可以通过数学推导证明这两个公式的关系（见202页"可压缩流动的总压和动压"），最后得到的结果为

$$p_\text{t} = p + \frac{1}{2}\rho V^2 \left(1 + \frac{1}{4} Ma^2 + \frac{2-k}{24} Ma^4 + \cdots\right) \quad (7.9)$$

这是总压 p_t 和动压 $\rho V^2/2$ 之间的精确关系式。

当马赫数远小于1时，式（7.9）就可简化为不可压缩流动的总静压关系式（7.8）了。可见，用不可压缩假设时，马赫数越高则误差就会越大。工程上常用测得的总压和静压去计算流动速度，在 $Ma = 0.3$ 时，使用不可压缩关系式（7.8）计算得到的气流速度比真实值要大 1% 左右。在一般问题中，这是个可以接受的误差水平，这就是用 $Ma = 0.3$ 作为不可压缩流动的上限的道理。

从式（7.9）我们还可以得到两个有用的结论，一是对于可压缩流动，仅仅已知气流的总压和静压还不足以计算出气流的速度，还需要知道气流的温度才行，有了温度才可以计算出密度。另一个结论是，以前我们说气流的动压是 $\rho V^2/2$，这只是一个近似值，气流动压的精确表达式应该为

$$p_\text{d} = \frac{1}{2}\rho V^2 \left(1 + \frac{1}{4} Ma^2 + \frac{2-k}{24} Ma^4 + \cdots\right) \quad (7.10)$$

可见，**如果考虑可压缩性，动压要比通常定义的动压大一些**。这部分多出来的压力是由于气体的压缩性造成的，可以理解为滞止过程中由于气体密度增加造成的惯性力增加，也可以理解为后面刚开始减速的气流对前部已经减速了的气流

Maths 可压缩流动的总压和动压

依据二项式定理：$(1+x)^n = 1 + nx + \dfrac{n(n-1)x^2}{2!} + \dfrac{n(n-1)(n-2)x^3}{3!} + \cdots$

令：$\boxed{\dfrac{k-1}{2}Ma^2 = x,\ \dfrac{k}{k-1} = n}$

$\Downarrow$

$\boxed{\dfrac{p_t}{p} = \left(1 + \dfrac{k-1}{2}Ma^2\right)^{\frac{k}{k-1}}} \Rightarrow \boxed{\dfrac{p_t}{p} = 1 + \dfrac{k}{2}Ma^2 + \dfrac{k}{8}Ma^4 + \dfrac{2-k}{48}kMa^6 + \cdots}$

$\Downarrow$

$\boxed{Ma^2 = \dfrac{V^2}{a^2} = \dfrac{V^2}{kp/\rho}} \Rightarrow \boxed{p_t = p + \dfrac{k}{2}Ma^2 p\left(1 + \dfrac{1}{4}Ma^2 + \dfrac{2-k}{24}Ma^4 + \cdots\right)}$

$\Downarrow$

$\boxed{p_t = p + \dfrac{1}{2}\rho V^2 \left(1 + \dfrac{1}{4}Ma^2 + \dfrac{2-k}{24}Ma^4 + \cdots\right)}$

的挤压而产生的额外压力。

另外应该说明的是，二项式定理只在 $x^2 < 1$ 时才收敛，因此式（7.9）和式（7.10）只在 $Ma < 2.24$ 时才能使用。事实上对于可压缩流动，一般不使用动压的概念，使用式（7.6）的总静压比的方式是很方便的。

声速随温度变化，在流场中不同的地方就会有不同的声速，采用马赫数来表达可压缩流动虽然概念上很清楚，却不太方便。在气体动力学中经常使用的是另一个无量纲数，即速度系数 λ。下面就来看看速度系数的定义和使用速度系数的气体动力学表达式。

7.2.2 临界状态和速度系数

在绝能等熵流动中，气流的总温保持不变，如果流动是加速的，则随着加速的过程，温度不断地降低。极限情况就是气流的内能全部转化为动能，即温度降到绝对零度，此时的速度就称为气流的极限速度。根据总温的表达式：

$$T_t = T + \dfrac{V^2}{2c_p} = T + \dfrac{V^2}{\dfrac{2k}{k-1}R}$$

当温度降到热力学温度零度时，极限速度为

$$V_{\max} = \sqrt{\frac{2k}{k-1}RT_t}$$ （7.11）

当然这个极限速度只是理论上的，实际上并不可能达到，即使技术上可以通过加速使气体温度降到绝对零度，由于低温时气体将液化，或者太稀薄而不满足连续性假设，而不再满足理想气体关系式，式（7.11）也将不再成立。该式的意义在于告诉我们这样一个事实：**对于绝能加速流动，速度是有一个上限的**。例如，静止时 15℃ 的空气在自身压力作用下膨胀加速，对应的极限速度是 761m/s，这时的马赫数为无穷大，完全是因为热力学温度为零使声速无穷小造成的。

参照声速的公式，把其中的温度换成总温来定义一个参考速度，则在绝能流动中该参考速度是个不变量，即

$$a_t = \sqrt{kRT_t}$$

这个速度称为滞止声速，它相当于气体静止时的声速。当气体开始流动起来时，温度就会降低，实际的声速也会随着降低。

如果用滞止声速来定义一个类似于马赫数的无量纲数，那么由于总温不变，这个无量纲数就将只与速度相关，貌似比马赫数更好用，即

$$Ma_t = \frac{V}{a_t} = \frac{V}{\sqrt{kRT_t}}$$

但这样定义有一个问题，我们知道马赫数有明确的物理意义，$Ma<1$ 时为亚声速，$Ma>1$ 时为超声速。而使用滞止声速的话，在声速时 $Ma_t = 0.913$。这显然不是很直观，因此人们找了另外的参考量，即临界声速。

气流在静止状态时的声速最大，为 $a_t = \sqrt{kRT_t}$，加速到极限速度 $V_{\max}$ 时的声速最小，为 0。**在气流从静止开始加速的过程中，流速不断增加，而声速不断减少。那么，必然存在一个状态，这时的流速正好等于声速，这个状态称为临界状态。**通过适当的推导（见 204 页"临界声速的推导"），可以得到的临界声速为

$$a_{cr} = \sqrt{\frac{2k}{k+1}RT_t}$$ （7.12）

下标 cr 表示临界状态（critical），可以看出临界声速只与气流总温有关。

用临界声速作为参考标准，可以定义一个速度系数 λ：

$$\lambda = \frac{V}{a_{cr}}$$

临界声速的推导

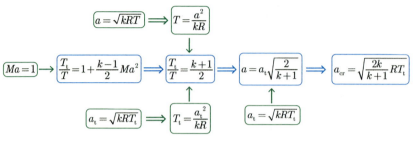

在声速时，λ 与 Ma 同为 1：

$$\lambda = \frac{V}{a_{\text{cr}}} = \frac{V}{\sqrt{\dfrac{2k}{k+1}RT_{\text{t}}}} = \frac{V}{\sqrt{\dfrac{2k}{k+1}R\left(1+\dfrac{k-1}{2}\cdot 1^2\right)T}} = \frac{V}{\sqrt{kRT}} = Ma = 1$$

这其实是显而易见的，因为临界声速就是气流在 $Ma=1$ 时的实际声速。图 7-3 给出了满足理想气体假设的空气在绝能加速过程中，速度和声速的变化关系。随着速度的增加，声速是在降低的，在临界状态时二者相等。继续加速，速度趋向于极限速度 $V_{\max}$，声速趋向于零。

根据绝能等熵流动的温度、压力和密度随马赫数的变化关系式（7.5）～式（7.7），可以得到常温空气的临界状态下的静总参数之比：

$$\frac{T_{\text{cr}}}{T_{\text{t}}} = \frac{2}{k+1} \approx 0.833$$

$$\frac{p_{\text{cr}}}{p_{\text{t}}} = \left(\frac{2}{k+1}\right)^{\frac{k}{k-1}} \approx 0.528$$

$$\frac{\rho_{\text{cr}}}{\rho_{\text{t}}} = \left(\frac{2}{k+1}\right)^{\frac{1}{k-1}} \approx 0.634$$

从上面的压力比我们可以推出这样一个事实：不考

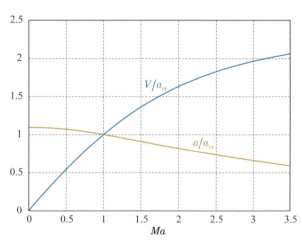

图 7-3　绝能加速时速度和声速随马赫数的变化

虑摩擦损失，当压缩空气从大容器内流出时，只要容器内的压力与大气压之比达到 1/0.528=1.89，喷口上的流速就可以达到声速。用打气筒给轮胎打气时，气筒内的压力很容易达到两个大气压以上，在刚开始轮胎内压力还比较低的时候，气流是以声速进入的。天然气罐和高压氧气罐内部的压力更高，出口的流速都可以达到声速。

自由膨胀时，气流马赫数的增大由两种因素产生：速度的增加和声速的降低，在高超声速时声速的降低成为了马赫数增大的主要因素。 极限速度虽然是个有限值，但那时的声速为零，所以马赫数为无穷大。如果用速度系数来描述流动，因为临界声速是常量，最大可能的速度系数是一个有限值：

$$\lambda_{\max} = \frac{V_{\max}}{a_{\mathrm{cr}}} = \frac{\sqrt{\dfrac{2k}{k-1}RT_{\mathrm{t}}}}{\sqrt{\dfrac{2k}{k+1}RT_{\mathrm{t}}}} = \sqrt{\dfrac{k+1}{k-1}}$$

如粗略认为比热比 k 为常数 1.4，则 $\lambda_{\max} = 2.45$。

速度系数和马赫数之间有固定的关系（见 206 页 "**速度系数和马赫数的关系**"），最终结果为

$$Ma^2 = \frac{2\lambda^2}{(k+1)-(k-1)\lambda^2} \tag{7.13}$$

$$\lambda^2 = \frac{(k+1)Ma^2}{2+(k-1)Ma^2} \tag{7.13a}$$

图 7-4 表示了气流在加速过程中，Ma 和 λ 随速度 V 的变化关系，这里假定了比热比为常数 1.4。亚声速时，两者相差不大，超声速时，马赫数增长迅速，速度系数则一直与速度是线性关系，最大值为 2.45。亚声速时 Ma 和 λ 都小于 1，超声速时它们都大于 1。可见，使用速度系数 λ 一样也可以方便地表示亚声速和超声速。

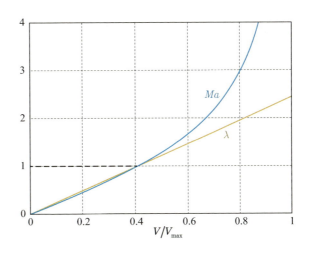

图 7-4　马赫数和速度系数随速度的变化

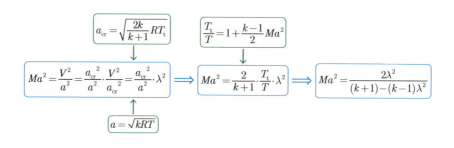

7.2.3 气动函数

气体动力学中经常使用一些以 λ 为自变量的函数，称为气动函数。 使用它们可以使计算更为方便，这些函数中最基础的就是总静参数的关系，即温比函数、压比函数和密度比函数：

$$\tau(\lambda) = \frac{T}{T_t} = 1 - \frac{k-1}{k+1}\lambda^2 \tag{7.14}$$

$$\pi(\lambda) = \frac{p}{p_t} = \left(1 - \frac{k-1}{k+1}\lambda^2\right)^{\frac{k}{k-1}} \tag{7.15}$$

$$\varepsilon(\lambda) = \frac{\rho}{\rho_t} = \left(1 - \frac{k-1}{k+1}\lambda^2\right)^{\frac{1}{k-1}} \tag{7.16}$$

其实，这三个关系式前面已经用 Ma 表示过了，即式（7.5）~式（7.7）。

图 7-5 表示了这三个函数分别随 Ma 和 λ 的变化曲线。它们都是单调递减的关系，并且在低速时都接近于 1 且变化较为平缓。

还有一个重要的气动函数——流量函数。对于可压缩流动，密度不再是常数，用流量公式 $\dot{m} = \rho A V$ 来计算流量并不方便，因此就定义了一个只由 Ma 或 λ 决定的流量函数（见 207 页"流量函数的定义"），定义的流量函数为

$$q(\lambda) = \frac{\rho V}{\rho_{cr} V_{cr}} = \left(\frac{k+1}{2}\right)^{\frac{1}{k-1}} \lambda \left(1 - \frac{k-1}{k+1}\lambda^2\right)^{\frac{1}{k-1}} \tag{7.17}$$

流量函数的物理意义是无量纲密流，表示了单位面积上通过质量流量的能力。

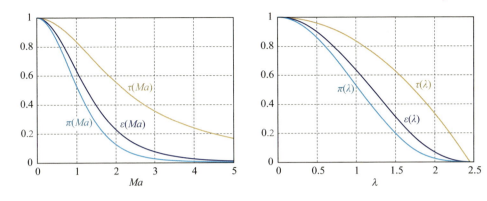

图 7-5　三个气动函数随马赫数和速度系数的变化

Maths　流量函数的定义

流量公式 $\dot{m}=\rho V A=\dfrac{\rho V}{\rho_{cr}V_{cr}}\rho_{cr}V_{cr}A$，其中的 $\dfrac{\rho V}{\rho_{cr}V_{cr}}$ 只与 λ 有关，$\rho_{cr}V_{cr}$ 只与总参数有关。

定义 $q(\lambda)=\dfrac{\rho V}{\rho_{cr}V_{cr}}$

$\rho/\rho_t=\left(1-\dfrac{k-1}{k+1}\lambda^2\right)^{\frac{1}{k-1}}$

$\dfrac{\rho V}{\rho_{cr}V_{cr}}=\dfrac{\rho}{\rho_{cr}}\cdot\lambda=\dfrac{\rho/\rho_t}{\rho_{cr}/\rho_t}\cdot\lambda$ $\Rightarrow$ $\dfrac{\rho V}{\rho_{cr}V_{cr}}=\left(\dfrac{k+1}{2}\right)^{\frac{1}{k-1}}\lambda\left(1-\dfrac{k-1}{k+1}\lambda^2\right)^{\frac{1}{k-1}}$

$\rho_{cr}/\rho_t=\left(\dfrac{2}{k+1}\right)^{\frac{1}{k-1}}$

$q(\lambda)=\left(\dfrac{k+1}{2}\right)^{\frac{1}{k-1}}\lambda\left(1-\dfrac{k-1}{k+1}\lambda^2\right)^{\frac{1}{k-1}}$

应用它可以把流量用总参数表示（见 208 页"流量函数表示的流量方程"），得到的流量公式为

$$\dot{m}=K\dfrac{p_t}{\sqrt{T_t}}Aq(\lambda)\qquad(7.18)$$

式中：$K=\sqrt{\dfrac{k}{R}\left(\dfrac{2}{k+1}\right)^{\frac{k+1}{k-1}}}$，对于空气，取 $k=1.4$ 时，$K=0.0404$。

> **Maths　流量函数表示的流量方程**
>
>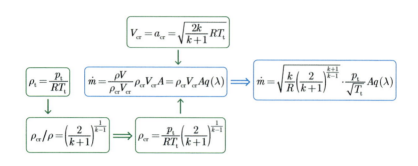

式(7.18)在气体动力学中非常有用。因为很多问题都近似满足绝能等熵流动，流体的总参数在流动过程中基本不变，根据流量连续，在任意截面处有

$$Aq(\lambda) = \text{const}$$

流量函数 $q(\lambda)$ 随速度系数 λ 的变化如图 7-6 所示，可以看出该函数在亚声速时随流速增加，超声速时随流速减小，在声速处取得最大值 1.0。也就是说，声速时流体的密流 ρV 最大，或者说相同面积可通过的流量最大。当气体通过一维管道定常流动时，流速越接近声速的地方需要的流通面积越小。亚声速时管道收缩对应着流动加速；超声速时管道扩张对应着流动加速。

在一维流动中，如果想要让流体定常地从亚声速一直加速到超声速，需要通道面积先收缩再扩张才能做到。喷管中部会有一个面积最小的位置，称为喉部，此处的流动速度为声速。这种管道是由瑞典工程师拉瓦尔（Gustaf de Laval，1845—1913）在研制冲击式汽轮机的时候最先提出的，称为拉瓦尔喷管。图 7-7 表示了拉瓦尔设计的汽轮机，为了增

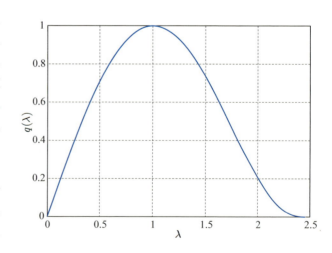

图 7-6　流量函数随速度系数的变化

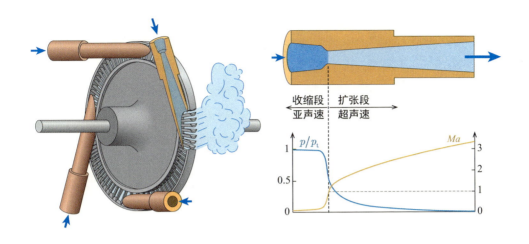

图 7-7 拉瓦尔设计的蒸汽轮机及其所采用的收缩 – 扩张喷管

加汽轮机的功率,要求冲击涡轮叶片的气流速度越快越好,拉瓦尔通过收缩 – 扩张喷管的方式使气流达到了超声速。火箭发动机的喷管也是一个典型的拉瓦尔喷管,可以让高温高压的燃气从内部开始一直加速到喷口处,给火箭提供推进力。

7.3 膨胀波、压缩波和激波

对于不可压缩流体,声音在其内部传播的速度是无穷大的,这就好比一个刚体,不管它有多大,一端的任何微小的位移必然同时在另一端体现出来。实际的流体都是可压缩的,一点处的扰动将以有限的速度传播。**如果扰动靠流体自身的弹性来传播,则传播速度就是声速;如果靠某种外力来强制传播,则传播速度可以是超声速的。**

7.3.1 流体中的压力波

流场中局部压力的非定常升高和降低将向四周以压力波的形式传递,**使压力升高的压力波称为压缩波,使压力降低的压力波称为膨胀波**。图 7-8 给出了两种驱动流体在一维管道中运动的方式,无论是哪种方式,处于中部的流体其实都是在左右流体的压差力作用下运动的。这种压差力是通过活塞的运动产生的压力波建立起来的,如果活塞是在左侧推,则其不断发出压缩波,如果活塞是在右侧"拉",则其不断发出膨胀波。这些压缩波和膨胀波在流体中传递,在流场各处建立起相应的压力分布。图中为了清晰,给出了一个个独立的波,实际上在亚声速气流中,

压缩波经过后气体压力升高，膨胀波经过后气体压力降低。

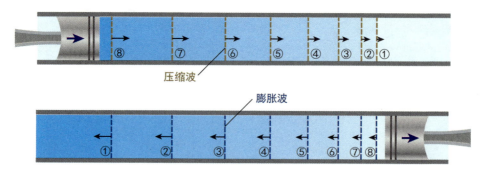

图 7-8 活塞在一维管道中产生的压缩波和膨胀波

压缩波和膨胀波是连续发生的，流场中的压力也是连续变化的。

从图 7-8 中还可以看出，各次的压缩波和膨胀波的传播速度是不同的。这是因为流体的压缩与膨胀会改变内能，于是当地声速会产生变化，而弱扰动波的传播速度都是当地声速，所以波的实际速度会有所不同。压缩波使当地声速增大，后产生的压缩波有可能追上先产生的压缩波；膨胀波使当地声速减小，后产生的膨胀波就无法追上先产生的膨胀波。如果管道足够长，后产生的压缩波都追上第一道压缩波，多个弱压缩波叠加起来就可以形成一道强压缩波——激波。

图 7-9 表示了活塞在一维无限长管道中断续地向右运动，它产生的压缩波不断地以声速向右传递，后产生的压缩波的实际速度比先产生的波要快一点。这样，后面发出的弱压缩波不断地追上前面的弱压缩波，就会叠加成一道激波。可见，活塞的运动速度无需超声速，就可以在远前方形成一道激波，并且随着活塞的运动，这道激波越来越强，激波的运动速度也越来越快。

那么，后面的波会不会超过前面的波呢？不会的。因为波前面的流体未经压

后产生的压缩波传播速度快，多个压缩波叠加在一起形成激波。
激波相对波前气体是超音速的，相对波后气体则是亚音速的。

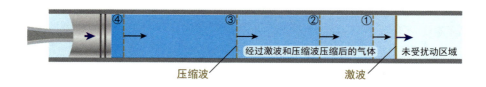

图 7-9 活塞产生的弱压缩波在一维管道中叠加成激波

缩，其声速不够高，所有的波追上激波后就都一同运动了。激波前的温度低、声速低，激波后的温度高、声速高。给予足够的时间和距离，激波可以追上任何波前的弱压缩波，同时会被任何波后的弱压缩波追上。这么多的压缩波叠加起来形成激波，激波本身是被强烈压缩的一层，其厚度一般只相当于分子自由程的量级，但压力在这一薄层里面剧增。激波内部的特性不再可以用常规的流体力学来描述了，因为这么小尺度的变化不满足连续性假设，更不满足理想气体状态方程。

可以看出，在这种流动中，激波的运动速度相对波前流体是超声速的。在后继压缩波不断的推动下，形成的激波速度会越来越快，相对于波前流体的马赫数也越来越高。激波这种扰动之所以可以超过波前的声速，也可以理解为激波内的流体是被强烈压缩过的，其弹性大大增强了，可以更快地传递扰动的缘故。

事实上，弱压缩波也会引起流体温度的微弱升高，因此其相对波前的速度也比声速大，而弱膨胀波的速度则稍低于声速。一般的声音是由交替的弱压缩波和弱膨胀波构成的，如果针对声波的波长尺度去观测，那么其传播速度是快慢交替的，而整体速度为声速。当然，这只是理论上的分析，实际上弱扰动波引起的温升非常小，对声速的影响也完全可以忽略不计。

在上面这个例子中，假设一维和足够长的管道是必需的，因为如果管道不够长，则压缩波还没有叠加成激波就跑出管道了。如果没有一维管壁的限制，压缩波呈球面扩散，扩散后的波强度迅速减弱，也形不成激波。

当给气球打气时，随着气球不断膨胀，会压缩周围的空气，弱压缩波不断地从气球外壁生成并向外扩散。每一道压缩波在刚离开气球表面的时候的速度都是微弱地高于声速的，呈球面扩散后，压缩作用迅速减弱，波的速度会迅速降低到声速，后续的压缩波也都一样，所以并不会追上前面的压缩波而叠加形成激波。并且，连续的充气只发出压缩波而没有膨胀波，环境的压力连续地增加，并不会形成可以听到的声波。

当气球爆炸时，我们就可以听到声音了。因为爆炸时气球内部空气与环境空气的界面上存在压力突变，对环境空气突然施加明显的压缩作用，形成的就不再是弱压缩波了，而是强压缩波，即激波。当然我们听到的不一定是激波，因为一般气球的压力不算高，爆炸形成的激波很快就会扩散而减弱，传到我们耳朵时已经是弱扰动波了。如果是炸弹这类更强的爆炸，则我们就有可能直接听到激波了，这种突然的压力跃升对耳朵的伤害是很大的。

我们来看另一种情况，流场中有一个固定物体对来流产生阻碍作用，其前方一段距离内的来流速度都会降低，压力升高。那些还没有撞到物体的流体就是受到物体发出的一系列上传的压缩波的作用而减速的。现在如果流动是超声速的，

激波管

激波管是用来产生激波的一种装置。下图表示了一种简单的激波管，其原理是用膜片把一维管道分成高低压两个区，当刺破膜片时，高压区的气体会向低压区流动，同时产生一道比气流速度更快的激波向低压区传播，以及一系列向高压区传播的膨胀波。

膨胀波的速度为高压区的当地声速；接触面和激波的速度则取决于高低压区的初始压差，其中激波的速度比接触面的速度要快。

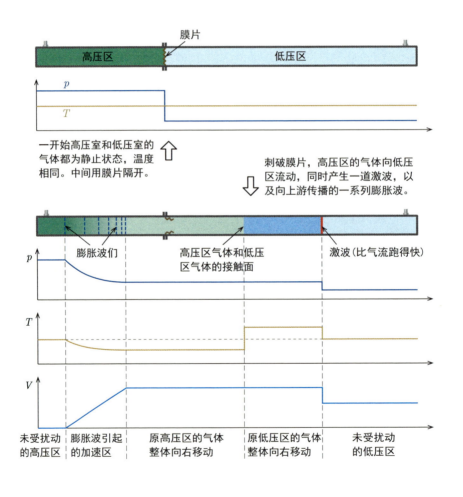

则压力扰动是无法传递到上游的，来流似乎应该毫不减速地直接撞上物体。然而对于头部不是完全尖锐的物体来说，其正前方紧挨着物体的流体速度显然应该被滞止到零，所以这里实际上会存在一个亚声速区，在该区域内扰动是可以上传的。在这个小的亚声区和来流的超声区之间存在一个交界面，在这个交界面之前的流体完全得不到通知，直接撞上来，大量分子被紧紧地压缩在一起，形成激波。具体流动形式如图 7-10 所示。

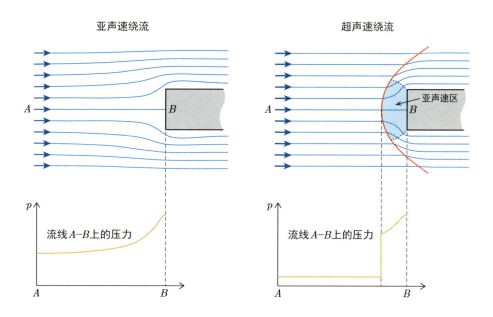

图 7-10　超声速流动遇到障碍物产生激波，激波前的流动不受障碍物影响

超声速流动的减速可以通过压缩波或激波的方式，加速则可以通过膨胀波的方式。实际上压缩波和膨胀波是超声速运动的流体在加减速和转向的时候必然会生成的。图 7-11 给出了几种超声速流动中的压缩波和膨胀波的情形，可以看出，有些时候流场中可以只有压缩波或膨胀波，但多数实际流动中压缩波和膨胀波是同时存在的。对于图中的超声速流动，当气体既不处于压缩区也不处于膨胀区时，其压力是不会变化的，因此也就没有压差力，忽略粘性力和重力，流体微团将保持匀速直线运动。

7.3.2　正激波

正激波的一个典型效果是使流体的速度从超声速变为亚声速，下面我们通过控制体分析方法来看看流体经过正激波时气流参数的定量变化规律。

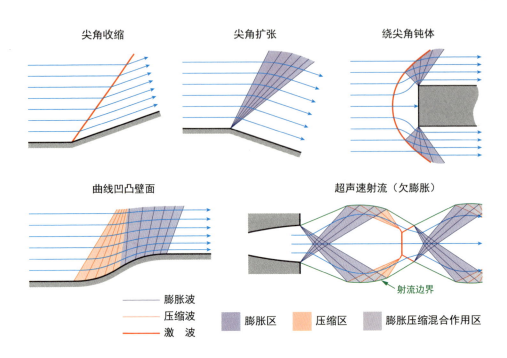

图 7-11 超声速流动中的压缩波和膨胀波

如图 7-12 所示，取正激波为控制体进行研究。根据连续方程，激波前后的流通面积不变，则有：

连续方程：$\rho_1 V_1 = \rho_2 V_2$

动量方程：$p_2 - p_1 = \rho_2 V_2^2 - \rho_1 V_1^2$

能量方程：$c_p T_1 + \frac{1}{2} V_1^2 = c_p T_2 + \frac{1}{2} V_2^2$

根据这几个方程，并结合前面已经介绍过的气动函数关系式，就可以得出正激波前后的参数关系，这里不再进行推导，直接给出这些关系式如下：

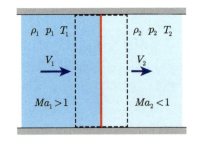

图 7-12 正激波控制体分析

速度系数 λ：

$$\lambda_1 \lambda_2 = 1 \qquad (7.19)$$

马赫数 Ma：

$$Ma_2{}^2 = \frac{Ma_1{}^2 + \dfrac{2}{k-1}}{\dfrac{2k}{k-1}Ma_1{}^2 - 1}$$

压力 p：

$$\frac{p_2}{p_1} = \frac{2k}{k+1}(Ma_1{}^2 - 1) + 1$$

温度 T：

$$\frac{T_2}{T_1} = \frac{\left(1 + \dfrac{k-1}{2}Ma_1{}^2\right)\left(\dfrac{2k}{k-1}Ma_1{}^2 - 1\right)}{\dfrac{(k+1)^2}{2(k-1)}Ma_1{}^2}$$

密度 ρ：

$$\frac{\rho_2}{\rho_1} = \frac{(k+1)Ma_1{}^2}{2 + (k-1)Ma_1{}^2}$$

总压 p_t：

$$\frac{p_{t2}}{p_{t1}} = \frac{\left[\dfrac{(k+1)Ma_1{}^2}{2+(k-1)Ma_1{}^2}\right]^{\frac{k}{k-1}}}{\left[\dfrac{2k}{k+1}Ma_1{}^2 - \dfrac{k-1}{k+1}\right]^{\frac{1}{k-1}}}$$

总温 T_t：$\quad T_{t2} = T_{t1}$

　　气流经过激波时受到突然的压缩，激波内部存在着剧烈的粘性和传热作用，流动中部分机械能不可逆地转化为内能，因此总压下降。但这个过程在很小的空间和很短的时间内完成，和外界可以认为是绝能的关系，因此总温不变。图 7–13 表示了不同来流马赫数下的正激波前后参数的变化关系。

7.3.3 斜激波

　　从图 7–10 可以看到，超声速气流遇到钝体障碍物后，正前方产生正激波，正激波后的流体变为亚声速并从物体两侧绕过。在两侧，激波不再是垂直于来流，而是形成曲线形式。这种激波整体称为弓形激波（或曲线激波），是超声速气流

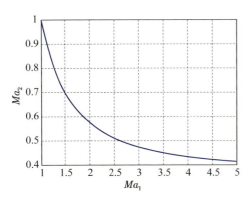
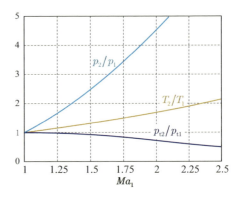

图 7-13 气流经过正激波后参数的变化

遇到钝体时产生的现象。由于物体前缘滞止点的存在,激波并不接触物体,所以有时又称之为脱体激波。

如果物体前端是尖锐的,则前缘点附近不存在气流速度滞止到零的现象,激波是可以直接附着在前缘点上的。从前缘点开始形成两道与来流呈一定角度的激波,称为斜激波。如果物体是一个二维的尖劈,则这两道激波就形成两个平面,如图 7-14 所示。

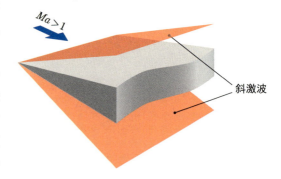

图 7-14 楔形体产生的贴体斜激波

正激波是超声速气流需要减速时形成的,而斜激波则是超声速气流需要转向而形成的。 如图 7-15 所示,超声速气流经过斜激波后不但速度大小有所改变,还转折了一个角度,转折后的气流正好就是顺着壁面流动的了,所以这个转折角是由尖劈的角度决定的。斜激波的倾斜角度则不只与气流需要的转折角有关,还与来流马赫数相关。

因为激波非常薄,波前波后的

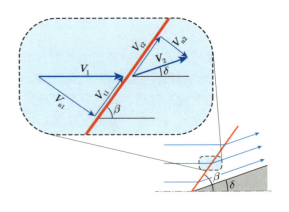

图 7-15 斜激波的速度分析

气流沿波面方向的分速度应该相等，即

$$V_{t2} = V_{t1}$$

于是可以根据连续方程得出气流的转折角与激波的倾斜角之间的关系，即

$$\tan\delta = \frac{Ma_1^2 \sin^2\beta - 1}{\left[Ma_1^2\left(\dfrac{k+1}{2} - \sin^2\beta\right) + 1\right]\tan\beta}$$

式中：δ 为气流的转折角；β 为斜激波的倾斜角。

图 7-16 给出了这两个角度和来流马赫数之间的关系。可以看出，来流 $Ma = 1.0$ 时，将会产生一道正激波。而对其他所有超声速情况，同样的气流转折角可以对应着两种斜激波角度。其中角度大的那个对应的激波称为强激波，角度小的那个对应的激波称为弱激波。具体流动中会形成哪种激波是由激波前后的压力关系决定的，很显然后方的阻力越大激波就会越强，所以强激波对应着高压升，弱激波对应着低压升。强激波产生的损失较大，其后的气流一定是亚声速的；弱激波产生的损失较小，其后的气流仍然可以是超声速的。

从图 7-16 还可以看出，对于一个固定的来流马赫数，存在一个最大的气流转折角 δ。若固定来流马赫数，逐渐加大尖劈的角度，弱斜激波角度也将逐渐加大，当尖劈的半角超过了图 7-16 中的最大转角后，激波将不能附着于尖劈前缘，而形成脱体激波，如图 7-17 所示。激波和物体前缘之间将出现一个亚声速区域，尚未转折到位的气流在这个区域内可以通过压力的连续传递来转折。

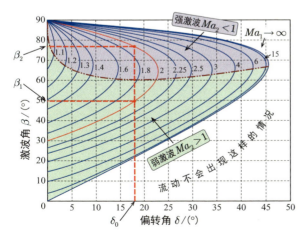
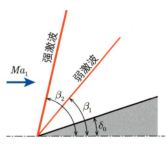

$Ma_1 = 2.0$，$\delta = 18°$ 时的弱激波和强激波

图 7-16 二维斜激波角度与气流转角的关系

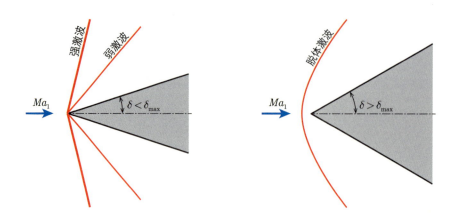

图 7-17 尖劈的半角超过气流的最大转折角后，激波脱体

根据三大方程，同样可以得出斜激波前后的参数关系如下：

速度系数 λ：

$$\lambda_{n1}\lambda_{n2}=1, \quad \lambda_{t1}=\lambda_{t2}$$

马赫数 Ma：

$$Ma_2^2 = \frac{Ma_1^2 + \dfrac{2}{k-1}}{\dfrac{2k}{k-1}Ma_1^2\sin^2\beta - 1} + \frac{Ma_1^2\cos^2\beta}{\dfrac{k-1}{2}Ma_1^2\sin^2\beta + 1}$$

压力 p：

$$\frac{p_2}{p_1} = \frac{2k}{k+1}Ma_1^2\sin^2\beta - \frac{k-1}{k+1}$$

温度 T：

$$\frac{T_2}{T_1} = \frac{\left(1+\dfrac{k-1}{2}Ma_1^2\sin^2\beta\right)\left(\dfrac{2k}{k-1}Ma_1^2\sin^2\beta - 1\right)}{\dfrac{(k+1)^2}{2(k-1)}Ma_1^2\sin^2\beta}$$

总压 p_t：

$$\frac{p_{t2}}{p_{t1}} = \frac{\left[\dfrac{(k+1)Ma_1^2\sin^2\beta}{2+(k-1)Ma_1^2\sin^2\beta}\right]^{\frac{k}{k-1}}}{\left[\dfrac{2k}{k+1}Ma_1^2\sin^2\beta - \dfrac{k-1}{k+1}\right]^{\frac{1}{k-1}}}$$

总温 T_t： $T_{t2} = T_{t1}$

上面这些关系式中，若令 $\beta = 90°$，则它们就是前面的正激波关系式。

根据这些关系式可以绘制出各种关系曲线，从而可以方便地分析和计算各种情况下的激波前后参数的变化关系。

7.4 等熵变截面管流分析

本节讨论一种简单的一维可压缩流动，重点是通过这种流动实例理解可压缩流动中各参数的变化规律。一维无粘不可压缩流动是最简单的流动，是很多流体力学书的核心内容，在本书的第4章中也进行了充分的讨论。当流动为可压缩时，问题会变得较为复杂一些，我们将分别对收缩喷管和拉瓦尔喷管两种情况进行讨论。

7.4.1 收缩喷管

根据流量方程（7.18）可知，一维定常等熵流动满足如下关系式：

$$Aq(\lambda) = \text{const}$$

流量函数 $q(\lambda)$ 在亚声速时随速度增大，在超声速时随速度减小。所以，流体通过收缩喷管时，如果流动是亚声速的就会加速，如果流动是超声速的就会减速。极限情况下，亚声速流动在收缩喷管中一直加速，在喷口会加速到声速，超声速流动在喷口则会减小到声速。我们将根据来流是亚声速还是超声速来分别分析流动的特征。

1）当进口为亚声速时

图 7-18 表示压力罐中的气体经过一个收缩管道射流进入大气的例子，这是一种典型的亚声速气流的加速流动。在这种问题中，人们最关心的往往是流量。那么流量是多大呢？根据流量方程可知，流量为

$$\dot{m} = K \frac{p_t}{\sqrt{T_t}} A q(\lambda)$$

只要压力罐足够大，其内部的压力和温度就可以认为是上式中的总压和总温。喷口面积 A 已知，只需要知道喷口的速度系数 λ（或马赫数 Ma）就可以得出流量，而 λ 则可以由该处的总静压比来得到，总压为已知，现在只需要知道该处的静压

即可。对于亚声速流动，射流在出口处的静压应该等于环境的压力，而环境压力一般是已知的。

当压力罐中的压力达到某一值时，喷口处的气流速度达到了声速，因为通道是收缩的，这时再增加罐内压力，喷口处的气流都保持为声速。只要压力罐中的气体温度不变，喷口处的气流速度也不再改变。虽然再继续增加压力罐中的压力，流量仍然会增加，但这仅仅是由于气体密度的增加而产生的。

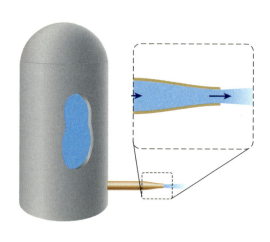

图 7-18　压力罐中的气体经收缩管流出

图 7-19 表示保持压力罐中温度不变，逐渐增加压力时，喷管流量的变化规律。在亚声速时流量随压力的升高快速增大，因为喷口处气流的速度和密度都随压力增加。当喷口达到声速后，流量随压力的升高线性增大，因为这时只有密度随压力增加。如果这个问题改为保持压力罐中的温度和压力不变，而通过减小环境压力的方式来增大喷口的速度，则当喷口达到声速后，再怎么减小环境压力，流量也不会发生变化了。

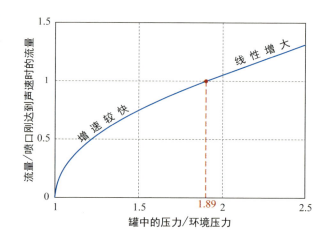

图 7-19　收缩喷管的流量与来流总压的关系

我们知道流体达到声速时的总静压比是个定值：

$$\frac{p_\text{t}}{p} = \left(1 + \frac{k-1}{2} Ma^2\right)^{\frac{k}{k-1}} = \left(1 + \frac{k-1}{2}\right)^{\frac{k}{k-1}}$$

$k=1.4$ 时这个值约为 1.89。

当压力罐中的压力与环境压力比大于这个值时，喷口处仍然保持为声速，说明此时喷口处的静压并不等于环境的压力,这与喷口为亚声速时是不同的。对于声速和超声速的射流来说,其压力可以不等于环境压力。在喷口外,气流继续膨胀降低压力,最后通过粘性作用与环境气体掺混。

2) 当进口为超声速时:

当收缩管道的进口就已经是超声速时,气流会减速增压。在出口处可能仍然是超声速流动,也可能是声速流动,但不会是亚声速流动。给定进口马赫数,出口的马赫数只取决于进出口的面积比:

$$q(Ma_2) = \frac{A_1}{A_2} q(Ma_1)$$

现在假设收缩喷管的进口马赫数固定,出口面积是可调的,则其出口马赫数随面积比 A_1/A_2 的变化如图7-20所示。可以看出,对于每一个进口马赫数,都有一个固定的收缩比,称为**临界收缩比**,达到这一值时,出口马赫数下降到1。如果继续减小出口面积,流动是无法满足一维定常等熵关系式的。于是,流动无法稳定存在,这时的流动会是什么情况呢?

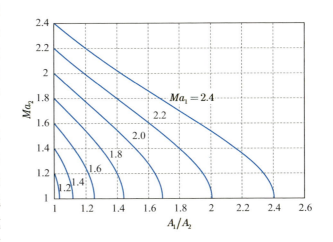

图 7-20 出口马赫数与收缩比的关系

图 7-21 表示随着喷口面积的减小,流动发生的变化,图中也画出了喷管内部压缩波的变化。当收缩比较小时,出口仍然为超声速,气体流出喷管后压力低于环境压力,在外面形成膨胀波,之后形成交替的压缩波和膨胀波,其中也可能会存在周期性的正激波。随着喷口面积的减小,气流的压力逐渐升高,喷口外的膨胀波和压缩波都逐渐向喷口靠拢。当达到临界收缩比时,在喷口处形成一道正激波,再减小喷口面积,激波会前移进入喷管内部。但是,激波是无法稳定地存在于收缩喷管内部的,所以激波会迅速向上游推进,使收缩段全部都变成亚声速流动。

如果一个收缩管道的定常流动中进口是超声速的,那只有两种可能,一种可

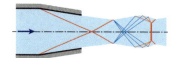
收缩比较小时,气流在喷口外产生周期性的膨胀波和压缩波,其中也可能存在正激波。

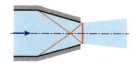
在临界收缩比时,气流在喷口处产生一道正激波,其后的流动是亚声速的。

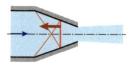
继续减小喷口,正激波进入管内并一直移动到上游,整个管内变为亚声速流动。

图 7-21　随着喷管收缩,超声速射流的变化

能是这个管道在做超声速运动,比如装在飞机上超声速飞行;另一种可能是这个管道前面有一个拉瓦尔喷管将亚声速的气流加速到了超声速。如果喷管是超声速运动的,则存在进口,向前推进的正激波会被推出进口前部形成脱体激波,使喷管内全部变成亚声速流动,如图 7-22（a）所示。如果喷管前面存在一个拉瓦尔喷管,则正激波会被推进到前一个喉道的扩张处,或者干脆全部推到上游,使所有流动都变成亚声速的,如图 7-22（b）所示。

现在我们来讨论一下正激波为什么不能稳定地存在于收缩喷管的问题。

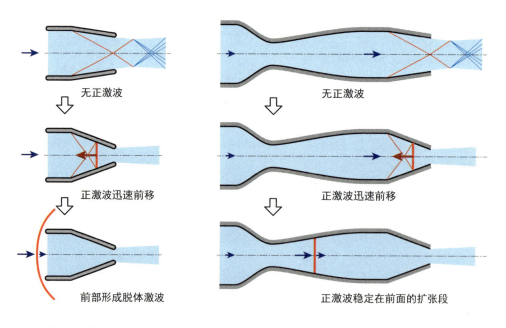

（a）运动形成的超声速进口条件　　　（b）拉瓦尔喷管形成的超声速进口条件

图 7-22　收缩喷管内的正激波被推向上游的两种情况

激波的强度是由其前后的压差决定的,压差大则激波强,压差小则激波弱,而激波的强弱又直接与其相对来流的传播速度相关,我们就根据激波的这种特性来分析一下激波的稳定性问题。

如果在收缩喷管内存在一道正激波,则激波前是超声速的减速流动,激波后是亚声速的加速流动,如图7-23(a)所示。当出口的压力稍有降低时,激波后面的压力都会相应地降低,激波会变弱。变弱的激波相对来流的传播速度有所减小,于是激波会后移。后移到面积更小位置的激波前部的马赫数更低,于是激波变得更弱,进一步移向下游。这样,当出口压力稍有降低时,激波在收缩通道内无法稳定下来,直到被推出出口之外;同样,当出口的压力稍有升高时,激波会不断移向上游并最终推出进口外。

如果是图7-23(b)所示的扩张喷管情况就不同了,当出口的压力稍有降低时,激波后的压力降低,激波后移。后移到面积更大位置的激波前部的马赫数更高,引起的压升更大,与其后的静压匹配,于是激波会在原来下游一点的位置重新稳定下来。当出口的压力稍有升高时,激波则会在上游一点的位置重新稳定下来。

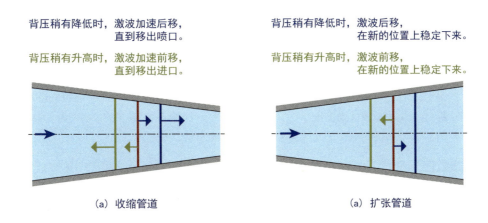

(a) 收缩管道　　　　　　　　　　(a) 扩张管道

图7-23　正激波在收缩管道内不能稳定,在扩展管道内可以稳定

7.4.2 拉瓦尔喷管

拉瓦尔喷管是收缩扩张管道,我们仍然分进口亚声速和超声速两种情况讨论。

1)当进口为亚声速时

当进口为亚声速时,流体在收缩段加速,如果到了喉部还没有达到声速,则在扩张段减速。只要雷诺数足够高,这时的整个过程就接近于等熵流动,可以用

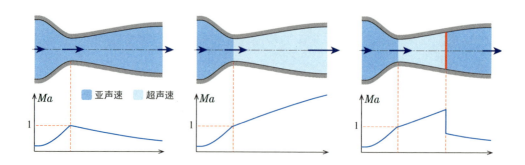

图 7-24　拉瓦尔喷管的进口为亚声速，喉部为声速时的三种可能的流动状态

基本气体动力学函数来计算。如果流体在喉部加速到了声速，则在扩张段可能有三种流动形式：亚声速、超声速、超声速+激波+亚声速，如图 7-24 所示。

现在假设保持进口总温总压不变，逐渐降低出口外的环境压力，则整个管道内的流速逐渐增加，一开始还都是亚声速的。分别用 1, 2, 3 来代表进口、喉部和出口，则有如下等熵流动关系式：

$$A_1 q(\lambda_1) = A_2 q(\lambda_2) = A_3 q(\lambda_3)$$

$$p_1/\pi(\lambda_1) = p_2/\pi(\lambda_2) = p_3/\pi(\lambda_3)$$

p_3 决定 λ_3，λ_3 与 A_3/A_2 一起决定 λ_2，所以喉部马赫数只与出口静压 p_3 相关。当出口静压下降到一定程度时，喉部达到声速，气流在扩张段再次降为亚声速。除了喉道，整个喷管内的流动都还是亚声速的。

出口静压继续下降时，喉部后面一点的位置的压力开始比喉部还低，于是这里的流速比喉部还要高，即变为超声速。超声速流动在扩张通道内是加速流动的，这样加速下去到出口的压力会很低，无法满足给定的条件，于是会在扩张段生成一道正激波，正激波后的流动为亚声速，并在下游继续减速增压。

继续降低环境压力，激波后面的压力会降低，使得激波向下游移动。当环境压力下降到某一值时，激波移动到出口处，扩张段管内全部变成超声速流动。继续降低环境压力，这时出口处的压力还是小于环境压力，于是在出口处形成斜激波来增压以达到环境压力。

如果再继续降低环境压力，扩张管道内的流动已经不会再受影响了。环境压力降低到某一值时，出口的气流压力正好等于环境压力，这时出口没有激波，也没有膨胀波。再继续降低环境压力，出口的气流压力将高于环境压力，于是在喷管外形成膨胀波。

上述过程表示在图 7-25 中。

气流在出口处压力小于环境压力的情况称为"过膨胀"，出口压力大于环境压力的情况称为"欠膨胀"。两种情况下，在下游都会形成周期性的压缩和膨胀作用，称为葫芦波，英文称为 Mach Diamond。一般在火箭喷口和超声速飞机发动机喷口可以看到这个现象。过膨胀较少见，欠膨胀较常见。

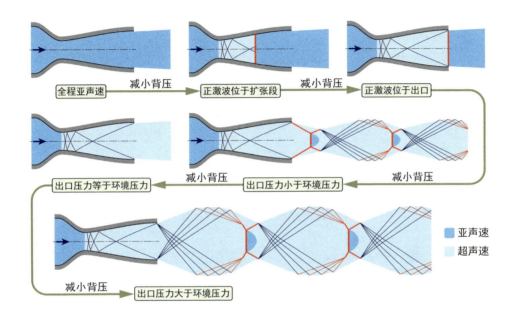

图 7-25　拉瓦尔喷管的流动随背压的变化

2）当进口为超声速时

当拉瓦尔喷管的进口是超声速时，气流在收缩段减速。在喉部，气流未必会减速到声速，该处的气流速度完全取决于其与进口的面积比，只有特定的面积比才能让气流在喉部刚好是声速（这个面积比称为临界面积比）。当喉部面积不够小时，该处的气流速度仍然是超声速的，而当喉部面积太小时，则进口根本就不可能保持给定的马赫数。

如果拉瓦尔喷管的喉部是超声速，则在下游扩张段中可能存在两种流动形式：一种是超声速，另一种是混合的超声速 + 激波 + 亚声速。如果喉部是声速，则在下游扩张段中可能有三种流动形式：一种是超声速，一种是混合的超声速 + 激波 + 亚声速，还有一种是全部亚声速，如图 7-26 所示。

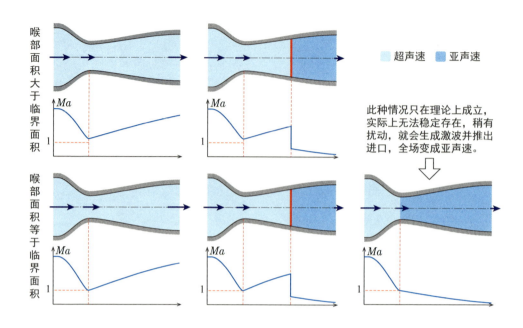

图 7-26 拉瓦尔喷管的进口为超声速时的几种可能的流动状态

对于一个拉瓦尔喷管,假设一开始全流场(包括喉部)都是超声速的。然后保持进口总温、总压以及马赫数不变,逐渐增加出口外的环境压力,则出口处逐渐形成一道正激波,并开始向上游移动进入管道内,其下游变为亚声速。随着出口压力的增加,激波逐步前移到喉部,一旦激波进入收缩段,则其就会迅速向上游推进,整个拉瓦尔喷管内部将全部变为亚声速流动,不再能满足进口马赫数不变的条件了。

当拉瓦尔喷管的面积比和进口条件合适,而且喉道的流动为声速时,只要背压合适,其下游的扩张段可以是亚声速流动。这种情况下,气流在经过拉瓦尔喷管时,全程都是减速的,并且没有激波,这种减速形式显然是损失最小的,所以是最理想的超声速流动减速形式。

不过,这种流动是不稳定的,任何背压的升高都可能导致喉部前面的流动也变成亚声速的,在收缩段形成激波,激波在收缩段无法稳定,就会被向前推,直到推出进口之外。这种现象在飞机的超声速进气道中被称为进气道的"未启动"。所以,真正损失小又稳定的气流减速方式是让气流在喉部仍然是超声速的,并且在其后还存在一小段超声速区,然后通过一道较弱的正激波减为亚声速流动。

图 7-27 给出了几种超声速飞行器进气道的气流减速形式,设计原则就是既

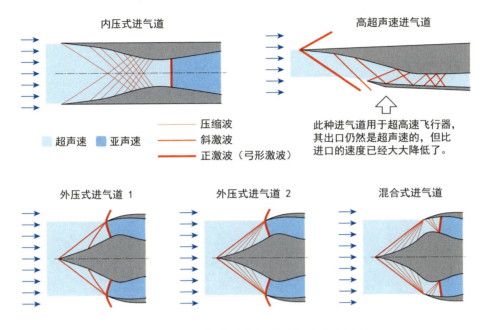

图 7-27　几种超声速进气道的气流减速形式

要高效又要皮实。高效指的是损失小，皮实指的是不会因为一些扰动而发生"未启动"等现象。

我们以这样一个例子来结束本章的讨论。

对于常见的在一定高度亚声速飞行的民航飞机来说，无论它是向我们飞来还是离我们远去，我们都能听到它的声音，只不过由于它的速度已经很接近声速，因此在我们听到声音的时候，顺着声源方向看去它并不在那里，因为在声音传到我们耳朵这一段时间飞机已经向前飞了一段距离。

如果是超声速飞行的飞机，则很显然，它向我们飞来的时候，我们是听不到它的声音的，因为声音落在它后面了。但是，当飞机通过我们头顶一段距离之后，我们会听到一声巨响，这种被称为"音爆"的现象是由飞机产生的激波造成的，如图 7-28 所示。飞机过去后，我们还能持续听到它发出的噪音，因为虽然飞机是超声速飞走的，但它发出的声音却是在静止的空气中传播的，所以会继续向后传播，只是这时我们听到的声音存在明显的多普勒频移效应，和原本的声音大不相同。

反过来，对于已经超声速飞走的飞机上面的飞行员来说，后面地面上发出的声音他是听不到的，因为这些声音在静止的空气中传播，是追不上飞机的。

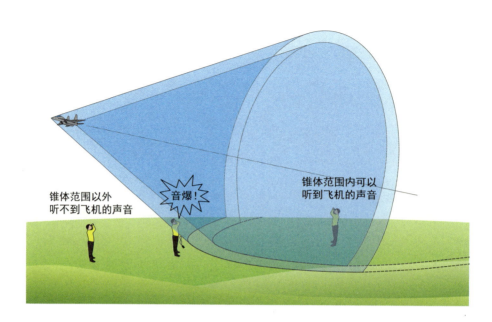

图 7-28 超声速飞机发出的声音的传播和音爆

1. 气动加热现象

高速气流在遇到物体而减速时，空气因受到剧烈的压缩和剪切而使动能转化成内能，并将热量传递给物体的现象就是气动加热现象。无论流动是否有粘，空气减速所能达到的最高温度都是其总温，而物体壁面所能达到的温度称为恢复温度，一般比来流的总温低，但比当地边界层之外的气流静温高。图 7-29 表示了来流静温为 15℃，马赫数为 3.0 时，圆柱附近气体的温度分布。可见，整个流场的最高温度出现在圆柱正前方，圆柱前缘附近受到最强的加热作用。因此，可以这样说，气动加热主要是由压缩性引起的，而不是摩擦。那一般所说的气动加热是摩擦生热对不对呢？

当流动为无粘时，流场中的温度分布和压力分布类似。但当流动为有粘时，边界层内的温度就受到粘性强烈的影响了。从图 7-29 右侧的局部放大图可以看出，同样流向位置的边界层内的气流温度要明显大于主流的温度。这是因为在向下游流动过程中，粘性导致边界层内的气体未加速到主流的水平，也就未能有效降温，从而使边界层内的气体温度比主流的高。把这种作用理解为摩擦生热也是可以的，因为在加速中气体的压力势能向动能转化，壁面的摩擦力使其中的一部分机械能不可逆地转化成了内能。

图 7-30 表示了"协和"（Concorde）飞机和"黑鸟"（SR-71）飞机分别以马赫数 2.0 和 3.2 巡航时，表面的温度分布。可以看到，对于超声速飞行器而言，气动加热是必须考虑的问题，如何有效散热是这类飞行器的难点。

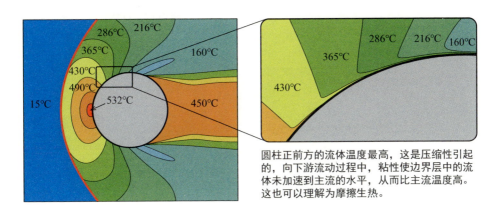

圆柱正前方的流体温度最高，这是压缩性引起的，向下游流动过程中，粘性使边界层中的流体未加速到主流的水平，从而比主流温度高。这也可以理解为摩擦生热。

图 7-29 超声速气流对圆柱的气动加热现象

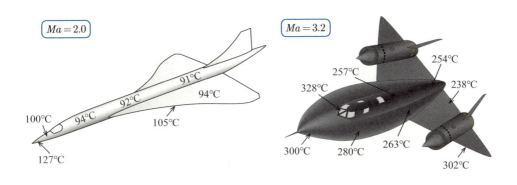

图 7-30 "协和"飞机和"黑鸟"飞机巡航时的表面温度

2. 激波与边界层的相互作用

在第 6 章中我们讨论了粘性对不可压缩流动的影响，在本章中我们讨论了压缩性对无粘流动的影响。在实际流动中，粘性和压缩性是同时存在的，如果两者都不可忽略，就必须考虑它们的共同的作用。这其中比较复杂，也最受关注的就是激波与边界层的相互作用的问题。

图 7-31 表示了一个高超声速飞行器进气道中的激波和边界层分离现象。气体经过激波后压力跃升，在局部产生一个很大的逆压梯度。在激波与壁面相交的位置上，边界层在逆压梯度的作用下可能会分离。如果控制得好，就只形成分离泡，在超声速流动中这样会影响激波的形状。也就是说，激波和边界层是相互影响的，在高速的飞行器和叶轮机械中存在大量这种流动现象。如何控制激波引起的边界层分离，以及如何评估边界层对激波系结构的影响，是设计中必须要考虑的关键问题。

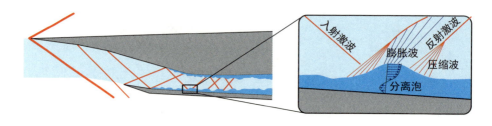

图 7-31　超声速进气道中的激波与边界层相互作用

思考题

7.1　激波阻力，又称波阻力，是超声速飞行器阻力的主要来源，试用控制体方法分析波阻力的产生原理。

7.2　根据本章的知识，气流经过激波后总温不变。然而另一个事实是爆炸产生的激波扫过后空气会有明显的升温，请解释这其中的原因。（注：距爆炸点较远处，激波早于燃气到达，这种温升不是燃气引起的。）

7.3　激波是强压缩波，流场中常见一组压缩波汇聚成一道激波，但见不到一组膨胀波汇聚成一道强膨胀波，实际上强膨胀波几乎不会稳定存在，为什么？

7.4　同样的扩张通道，亚声速流动会加速，超声速流动会减速，尝试理解扩张的壁面在这其中的作用。

第 8 章 流动相似与无量纲数

第 8 章
流动相似与无量纲数

蜂鸟的飞行原理更接近于蜜蜂,而与信天翁完全不同。

8.1 流动相似的概念

流动相似的理论主要是从实验中发展而来的。有一些实验不可能在真实环境中进行，有一些实验虽然可以模拟真实的环境，但要耗费大量的人力和财力，还有一些实验，真实环境下很难测得详细的流动信息，这些时候通常要用到模型实验。有些模型实验与真实情况甚至看起来完全不同，但只要分析得当，抓住所研究问题的实质，反而可以研究得更透彻。

例如，人类早期的飞行尝试，一开始都是直接就想模仿鸟类或昆虫的运动方式飞上天，但都失败了，后来成功的飞机设计都离不开大量的模型实验。一开始，人们主要关注飞机的动力和外形，认为只要形状相似的东西飞行原理就相同，现在我们知道尺度也有重要的影响。完全模仿一只蜜蜂，将其放大上千倍做成的飞行器是不可能成功的，因为两者的雷诺数差异很大，蜜蜂翅膀上的层流放大之后变成了湍流，整个流动结构都不同了。所以科幻电影中蜜蜂受了核辐射长到比人大好多到处捣乱的场景是不会出现的，因为它真的长到那么大，就只能在地上费力爬行了（当然这个问题中另一个重要影响是升力重量比）。

鱼的身体是较为完美的流线型，仿照鱼的身体做成的物体在水中的流阻很低，在空气中低速运动时流阻也很低。但如果让这个物体在空气中超声速运动，则鱼形就完全不合适了。第二次世界大战后期的亚声速飞机翼型几乎已经达到了极致，这些飞机的机动性非常完美，有些直到今天还在用作特技飞行。但在人类想要突破声速的时候，这些气动性能优异的亚声速翼型的阻力就太大了，反而采用明显非流线形的菱形机翼可以实现较大的升力和较小的阻力。

大风吹过电线会发出呜呜的声音，原因是电线后面会产生按某种频率脱落的旋涡，即卡门涡街。这个呜呜声的主要频率就是卡门涡街脱落的频率。但大风吹过较粗的圆柱，比如大烟囱时，却几乎不会发出声音。即使两种流动的雷诺数相同，大的圆柱仍然不会发出人耳可以听到的声音。显然这其中还有别的影响因素，使大圆柱的涡脱落频率与小圆柱的不同。

上面讲的例子实际上分别从粘性、压缩性和非定常性三个方面讨论了流动的相似性。要想让一种模型流动能代表原型流动，就需要让这两种流动相似。本质上说，流体运动是符合牛顿定律和热力学定律的，只要控制方程中的各种影响因素相似，流动就应该相似。我们知道控制流动的方程是连续方程、动量方程和能量方程加上边界条件，因此影响因素也应该从这些方程中寻找。多数时候，某一种或几种因素占主导地位，其他因素的影响可以忽略。例如，对于定常、不可压、忽略体积力、绝能流动而言，流动状态基本上由雷诺数决定。

8.2 无量纲数

量纲分析本身是一种专门的数学方法，本书中不打算对其进行讨论，而是直接给出流体力学中的几种无量纲数，并探讨这些无量纲数的物理意义。图 8-1 给出了几种流体力学中常用的无量纲数及其表达式和物理意义。

可以看出，这些无量纲数都表示了某两种力之比，这是因为流体运动状态的改变决定于其所受到的力，而哪种作用力占主导因素，流动就主要由该作用力决定。下面我们分别来分析各无量纲数的物理意义和应用。

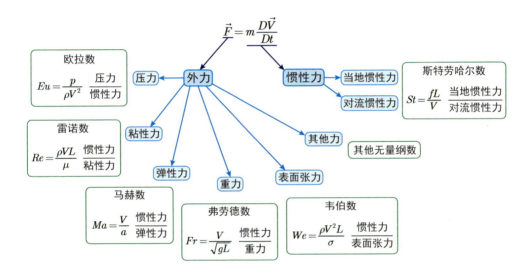

图 8-1 流体力学中几种常见的无量纲数

8.2.1 雷诺数

$$Re = \frac{\rho V L}{\mu} \qquad (8.1)$$

式中：ρ 为流体密度；V 为流体流速；L 为特征长度；μ 为动力粘性系数。

雷诺数是流体力学中最著名的无量纲数了，使其著名的主要原因是英国科学家雷诺的著名实验，该实验揭示了雷诺数是决定流动为层流还是湍流的参数。因此，很多学过流体力学的人最后都记住了雷诺数是决定流动状态的参数。很明显，这种说法并不准确。例如，蜂蜜和水在低速时都可以是层流，但它们的运动特征也是很不一样的。

雷诺数的意义是流体的惯性力与粘性力之比，既然惯性力其实就是流体运动状态的改变（加速度），那么雷诺数其实就代表了流动时粘性力的大小。雷诺数从小到大的变化就是粘性力逐渐减弱的过程，对于一般的流动，可以大概给出一些雷诺数的范围和对应的流动状态。

（1）$Re \ll 1$，这时粘性力远远大于惯性力，因而惯性力可以忽略，这种超低雷诺数的流动称为蠕动流或斯托克斯流，细菌和病毒的运动就是一种蠕动流。蠕动流中惯性作用可忽略，因此物体的运动方式是：有力就动，没力就停。那些摩擦力远大于惯性力的固体的运动也是这样的，例如挪很重的家具的时候。

（2）$1 < Re < 2100$，在这个范围内，粘性力和惯性力都不可忽略，并且粘性力起到了约束流体微团的作用，流体微团做较为规则的运动——层流。（需要注意的是，2100 这个数是针对管内流动而言的，对于其他流动，根据特征尺度和特征速度的取法，这个数会有较大的不同）

（3）$2100 < Re < 10^5$，在这个范围内，做层流运动的流体由于粘性力的减小开始变得不稳定，一些小的压力扰动就可能会产生长时间和长距离的振荡，因此流动处于层流和湍流交替的情形。根据外部条件的不同，流动可能是层流的，也可能是湍流的。

（4）$Re > 10^5$，在这个范围内，惯性力占主导作用，按理说粘性力的影响十分小，可以忽略。不过在这样的条件下流体的运动基本都是湍流状态，湍流脉动对宏观流动的作用就类似于粘性的作用，因此这时的流动并不能当成无粘来处理。

（5）$Re \to \infty$，相当于没有粘性力的流动，超流体大概对应着这种情况，按理说可以应用无粘理论了。不过研究表明超流体具有很多新的性质，比如宏观的剪切会引起原子内部电子自旋的改变，等等。简单的无粘理论并不能准确描述超流体的运动。可以说，无粘流动实际上并不存在。

图 8-2 给出了一些流动的雷诺数范围供读者参考。

这里有一个值得注意的地方，既然雷诺数代表了两种力之比，那么为什么直到 $Re = 10^5$ 以上时，惯性力才完全占据上风，而不是在 $Re = 1$ 附近分界呢？

这主要是雷诺数表达式中的特征速度和特征尺寸的选择问题。工程上为了方便，一般选取某一宏观尺寸作为特征长度，比如管内流动选取管的内径，绕圆柱流动选取圆柱直径，绕机翼流动选取机翼弦长等。实际上要描述流体微团的运动规律，显然选取当地的特征长度更为合理。例如，在边界层流动中，选取边界层厚度就更为合理，而在湍流中，用耗散涡直径计算的雷诺数等于 1，也就是说在这个尺度上粘性力和惯性力相当。

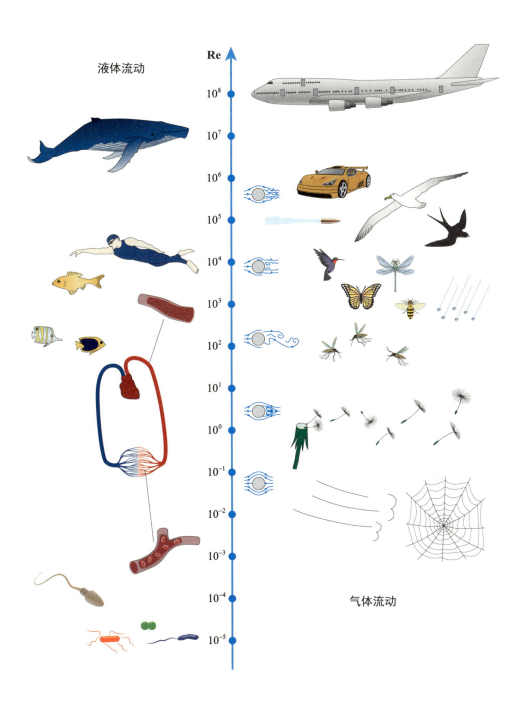

图 8-2　一些流动的雷诺数

8.2.2 马赫数

$$Ma = \frac{V}{a} \quad (8.2)$$

式中：V 为流速；a 为当地声速。

马赫数大概是在流体力学中，除雷诺数之外第二有名的无量纲数了，对于空气动力学来说马赫数比雷诺数还要重要得多。马赫数是以奥地利物理学家马赫的名字命名的，其表面的物理意义是物体运动速度与当地声速之比。从力的角度来说，马赫数表示了流体中的惯性力与弹性力之比。马赫数越大，表示流体的弹性模量相对惯性力来说越小。

当马赫数很小时，相当于气体的弹性模量非常大，跟刚体差不多。这时流体通常被当做不可压缩来处理，速度的变化只产生压差力。当马赫数较高时，速度的变化除产生压差力外，还有一部分通过压缩流体而产生弹性力。在跨声速和超声速流动中，马赫数通常是决定流动状态的主要因素。对于处理高速流动的工程师们来说，经常要面临的一个典型的流动问题是激波和物体表面边界层的相互作用。也就是说，这时弹性力和粘性力共同影响流动。这种流动如果要进行模型实验，最好就要保证马赫数和雷诺数都一致。

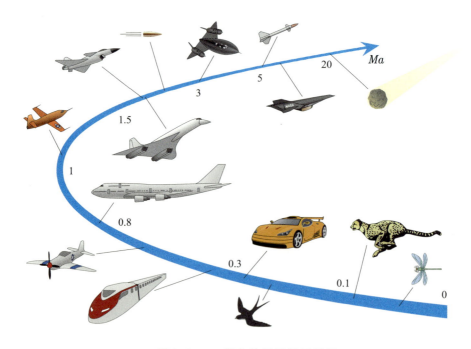

图 8-3　一些物体运动的马赫数

图 8-3 给出了一些物体的运动马赫数,生活中多数常见的流动速度都远低于声速,马赫数对流动的影响很小,这时的模型实验主要考虑雷诺数的影响。当处理飞行器和高速赛车等流动时,则要考虑压缩性的影响,需保证模型实验与实际流动的马赫数一致。

8.2.3 斯特劳哈尔数

$$St = \frac{fL}{V} \tag{8.3}$$

式中:f 为周期性流动的频率;L 为特征长度;V 为流体流速。

当流体做周期性非定常运动时,可以用斯特劳哈尔数来描述振荡的程度,斯特劳哈尔数表示了当地惯性力(非定常惯性力)与对流惯性力(定常惯性力)之比,可以看出斯特劳哈尔数越大则表示振荡的强度越大。当流体绕物体流动时,经常会在其后面形成周期性的涡脱落,称为卡门涡街。对于一定雷诺数下的圆柱绕流来说,这种涡脱落具有很好的周期性,产生的声音就像圆柱在"唱歌"。历史上斯特劳哈尔(Vincenc Strouhal,1850—1922)也正是在研究电线在风中"唱歌"的现象中定义了这个无量纲数。

实验结果表明,在一定的雷诺数范围内,由圆柱后面的卡门涡街的脱落频率定义的斯特劳哈尔数是一个定值:$St \approx 0.21$,从而可以根据流速和圆柱直径计算涡脱落频率 f。例如,电线的直径为 5mm,在 5 级风(~10m/s)的时候,雷诺数为 3000,圆柱后会产生卡门涡街。根据式(8.3)计算出此时的涡脱落频率为 420Hz,这个频率正好是人耳可以听到的。同样雷诺数下,直径 5cm 的树干在 1m/s 的风速下,涡脱落频率是 4.2Hz,人耳是听不到这个声音的。大烟囱直径 5m,要想产生人耳可听到的声音($f > 20$Hz),风速至少要达到 476m/s,显然不会有这样大的风速,即使有,也是有复杂波系的超声速流动,不能这样评估了。

8.2.4 弗劳德数

$$Fr = \frac{V}{\sqrt{gL}} \tag{8.4}$$

式中:V 为流体流速;g 为重力加速度;L 为特征长度。

弗劳德数表示了流动中惯性力与重力之比。一般只有在处理重力场内液体的自由表面相关的运动时才考虑弗劳德数,事实上弗劳德数就是英国科学家弗劳德(William Froude,1810—1879)在研究船航行时受到的水面波阻力时定义的。

弗劳德数之所以不太常用，是因为在很多流体问题中，重力都是可以忽略的。来看这样一个例子，假设流体以 $V = 20\,\text{m/s}$ 的速度通过一个转弯半径为 10mm 的转角，则离心加速度为

$$a = \frac{V^2}{r} = \frac{20^2}{0.01} = 40000\,\text{m/s}^2 \approx 4000g$$

可见，此处的惯性力远远大于重力，重力是完全可以忽略的。

加速度与流体的密度无关，因此上述结论对气体和液体都适用。然而，实际工程问题中，我们明明感觉到重力对于液体运动的影响要比气体大得多，这是为什么呢？这是因为气体的密度小，与惯性力相平衡的压差力容易实现。例如上述的流动中，在介质分别为空气和水时，来流的动压分别为

空气： $\dfrac{\rho V^2}{2} = 245\,\text{Pa} \approx 0.002\,\text{atm}$

水： $\dfrac{\rho V^2}{2} = 2 \times 10^5\,\text{Pa} \approx 2\,\text{atm}$

可见，空气出现这种流动很常见，水要想出现同样的流动，就需要很大的压力。当流动以相同的压差力驱动时，气体高速运动，液体低速运动。从前面的离心加速度的分析可知，重力只在流速小的时候才体现出来，所以我们的常识是重力对水流影响大，对气流影响小。事实上，高速的水流也不需要考虑重力，比如工业上的水切割装置中的射流就可以不考虑重力。

另一方面，虽然说气体的低速运动中重力的作用会凸显出来，但这时雷诺数通常也会很小，粘性力的影响会比重力还大，所以气体运动一般都不考虑重力。不过，如果在同时有温度的变化导致密度不均匀的时候，重力的作用就不可忽略了。比如说空气的自然对流中，重力就是主要的驱动力，这时通常用到另一个这里没有提到的无量纲数——格拉晓夫数。

8.2.5 欧拉数

$$Eu = \frac{p}{\rho V^2} \tag{8.5}$$

式中：p 为流体压力；ρ 为流体密度；V 为流体流速。

欧拉数表示了流体的压力与惯性力之比。实际上影响流体运动的一般是压差力，而不是绝对压力的大小，因此欧拉数也常常写为

$$Eu = \frac{\Delta p}{\rho V^2} \quad (8.5a)$$

可以发现这个无量纲数经常表现为另一个形式，即压力系数：

$$C_p = \frac{\Delta p}{\rho V^2/2}$$

在不可压缩流动中，欧拉数表示了某两点的压差与来流动压头的比例关系，根据伯努利方程，欧拉数也表示了流体的加减速程度。如果一种流动满足定常、无粘、不可压、忽略体积力、忽略表面张力等条件，或者说流体的运动状态只由压差力决定的话，则压力系数只与流场的几何形状相关，这就是势流。例如，对于理想圆柱绕流，其表面压力系数只与几何角度相关：

$$C_p = \frac{p - p_\infty}{\rho V_\infty^2/2} = 1 - 4\sin^2\theta$$

8.2.6 韦伯数

$$We = \frac{\rho V^2 L}{\sigma} \quad (8.6)$$

式中：ρ 为流体密度；V 为流体流速；L 为特征长度；σ 为液体的表面张力系数。

韦伯数表示了惯性力与表面张力的比值。在液体的表面会存在表面张力，当流体的运动速度较小，或者液滴的尺度比较小时，表面张力有可能与当地的惯性力相当或更大，这时就需要考虑表面张力的作用了。韦伯数越小表示表面张力越重要，例如毛细管现象、肥皂泡、液滴等小尺度的问题。当韦伯数远大于1时，表面张力的作用就可以忽略。

雨滴下落时的形状就与表面张力直接相关，而大瀑布流下的水则基本上不需要考虑表面张力的作用。液滴在高速气流中的破碎问题也与韦伯数息息相关，而这通常是在发动机的燃烧室中组织高效燃烧的关键问题。

8.3 控制方程的无量纲化

8.2节中讨论的各种无量纲数可以根据实验总结得出，也可以通过量纲分析得出。在本节中讨论第三种方式，从控制方程出发来得出影响流场的最重要的因素，这种方式比起量纲分析来说更为严谨，物理意义也更为清晰。

流体运动是受三大方程控制的，为了简单清楚地说明问题，这里只针对二维不可压缩流动的 N-S 方程来分析，x 方向的方程如下：

$$\rho\frac{\partial u}{\partial t}+\rho u\frac{\partial u}{\partial x}+\rho v\frac{\partial u}{\partial y}=\rho f_x-\frac{\partial p}{\partial x}+\mu\left(\frac{\partial^2 u}{\partial x^2}+\frac{\partial^2 u}{\partial y^2}\right)$$

在用缩小尺寸的风洞模型进行实验时，为了让两个流动相似，希望在"相同位置"处的流动相同。这个"相同位置"其实是个相对概念，比如真实机翼的翼根上表面从前缘开始 30% 弦长处有分离，这个 30% 就是 $x^*=x/c=0.3$ 的意思。其中的 x 为分离点到前缘的距离，c 为弦长，x^* 为无量纲的尺度。

可见，如果方程中的坐标是无量纲的，就可以描述几何相似尺寸不同的流动了。进一步来说，如果方程中的所有量都是无量纲的，就可以描述各种条件下的流动了，这样的方程具有更好的通用性。

分别用 V, p_0, L, τ 代表速度、压力、长度和时间的参考量，得到无量纲量如下：

$$u^*=\frac{u}{V},\ v^*=\frac{v}{V},\ p^*=\frac{p}{p_0},\ x^*=\frac{x}{L},\ y^*=\frac{y}{L},\ t^*=\frac{t}{\tau}$$

于是，各物理量可以用无量纲量来表示如下：

$$u=u^*V,\ v=v^*V,\ p=p^*p_0,\ x=x^*L,\ y=y^*L,\ t=t^*\tau$$

将这些参数代入控制方程中，可得

$$\left[\frac{\rho V}{\tau}\right]\frac{\partial u^*}{\partial t^*}+\left[\frac{\rho V^2}{L}\right]\left(u^*\frac{\partial u^*}{\partial x^*}+v^*\frac{\partial u^*}{\partial y^*}\right)=[\rho f_x]-\left[\frac{p_0}{L}\right]\frac{\partial p^*}{\partial x^*}+\left[\frac{\mu V}{L^2}\right]\left(\frac{\partial^2 u^*}{\partial x^{*2}}+\frac{\partial^2 u^*}{\partial y^{*2}}\right)$$

公式中方括号内的各项的量纲是单位体积的力，它们代表了作用在流体上的各种力，含义分别如下：

$\left[\dfrac{\rho V}{\tau}\right]$ ——当地惯性力（非定常惯性力）

$\left[\dfrac{\rho V^2}{L}\right]$ ——对流惯性力（定常惯性力）

$[\rho f_x]$ ——体积力

$\left[\dfrac{p_0}{L}\right]$ ——压力

$$\left[\frac{\mu V}{L^2}\right] \text{——粘性力}$$

将前面式子中的各项都除以对流惯性力 $\rho V^2/L$，并把体积力替换为重力，可以得到如下关系式：

$$\left[\frac{L}{\tau V}\right]\frac{\partial u^*}{\partial t^*} + \left(u^*\frac{\partial u^*}{\partial x^*} + v^*\frac{\partial u^*}{\partial y^*}\right) = \left[\frac{gL}{V^2}\right] - \left[\frac{p_0}{\rho V^2}\right]\frac{\partial p^*}{\partial x^*} + \left[\frac{\mu}{\rho VL}\right]\left(\frac{\partial^2 u^*}{\partial x^{*2}} + \frac{\partial^2 u^*}{\partial y^{*2}}\right)$$

可以看出，方括号内的各项就对应着前面提到过的一些无量纲数，即

$$St\frac{\partial u^*}{\partial t^*} + \left(u^*\frac{\partial u^*}{\partial x^*} + v^*\frac{\partial u^*}{\partial y^*}\right) = \frac{1}{Fr^2} - Eu\frac{\partial p^*}{\partial x^*} + \frac{1}{Re}\left(\frac{\partial^2 u^*}{\partial x^{*2}} + \frac{\partial^2 u^*}{\partial y^{*2}}\right) \qquad (8.7)$$

可见，对于不可压缩流动，决定流动状态的无量纲数有四个，分别为：欧拉数 Eu，雷诺数 Re，弗劳德数 Fr 和斯特劳哈尔数 St。当流动为定常，且重力可忽略时，公式简化为

$$\left(u^*\frac{\partial u^*}{\partial x^*} + v^*\frac{\partial u^*}{\partial y^*}\right) = -Eu\frac{\partial p^*}{\partial x^*} + \frac{1}{Re}\left(\frac{\partial^2 u^*}{\partial x^{*2}} + \frac{\partial^2 u^*}{\partial y^{*2}}\right) \qquad (8.8)$$

即流动只由欧拉数和雷诺数决定，如果再忽略粘性力，则公式简化为

$$Eu\frac{\partial p^*}{\partial x^*} + \left(u^*\frac{\partial u^*}{\partial x^*} + v^*\frac{\partial u^*}{\partial y^*}\right) = 0 \qquad (8.9)$$

即流动只由欧拉数决定。欧拉数可以表示为压力系数，所以式（8.9）表示了这样的意思：只要几何相似且边界条件相等，流场的压力分布就是一样的，或者说流场的压力分布只由其运动学特征决定，这就是势流的特征。

上面的分析中没有出现马赫数，是因为假设了不可压缩流动，弹性力并不体现在方程中。对于绝能等熵的可压缩流动，在第 7 章已经进行了分析，从那些公式可以看出，决定绝能等熵可压缩流动压力分布的无量纲数有两个，即马赫数 Ma 和比热比 k。

8.4 流动建模与分析

理论上来说，要想让两种流动相似，必须要保证几何相似，并且所有无量纲量相等。实际上这基本是不可能的，因为这样的模型就成了原型。用模型代替原

型进行实验，关键是要抓住主要影响，而忽略其他次要的影响，体现在无量纲数上就是指保证关键的无量纲数相等就差不多了。下面针对三种具体问题，分析模型试验时需要考虑的无量纲数。

8.4.1 低速不可压缩流动

低速不可压缩流动中不需要考虑马赫数的影响，流动的状态主要受雷诺数影响。不可压缩流动的各种特性一般都被描绘成随雷诺数的变化，只要雷诺数相等，通常就可以保证模型实验的结论可以用于真实流动。鉴于雷诺数中有三个独立变量 V，L 和 ν（$\nu = \mu/\rho$），模型实验可以有很多种选择。

如果真实的流场太小不易测量（如研究昆虫翅膀的升力问题），实验中就可以用较大的模型代替，适当降低流速来保证雷诺数相等。反之，如果真实的流场太大没法在风洞中实现（如研究摩天大厦所受的气动力），就需要缩小尺寸并增加流速。另外，很多本来属于空气的流动经常会在水洞中进行实验，这时只要保证雷诺数相等，并排除重力影响就差不多了。

上述思想在理论上没有问题，但实现起来却不易做到。例如，一个摩天大楼高 400m，受风洞尺寸的限制，实验中用 0.4m 高的模型代替的话，为了保证雷诺数相等，则需要风洞中的风速是实际风速的 1000 倍。如果实际风速是 10m/s，则要求风洞中的风速为 10km/s！且不说风洞中能否实现这样的风速，关键是这已经是高超声速流动了，压缩性以及空气物性的变化使得流动完全不相似了。

所以，即使对于不可压缩流动，模型实验的雷诺数也经常与实际流动不相等。那又是如何保证流动相似的呢？

当雷诺数很大的时候，湍流涡粘性占了主导地位，分子粘性几乎可以忽略，因此，只要雷诺数大于一定的值，流动就大概是相似的，这个值就是保证流动为完全发展的湍流的那个值，一般认为是 $10^5 \sim 10^7$。所以，只要真实流动和模型实验的雷诺数都足够大，就认为他们是相似的，通常把这个雷诺数范围称为自模区。当雷诺数小于 2000 的时候，虽然不同的雷诺数对应不同的粘性力影响，但根据层流的理论，可以根据一种雷诺数来推断另一种雷诺数下的流动，因此也不一定需要保证雷诺数相等，只是分析其结果时首先要经过转换。

对于雷诺数处于 $2000 \sim 10^5$ 范围内的流动是最麻烦的，例如在风洞中吹风研究一个翼型的升力特性，虽然基于弦长的雷诺数一般都很大，但对于边界层来说，前缘附近的当地雷诺数则必然会有处于 $2000 \sim 10^5$ 范围内的情况。一般来说模型实验的流速较低，基于弦长的雷诺数比真实流动小，转捩位置会比实际翼型靠后，这可能导致模型实验的结论与实际流动完全不符。这时常常采用一种技术——人工转捩。具体来说就是根据实际流动的雷诺数估计出转捩位置（当然也可以通过对实际流动测量得出），然后在模型的相应位置处施加扰动来促使当地的边界层转捩为湍流，例如加一层厚度约为当地边界层排挤厚度的细沙之类的方式。图 8-4 表示了缩小尺寸的机翼模型实验中使用人工转捩，从而使在雷诺数不同的条件下保持表面压力分布相似。

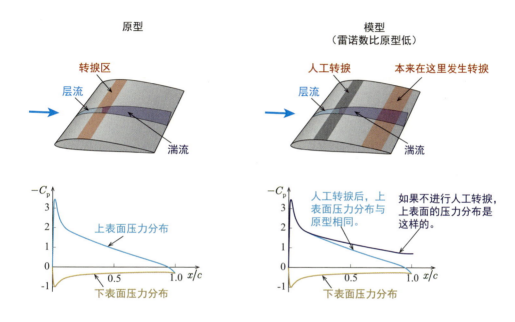

图 8-4　模型吹风实验中使用人工转捩技术

8.4.2 高速可压缩流动

对于空气动力学实验来说，压缩性的影响经常是第一位的。尤其是流动达到跨声速和超声速时，流场中可能会出现激波，产生间断面，这种现象在亚声速流动中是无法实现的，无法用低速实验来模拟。

不过，用低速实验来模拟空气中的超声速流动也不是完全不可能。例如，某些时候可以用水面波来模拟激波，做一些定性的波的传播和干涉的研究，但这并不算完全的流动相似。其实在低速下实现有激波的流动也不是没有办法实现，只要采用声速低的流体就好了。美国在第二次世界大战后期曾经做过大量超声速压气机的实验，当时还没有解决高速旋转下叶片的强度和振动等问题，解决办法是采用氟利昂作为工作介质。氟利昂中的声速远小于空气中的声速，因此实现了用低转速模拟高转速的目的。当然今天这种方法已经不现实了，氟利昂由于破坏臭氧层而臭名昭著，连制冷都不再使用了。

对于高亚声速但并不存在激波的流动，马赫数的大小表示了气流的压缩性的作用，低速模型实验得到的诸如升力和阻力等特性与高速下会存在明显的不同。例如，用低速大尺寸模拟高速小尺寸流动，考虑的是雷诺数相等，但如果对应的高速流动的马赫数较高，压缩性不可忽略，则需要做高低速转换。这个问题最早是由普朗特提出的，并且由格劳厄特（Hermann Glauert, 1892—1934）系统研究后发表，称为普朗特—格劳厄特转换准则（Prandtl-Glauert transformation rule）。通过这个转换，可以将低速实验下获得的数据转换到高速下。

还有一种方法是重新设计物体形状，使低速下的翼型表面压力系数分布与高速下的相同（也就是保证欧拉数相同）。这样设计出的模型形状与真实的物体形状并不相同，但由于压力分布相同，其结论可以直接应用于高速情况。对于叶轮机的叶片来说，转换到低速下的叶型厚度和弯度将更大，如图 8-5 所示。

如果同时采用高低速转换和人工转捩，则模型实验的雷诺数和马赫数都可以与实际流动不同，但欧拉数一定要相同。因为欧拉数代表了压差力与惯性力之比，而多数情况下压差力总是流动的主要驱动力。

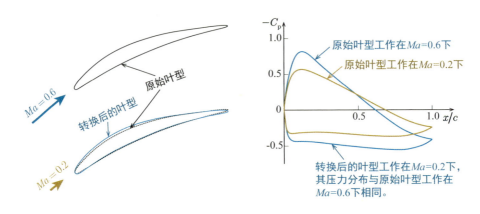

图 8-5　使用高低速叶型转换技术实现低速模拟

8.4.3　生活中的例子——水花

图 8-6 表示了溅起的牛奶液滴，我们来看看这种流动与哪些无量纲数有关。

首先，这种流动是受重力驱动的，且在液面形成表面波，因此重力是很重要的决定因素，也就是说与弗劳德数 Fr 有关；

第二，溅起来的牛奶滴受到表面张力的作用趋向于球形，与韦伯数 We 有关；

第三，扰动液体形状的除了惯性力外，粘性力也很重要，与雷诺数 Re 有关；

第 8 章 流动相似与无量纲数

图 8-6　飞溅的牛奶液滴

第四，这种飞溅是一个非定常过程，与斯特劳哈尔数 St 有关。

总结起来，这样一个看似很简单的流动，如果要正确模拟，至少要同时考虑四个无量纲数 Fr，We，Re，St 的影响，可见这种流动一点也不简单。

很多现代电影中用动画模拟实际场景，可以做到惟妙惟肖，这其中流体力学扮演了重要的角色。通过计算流体力学软件模拟真实的流动，并辅以后期渲染等手段，可以做出效果惊艳的巨浪和飓风。另外，即使是真实拍摄，也经常使用布景的方式，例如用小水池来模拟大海的场景。无论是动画还是布景，要做到真实，都要求最后的影像效果符合常识，这其中保持流动相似是至关重要的。一个例子是，《托马斯和他的朋友们》这部动画片中，火车烟囱冒出的烟都是呈层流或者低雷诺数湍流状态，明显与全尺寸火车的烟是不一样的，可以猜测应该是拍摄时用的模型比较小的原因。

 扩展知识

1. 极低雷诺数下的流动问题

当雷诺数非常低时（$Re \ll 1$），粘性力远大于惯性力，这时的流动和一般所见的高雷诺数流动差别很大。这种流动称为蠕动流（Creeping Flow），或者斯托克斯流动（Stokes Flow）。

从 N-S 方程可以看出，一般流体微团在四种力的作用下平衡，即重力、压差力、粘性力和惯性力。在极低雷诺数下，重力和惯性力都可以忽略，只剩压差力和粘性力之间的平衡。忽略重力的情况我们一般比较熟悉，忽略惯性力是什么意思呢？

惯性力可忽略就说明物体没有惯性，这时运动就变成了：受力就运动，不受力就停止，不再符合牛顿定律了。当然，这样说并不严谨。较为严谨的说法是：

当雷诺数远小于 1 时，重力和惯性力都可以忽略，流场各处的粘性力总是和当地的压差力大小相等方向相反，流体不能产生加减速运动。生活中，我们推一个放在粗糙地面上的重物时就是这样，用力推的时候物体就移动，一旦停止用力物体立刻就停下。微生物在液体中的运动也是这样，必须不停地游动才能保持速度。

蠕动流中，由于惯性力可忽略，是没有常规的分离现象的，绕圆柱的流动看起来和势流一样，也是上下对称，前后也对称的。其实它们是不同的，图 8-7 分别表示了绕球体的势流和蠕动流。可见，势流和蠕动流的流线形状、速度分布和压力分布都是不同的。现实中并不存在绕球体的势流，因此教学时经常不得已用蠕动流来演示势流，学习时要注意区分。

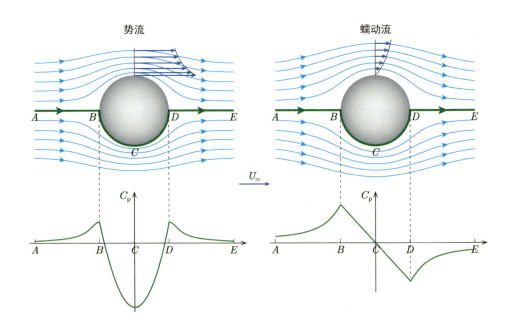

图 8-7 绕圆柱的势流和蠕动流

思考题

8.1 了解航空发动机高空模拟试验台，思考为什么要花这么大的成本来建设这样的试验台，普通试验台为什么不能满足要求。

8.2 了解气象学中大气运动的雷诺数的长度尺度是如何取的。

第 9 章
一些流动现象的分析

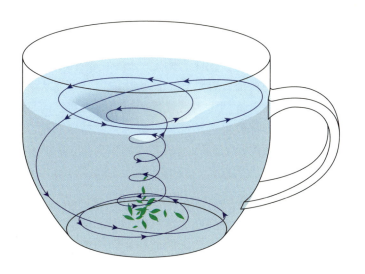

搅拌一杯茶水，其旋转的同时，做中心上升、四周下降的运动，驱动茶叶聚集于杯底中心。

在这一章中，精选了 25 个流体相关的现象，使用流体力学的知识进行了分析。通过这些分析，一方面可以巩固对流体力学的认识，另一方面也可以加强理论联系实际的能力。

作者在网上和有些书上看到过一些针对这些问题的相关解释，但经常是说法各异，甚至有些书上的说法是有问题的。作者自己也不能保证这里给出的分析就完美无缺，但至少可以为大家提供一些理性逻辑的思考方法。

9.1 物体在外太空的形状—— 流体的特性

我们都习惯了在地球上的生活，觉得很多事是理所当然的，然而从力学的观点看来，地球上的环境并不具有一般性。地球上有万有引力产生的重力，有空气在重力作用下产生的大气压力，有地球旋转产生的离心力和科氏力等。相比而言，处于外太空的物体才是较为自由的状态。

一般我们认为，固体有固定的形状，液体和气体没有固定的形状，这其实都是在地球上的特征。在地球上的物体同时受到重力和大气压力的作用，因此物体内部也会存在着这两种力造成的内应力。如果一个固体突然被放在外太空，这个内应力将得以释放。当然固体一般仍会保持原有形状，因为它基本不可压，不会因为外界压力的消失而产生明显的体积变化。并且，由于重力和大气压力消失产生的内应力变化不大，一般也不至于让固体自行分解。

液体，例如水，在地球上是没有固定形状的，盛放在容器中就是容器的形状，这时其内部只有正应力，而没有剪应力。如果没有容器的限制，水摊在地上就是一大片，这是由于重力产生的剪切作用使水连续剪切变形的结果。在外太空没有重力，表面张力就起了主导作用，所以在太空舱里演示的水都呈球形。从力学上讲，大气压力对液体来说并不重要，没有了大气压力，液体的体积也基本不会变化。所以如果把水放在外太空的真空环境中，它也仍然应该保持完美的球形。

不过，如果真做这个实验的话，就不这么简单了。例如，把常温的水突然置于外太空，因为外界为真空，水的压力低，沸点也低，于是水会马上沸腾汽化，一部分变为气体，剩余部分则因为温度的降低而结冰。无重力环境中水的沸腾表现是在内部形成气泡，接下去气泡之间融合而产生较大的气泡。最终稳定下来会是什么样子呢？无外乎两种情况，一个可能是水蒸气全部逃逸出水球，消散在四周，剩下一个破损的冰壳；另一个可能是部分水蒸气没有逃掉，被锁定在冰壳之中（也包含先前溶于水的气体）。

第 9 章 一些流动现象的分析

所以，在外太空少量的水是无法保持液态的，如果是大量的水，通过万有引力作用，就可能聚在一起在内部保持一定的压力和温度，形成球形的液态星球。这个星球如果是旋转的，就是扁球形。

如果把一个大气压的空气突然置于外太空，它内部的压力会使其迅速向四周扩散，直到压力降为与环境一样。对于理想气体而言，分子之间没有势能，这个过程中气体并不对外做功，所以气体本身的内能不变。实际的空气并不是精确的理想气体，这种自由膨胀时内能会降低一点，但气体最后温度降低到与宇宙背景温度一致靠的主要还是对外的辐射。

9.2 覆杯实验的原理——与液体的不易压缩性有关

覆杯实验常被科普实验用来演示大气压力的存在。通常的做法是：将一个杯子装满水，用一硬纸板或薄塑料板盖在杯口上，用手按着纸板把杯子倒过来，小心地放开扶纸板的手，纸板并不会下落，杯子内部的水也不会洒出来。对这一现象通常的解释是存在大气压力，杯中水的重量对纸板产生的力小于大气压力托住纸板的力。鉴于大气压力可以支撑 10m 高的水柱，托住一般杯子中的水是完全没有问题的。

这个解释看似合理，实际上却是有问题的。因为对于放在空气中的水来说，其内部的压力本身就包含了大气压力，也就是说，杯内的水对纸板的作用力按理应该是大气压力加上水的重量才对。因此，简单地说是大气压力托住了纸板和杯中的水并不准确。

为了简化问题，下面的分析中我们假定杯子为圆柱形且不变形，纸板保持平面不变形且忽略其重量，杯中装满水，无气泡。

覆杯实验的整个过程如图 9-1 所示，杯子装满水后，杯口水面处的空气和水的压力都等于大气压力 p_0，而杯底水的压力为 $p_0 + \rho g h$。盖上纸板后，不变形且无重量的纸板不对水施加任何作用力，水的压力保持不变。倒置杯子后，手保持压紧纸板，且纸板不变形的话，杯中水的压力并不会发生变化，只是此时杯底处压力变为 p_0，杯口处压力变为 $p_0 + \rho g h$。此时慢慢松开手，很显然纸板应该下落，因为其上表面的压力大于下表面的压力，但实际情况却是纸板不下落。对无重量的纸板进行受力分析，可知上下表面的压力应该相等，即杯中水的压力应该变为杯口处为大气压力 p_0，杯底处为 $p_0 - \rho g h$。也就是说，松开手后，杯中水的压力整体降低了，这是如何发生的呢？

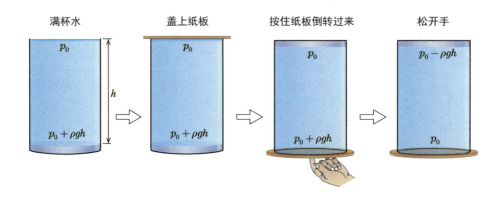

图 9-1 覆杯实验中杯内水的压力变化

当把杯子倒过来并松开手后,纸板受水的重力作用肯定是要向下落的,只是它下落很小距离后就停止了,这时在纸板和杯口之间形成了一个很小的间隙。仔细观察可以发现,水充满这个间隙,但是并不流出来,如图 9-2 所示。这时水仍然充满整个杯子不留间隙,因此可以认为水的体积有一定的胀大。水作为一种液体,其压缩率非常小,微弱的体积膨胀就会造成其内部压力的明显降低,于是杯口处的压力就降低到与大气压相同了。

按照这个解释,图 9-2 所示的间隙处的水和空气的压力都等于大气压力。为保持水不流出,这个间隙必须非常小,使水的表面张力能发挥作用。否则,液面有可能失稳而使空气进入杯子中,进而导致整个演示的失败。对于一般大小的水杯,根据水的膨胀率可以算出,只需 0.1 μm 的间隙就可以达到所需的压力下降。在这么小的间隙内,表面张力是足够强的。

上述分析中忽略了很多影响因素,与实际并不完全相符,一个比较明显的事实就是:既然我们可以清楚地看到纸板与杯口的间隙,那么它显然不止 0.1 μm 那么小。下面我们就把上面忽略的一些因素考虑进来看一下。

一个影响因素是,如果水的压缩性必须考虑,则杯子的变形也应该考虑。在倒转杯子纸板不下落的时候,杯内水的压力低于外界大气的压力,于是杯子受到

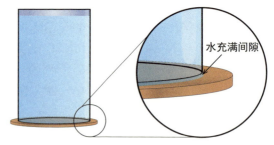

图 9-2 杯口与纸板的小间隙内充满水

一个向内的压力,使杯子的容积有微弱减小,减小的这部分容积将水向外排挤,造成纸板和杯口的间隙比理想情况大。

还有一个重要的因素,就是通常来说水中是溶有气体的,压力的减小会使少量气体析出,形成微小的气泡,占据一定的体积。气体的膨胀率要比水大得多,同等的压力减小引起的气泡的体积膨胀要大得多,从而使水被向外排挤更多,这也是导致纸板和杯口的间隙比理想情况大得多的一个因素。事实上这个实验在杯内存在大量气泡甚至只有大半杯水的情况下都有可能成功,只是操作更加困难一些而已,关键是纸板与杯口的间隙不能太大。杯内气体越多,则同等压力下降就会导致越大的间隙,演示就越容易失败。

盖板用纸板比用玻璃片更容易成功,一个因素是玻璃片的重量比纸板大,另外一个因素是纸板较玻璃片容易变形,通过变形可以在保证其与杯口的间隙不变的情况下增大内部容积,如图9-3所示。另外,有些教师在演示这个实验时,为了增大成功率,在盖纸板的时候会"作弊",故意施加一个压紧力,使纸板下凹(水溢出一点)。由于纸板的回弹力,此时杯口处水的压力就已经稍低于大气压力了,因此实验更容易成功。纸板内凹还有一个额外的好处,就是倒转杯子后,纸板不易左右滑动,这也有助于杯口间隙处水与空气界面的稳定性。

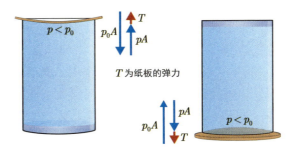

图 9-3　让纸板内凹一些更容易成功

考虑到纸板的重量,倒置杯子时杯口处水的压力应该是略低于大气压力的,若纸板重量为 G,则杯口处水的压力应该为 $p = p_0 - G/A$,如图9-4所示。水与大气之间的平衡需要表面张力来

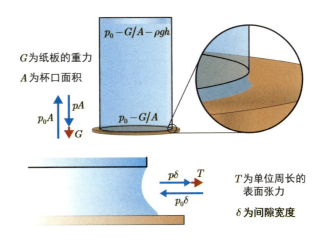

图 9-4　盖板的重量是靠间隙处的表面张力平衡的

协调，间隙处的液面会向内凹，使水的压力与表面张力之和等于大气压力。可见，虽然直接托住纸板重量的是内外的压力差，但是这个压力差需要通过间隙处的表面张力来平衡。因此，虽然杯内的水可以很重，但盖板却不能太重。如果用玻璃片等较重的东西做盖板，那么这个演示的成功率就会下降。

9.3 气塞现象—— 气体的易压缩性

输送液体的管道中如果存在气泡，流动可能会被堵塞，这种现象称为气塞。气塞现象的危害很大，比如汽车的刹车油管中如果混入了空气，或者长时期使用导致过热而有蒸汽析出，就很有可能会造成刹车失灵。我们的主血管中如果混入了气泡，就有可能会造成供血不畅，甚至危及生命。

有的书上说，刹车油管中的气塞现象是由于管路中间有空气的存在，压力无法传递造成的，这种说法并不确切，因为无论是液体还是气体，都是可以传递压力的。如图9-5所示的汽车刹车系统中，如果没有气泡，踩下刹车踏板，通过刹车油将压力传递到制动钳上，可以对车轮实施制动。当油路中有气泡时，踩下刹车踏板，按理来说压力一样可以传递到制动钳上，那刹车失灵是如何造成的呢？

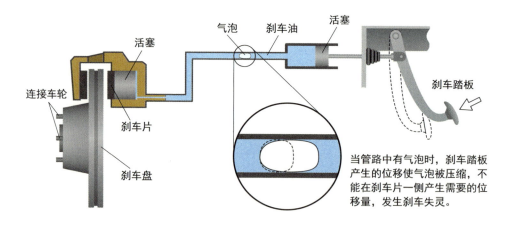

图9-5 简单刹车系统示意图及气塞现象的原理

实际上，与其说刹车油管传递的是压力，不如说传递的是位移。刹车踏板将刹车油推进一段距离，这个距离体现在制动钳上，使其夹紧制动盘来刹车。当管路中有气泡时，刹车踏板可以将气泡前的刹车油推进同样的距离，气泡会被压缩，其下游的刹车油的推进距离就小得多了。因此，同样的刹车踏板行程并不能提供同样的制动钳行程，就会出现刹车失灵了。这种时候踩刹车，通常的感觉是绵软无力，原因是气体被压缩所产生的压力增加有限。所以说刹车油管内存在气泡时导致压力不能传递也是有一定道理的，但根本原因是气泡的压缩性导致压力建立不起来。

因此，气泡是否会产生阻塞是跟动力端的加压形式有关的，如果动力端的位移是个有限值（比如刹车踏板和心室收缩），那么气泡确实会导致流动受阻。但如果动力端是个恒压的条件，则气泡并不一定会阻碍流动。例如，自来水管道中虽然含有大量空气，却很少导致堵塞，供暖管道中的流动也大抵如此。另外，如果流动中用到了虹吸作用，气泡也可能导致阻塞，例如像图 9-6 所示的情况，这是由于气体不能提供跟液体同等大小的重力的原因。

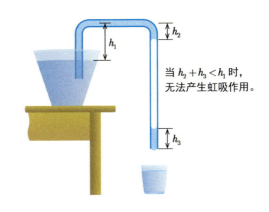

图 9-6　虹吸作用中的气塞现象

9.4　气球放气时的推力—— 动量定理与力

气球充满气后放开，它会朝与喷气相反的方向飞，这个现象的原理和火箭飞行的原理是完全相同的。

一般有两种常见的解释。一种解释是根据动量守恒定律，一开始气球和内部的空气都处于静止状态，当气体以高速喷出时，气球就朝相反方向运动，排出气体的动量与气球的动量大小相等，方向相反。另一种解释是根据作用力和反作用力，认为放气时气球受到了反冲力的作用而获得速度。

这两种解释都是正确的，其实分别对应着力学中的积分法和微分法。我们这里分别分析一下，如图 9-7 所示，取整个气球和内部的空气为控制体，则该控制体有动量不断流出，气球在前进时受到空气阻力的作用，这个阻力如果与气球喷气产生的推力相等，气球就做匀速运动。如果阻力小于推力，则气球做加速运动，控制体上会附加一个惯性力。

上面的方法是通常流体力学的研究方法，可以看出，在这种分析中，并不显

气球做匀速运动　　　　　　　　　气球做加速运动

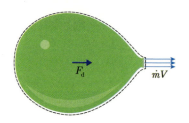
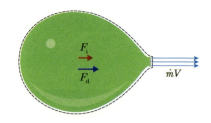

对控制体 ◯ 来说，所受水平外力只有外部空气的阻力 F_d，于是有：

$$F_d = \dot{m}V$$

对控制体 ◯ 来说，所受水平外力除了空气阻力外，还有惯性力 F_i，于是有：

$$F_d + F_i = \dot{m}V$$

图 9-7　取气球及内部空气为控制体来分析气球的推进力

式地存在推进力，原因是采用了动量积分方法。如果只研究气球本身的受力，而不包含其内部空气，并采用微分方法，就可以看见推进力了。

气球内的气体压力是高于外界压力的，一般可以认为气球内部的空气基本静止，压力处处相等，侧面的压力相互抵消，而气球口处的压力为大气压，并且接近出口处的空气也因为有流速而压力下降，于是有一部分朝前的压差力没有抵消掉，这部分力就是推动气球前进的力，图 9-8 给出了这种分析方法的示意图。其中内部空气给予气球推进力，推进力主要是由内部空气的压差力形成，剪切力只在出口附近有一点点，基本可以忽略。外部空气给予气球阻力，阻力也是主要由外部空气的压差力组成，但剪切力也有所贡献。

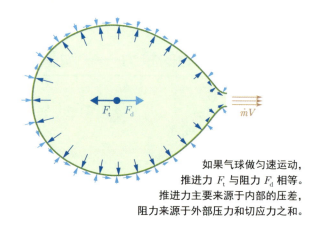

如果气球做匀速运动，推进力 F_t 与阻力 F_d 相等。推进力主要来源于内部的压差，阻力来源于外部压力和切应力之和。

图 9-8　以气球为研究对象的受力分析

综合看来，这个问题可以这样理解：

（1）气球内部的气体压力大，推动气体从喷口喷出。

（2）由于喷口处的压力为大气压，使气球内部空气的压差力存在向前的分量，这就是气球的推进力。

（3）气球在空气中可以做匀速运动，这时推进力与空气阻力平衡。

9.5 水火箭的推力—— 推力与介质无关

水火箭是一种利用空气的可压缩性和水的动量提供反推力的玩具，经常见于学生的课外科技制作和比赛中。具体方法是在空饮料瓶内灌入一定量的水，利用打气筒充入压缩空气，达到一定压力后，冲开瓶塞，水从瓶口向下高速喷出，火箭（饮料瓶）在反作用下快速上升，其推进原理和放气的气球是一样的。

一般比赛是看谁制作的水火箭飞行高度更高，经验已经证明，灌水量大概为瓶容量的 1/3 左右时的飞行高度最高，我们这里结合图 9-9 来分析一下这其中的原因。

如果瓶内全部充满水显然是不行的，因为水压缩率太低，加压放开后，几乎不会有水从饮料瓶中喷出，火箭也就不会飞。如果瓶内全部充满空气行不行呢？应该是可行的，这就是气球放气后飞行的原理，但经验证明全是空气效果很差。有些书上的解释是水的密度大，在喷口速度相同的情况下，密度大的水产生的反作用力要大得多，这个解释看似合理，但却是完全错误的。

我们这里分喷口处是水和空气两种情况计算一下火箭的推力。设大气压力为 p_0，火箭内压缩空气压力为 p_1，忽略水的重力作用，并认为瓶子直径远大于瓶口直径。根据伯努利方程，喷口处的流速应该为

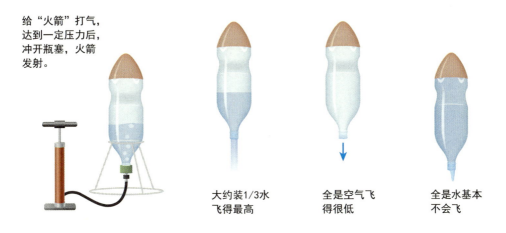

图 9-9 水火箭示意图

$$V_1 = \sqrt{\frac{2(p_1 - p_0)}{\rho}} = \sqrt{\frac{2p_{1g}}{\rho}}$$

其中的 p_{1g} 为火箭内压缩空气的表压。

喷出的空气或水给予火箭的推力就等于其动量流量：

$$T = \dot{m}V_1 = \rho A V_1^2 = \rho A \frac{2p_{1g}}{\rho} = 2p_{1g}A$$

可见这个推力只决定于火箭的喷口面积和内部的表压，跟工作介质无关。所以说，无论用空气还是用水，推力都是一样大的。密度大的水虽然貌似可以提供更大的动量，但在相同压力条件下，其喷出速度也小。鉴于瓶内没有水时重量更轻，只用压缩空气时在一开始反而可以获得更大的加速度。

那么，为什么用水做推进剂火箭能飞得更高呢？这是因为：虽然用空气或水在一开始获得的推力相同，但是火箭飞的高度是由介质所做的功决定的，也就是说，不但要有大的推力，还要有足够长的作用时间。假设打气后瓶内表压为 0.3 个大气压，则空气在喷口的速度可达 200m/s 以上，很快会喷完。而水的喷射速度只有不到 8m/s，射流持续的时间比空气要长得多，所以用水做推进剂火箭可以飞得更高。

9.6 涡轮喷气发动机的推力——作用在什么部件上？

涡轮喷气发动机安装于飞机上工作时，空气从前部吸入，经过压气机增压，燃烧室喷油燃烧，涡轮膨胀，并从尾喷管排出。用动量定理分析，空气经过发动机被加速，发动机必然获得向前的推力。

我们现在仿照对气球推力的分析方法来分析一下发动机的推力。实际上，以发动机为研究对象，推力一定是实实在在作用在发动机各部件表面的压力和粘性力的合力。鉴于压力远大于粘性力，我们只需要分析压力即可。根据压力的特性可知，只有面向后的固体表面才有可能受到向前的推进力。

图 9-10 表示了涡轮喷气发动机的推力分配示意图，其中压气机起到增压的作用，因此其叶片朝后的表面上的压力都是大于朝前的表面的压力的，所以压气机上的作用力是向前的。燃烧室中的流速较低，因此壁面上的压力各处近似相等，但燃烧室内表面朝后的表面积明显要大于朝前的表面积，所以燃烧室上的作用力也是向前的。涡轮与压气机不同，其叶片朝前的表面上的压力是大于朝后的表面

第 9 章 一些流动现象的分析

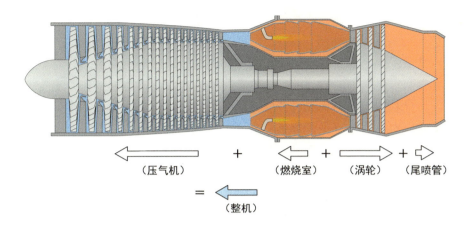

图 9-10　涡轮喷气发动机的推力组成示意图

的，所以涡轮上的作用力是向后的。尾喷管如果是收缩的，其上的作用力也只能是向后的，不过尾喷管段中央有尾锥，其上作用力是向前的，所以尾喷管段的作用力可以是向前的。

综合来说，在涡轮喷气发动机中，压气机和燃烧室是提供向前的推力的主要部件，尾喷管也可以提供一部分向前的推力，涡轮产生的则完全是向后的力。当然不能据此认为涡轮是帮倒忙的，因为涡轮不但给压气机提供了动力，还给压气机提供了合适的排气条件，这两点都是保证压气机上有较大向前作用力的基本条件。

大型客机都是采用大涵道比的涡轮风扇发动机，其推力主要作用在风扇上，同时压气机、燃烧室、涡轮和尾喷管上的作用力的合力仍然是向前的，也提供一部分推力。对于低速客机上使用的涡轮螺旋桨发动机而言，推力几乎完全作用于螺旋桨，发动机内部其他各部件上的合力基本上互相抵消了。

9.7　总压的意义和测量—— 总压不是流体的性质

总压的定义是流体速度等熵绝热地滞止到零时所具有的压力，或者说总压是气流的静压和动压之和。其中的静压是气流实实在在的压力，而动压是一个假想的压力，是假设气流在减速过程中增加出来的。

假设用一个压力传感器来测量压力，如果它以相同的速度跟着流体运动，那么它感受到的流体就是静止的，这时就没有总压的概念了，或者说这时的总压就等于静压。显然跟着流体一起运动是测量流体静压最合理的方法，虽然这一般并不容易实施。

如果这个压力传感器与流体之间有相对运动，流体流过它的时候就会受到扰动，在其表面形成边界层或分离区。鉴于边界层内沿法向方向的压力不变，分离区内的压力也基本不变，则流过传感器感受孔附近的主流的速度基本就决定了传感器测得的压力。如果感受孔是正对来流方向的，则孔附近的气流速度都接近于零，如图 9-11（a）所示；如果感受孔是背对来流的，则孔附近就会是分离区，流速也接近于零，如图 9-11（b）所示；如果感受孔是平行来流的，则孔附近的流速就比较高，可能和来流相当，如图 9-11（c）所示。下面我们来分别分析一下这三种情况下传感器测得的压力大小。

图 9-11（a）的情况比较简单，因为来流是在未接触物体的情况下减速的，非常接近于等熵绝热滞止，所以传感器测得的压力基本就是来流的总压。当然如果来流是超声速的话，会在传感器前部形成激波，这时传感器测得的是波后的流体总压，需要换算才能得到来流真正的总压。

对于图 9-11（b）的情况，虽然流体速度也基本为零，但传感器测得的压力却会远低于来流总压，甚至也低于来流的静压。这是因为背风面是流速较低的分离区，粘性作用不可忽略，其中的压力变化不能用伯努利方程解释。分析分离区的压力，应该从伯努利方程适用的主流入手。因为分离区内的流体速度很低，这里的压力大概相同，都接近于分离点处的压力，而分离点的压力则一般都是低于来流静压的。原因是分离点一定是位于扩压区的，所以对于钝体来说分离点一般就在最高速度点之后不远的地方，这里的主流速度高于来流速度，压力也就低于来流静压。

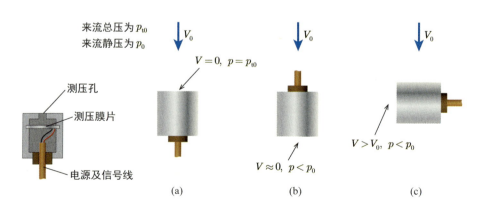

图 9-11　处于气流中的传感器测得的压力

对于图 9-11（c）的情况，传感器测得的压力会低于来流的静压。因为传感器对流动造成了扰动，使流经传感器膜片附近的主流明显加速了，压力也就低于来流静压了。

如果要在静止坐标下测量来流静压，一般有两个方法。一个方法是不对来流造成扰动，例如将传感器埋于壁面，使测压孔与壁面齐平。在一个等截面的流动通道内，不考虑边界层排挤厚度增长造成的流动加速的话，测得的压力就是来流的静压了，如图 9-12（a）所示。另一个方法是虽然对来流造成了扰动，但保证传感器膜片处的流速恢复到与来流速度一样，例如让测压孔平面介于图 9-11（a）和（c）之间的某个角度，如图 9-12（b）所示。

综上所述，传感器只能测得流体的静压，是不能测量总压的。所谓的总压测量，其实是使来流速度等熵绝热地滞止到零，并测量当地的静压。换句话说，气流的静压是客观存在的，而总压和动压是假想的，根本就不是气流本身的性质。如果所选坐标发生了变化，总压和动压也将跟着变化。

如果流体是静止的，一个物体穿过流体运动的话，很显然对于静止的观察者来说，流体只有静压而没有总压的概念。飞行的飞机就是这样的，我们通常习惯以飞机为固定坐标，相当于在风洞中固定飞机吹风，这时的分析中所用到的总压确切地说应该称为相对飞机的总压。机头处的压力大，在以飞机位固定坐标时的解释我们都比较熟悉，就是来流滞止产生的压力升高。如果站在地面上看，是迎面的气流被飞机推动而比大气压高，这个升高的压力是飞机对空气做功的结果。而机身上压力等于大气压的地方则相当于未对空气造成扰动，在压力小于大气压的地方，相当于空气受自身的压差的作用从静止加速，消耗自身的压力势能，产生了压降。

对于不可压缩流动，当气流减速时，压力的上升完全是环境的流体对减速的流体所做的推动功的体现，对于可压缩流动，这个减速过程中不但有推进功，还有压缩功的存在，所以按可压缩流动计算的动压比按不可压缩流动计算的动压要大一些。

如果引起流体加速的不是压差力，而是粘性剪切力，情况就不一样了。因为作用于流体的力如果是

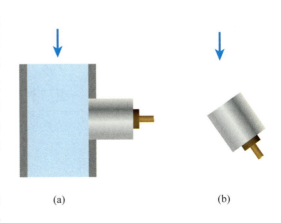

图 9-12 两种测量来流静压的方法

单纯的剪切力，那么流体就是被拖动，而不是被推动，这时流体就不会受到挤压，流体内部的压力也不会发生变化。也就是说，粘性剪切力虽然也可以增加流体的动能，但不会增加流体的压力势能。对于不可压缩流动，摩擦引起的温升也不会影响压力，这时粘性力拖动流体运动就完全不会引起压力变化。

图 9-13 表示了一个平板边界层流场的压力和速度分析。左侧表示的是常规的平板不动的情况，右侧表示的是平板动而主流不动的情况，相当于无厚度的平板穿过静止的流体。

对于左侧的情况，边界层理论已经有详细的分析，基本描述是：整个流场的压力都相等，边界层内的速度比主流低，总压则与速度（代表动压）有相同的分布形式，边界层内流体总压的降低是由于流体内部的粘性力作用使机械能损失为内能引起的。对于右侧的情况，可以这样描述：平板对流体只有粘性力，因此整个流场的压力都相等，平板附近的流体被粘性力带动，具有了速度，总压仍然与速度有相同的分布形式，边界层内流体总压的增加是由于平板通过粘性力做功使流体的动能增加而引起的。左右两图是同一种流动在不同参考系下的表现形式，静压是流体的性质，与参考系无关，所以两图中的静压分布是一样的。

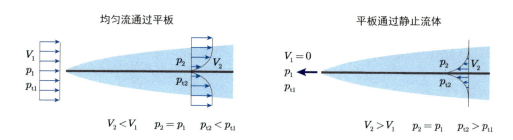

图 9-13　两种坐标定义下的平板边界层内部流体参数

9.8 收缩为何加速？—— 定常流动是平衡状态

亚声速气流沿收缩管道的流动是速度增加且压力下降的，这可以从连续方程和可压缩流动的伯努利方程得出。但如果我们深入思考这个问题时，可能会有这样的疑问：收缩的管道对流体是一种阻碍作用，不是应该使流体减速吗，为什么反而是加速呢？

一般的分析是先根据连续方程得出收缩产生加速，然后再从伯努利方程得出加速产生压降。这种分析方法虽然比较严谨,但却并没有完全解决我们的疑问。因为说到底,流体的运动是遵循牛顿定律的,加速是受力产生的。从这个角度来说,压降是原因,加速是结果。实际上,一般常见的管道流动中,进出口的压力是给定的条件,管内的流速分布则是流体适应压力条件的结果。下面我们针对一个具体的实例来分析管内流速和压力的变化规律。

图 9-14 表示了我们使用的流动模型。假设有两个足够大的容器,分别充满不同压力的空气,在它们之间分别安装有等直径、收缩和扩张的三种管道,管道中间用阀门隔开。当突然打开阀门后,管道中的气体会开始流动起来,只要容器尺寸相对管道来说足够大,就可以认为管道内会产生定常的流动。我们就来看看这个定常流动是如何建立起来的,以及这个定常流动是什么样子的。为简化问题,这里假设流动为无粘并忽略重力,并且两个容器中的气体压力差不大,稳定后在管道内产生的流速为亚声速。基于这个模型得出的结论其实也适用于气体从压力容器射流进入大气的情况。

首先来讨论等直管道的情况。当阀门突然打开时,高低压流体之间有一个接触面,这其实就是激波管膜片突然破裂的情况,具体可参考本书第 8 章的 Tips "激波管"。在压差力的作用下,接触面处的气体开始向右运动,同时,从此处向右发出一道比接触面运动速度快的强压缩波,即激波,形成一个左侧压力比右侧高的间断面。向左发出一系列膨胀波,形成一段左侧压力比右侧高的压力渐变区。向右传播的激波冲出管道出口后,进入低压腔并扩张消散。跟在它后面的高压气

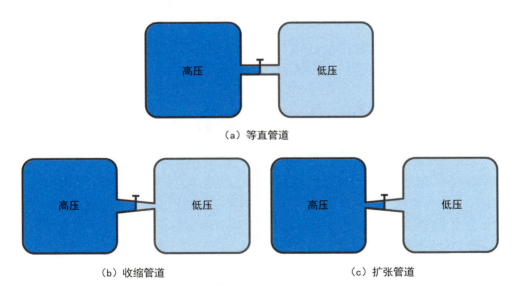

(a) 等直管道

(b) 收缩管道　　　　　　　　(c) 扩张管道

图 9-14　进出口分别为恒压腔的三种管道形式

体的压力释放后降低。向左传播的膨胀波上行进入高压腔，使管道入口处的压力降低。图 9-15 表示了这个过程。

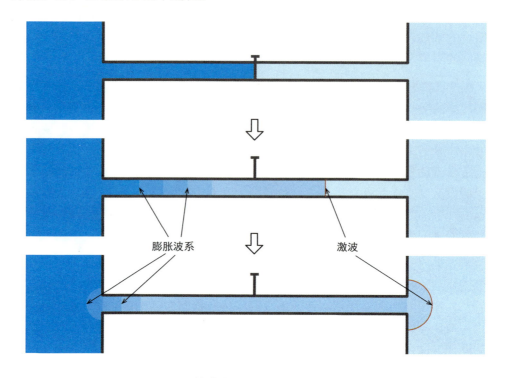

图 9-15 管道中间阀门突然打开后的流动

这样，在压力波的作用下，阀门上游压力降低，下游压力则在激波扫过后很快恢复到原来的低压。当最后流动稳定下来（即定常流动）后，形成图 9-16（a）的流动。在等直管道中气流是匀速的，出口处气体以射流进入低压腔，压力等于低压腔的压力，进口处的压力与出口处相等，也等于低压腔的压力。在进口前方的高压腔内形成一个低压区，对应着大范围的汇聚（即收缩）流动。

收缩通道和扩张通道的稳定过程和等直管道的大同小异，稳定后的情况也类似，如图 9-16（b）和（c）所示，都是出口处压力与低压腔相同，而进口前方存在一个因为汇聚流动而产生的低压区。不同之处在于，对于收缩通道，进口处的压力没有降到低压腔的压力，另一部分压降在收缩管道内完成。而对于扩张通道，进口处压力降到了比低压腔的压力还低，在扩张管道内压力再回升一部分。

在这个问题中，管道出口处是射流，该处的静压一定等于低压腔的压力，并不因管道是收缩还是扩张而改变。而该处的总压则等于高压腔的压力。因此，出口处的气流速度是确定的，进口速度则要满足连续方程。收缩管道对应的进口速

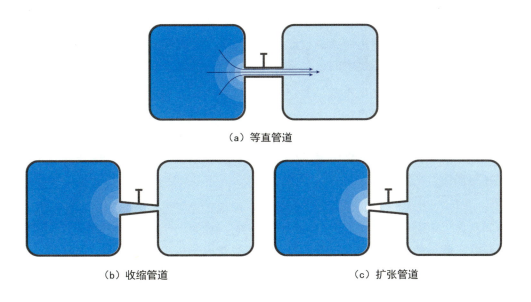

(a) 等直管道

(b) 收缩管道　　　　　　　　　(c) 扩张管道

图 9-16　三种管道的最终定常流动状态

度小，扩张管道对应的进口速度大。根据伯努利方程，收缩管道的进口压力大，扩张管道的进口压力小。这样，我们就得出了收缩管道压力沿流向降低，而扩张管道压力沿流向升高的结论。

现在只分析收缩管道的流动情况。和等直管道比起来，整个收缩管道内的压力都更高一些，速度更低一些，这其实就是收缩管道的壁面对流体的阻碍造成的。可以想象图 9-16（a）中的等直管道的出口逐渐变小成为收缩管道，就更容易理解壁面这种阻碍作用了。在这个过程中，出口的压力和流速始终不变，而管内的压力不断升高，速度不断减小，可见壁面起到的是阻碍作用。

既然收缩管道的壁面起到的是阻碍流动的作用，为什么流体从入口到出口的过程中是加速的呢？这种加速是进口压力大于出口压力而导致的。图 9-17 使用控制体方法对收缩管道进行了受力分析。这个控制体的出口动量流量大于进口，所以一定受到与流动方向一致的力，而这个力只能来源于压差。图中的

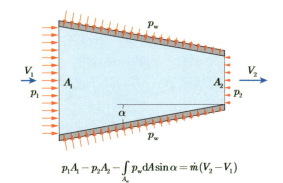

$$p_1 A_1 - p_2 A_2 - \int_{A_w} p_w dA \sin\alpha = \dot{m}(V_2 - V_1)$$

图 9-17　亚声速气流通过收缩通道加速

控制体有三个控制面：进口截面，出口截面，锥形环面。在环面和出口截面上外界对控制体的压力沿管道轴线的投影都是逆流向的，是阻碍流动的，只有进口截面上的压力是推动流体运动的，是流体加速的唯一原因。

需要注意的是，如果流动是非定常的，某一时刻扩张管道进口压力比出口大是完全可能的。比如这个例子中，阀门刚打开的时候，无论管道是何种形式，进口压力都等于高压腔压力，出口压力都等于低压腔压力。只不过这种状态是不能稳定存在的。稳定存在的定常流动中，进出口的流量必须匹配，这时压差力才会正好与惯性力平衡。

所以说，定常流动只是一种平衡状态，根据边界条件的不同，流动会稳定在不同状态，本例中假设的是进出口恒压的状态，如果两个腔不是无穷大，最终的稳定状态就是两个腔的压力相等的静止状态。管内的压力也都相等，跟收缩还是扩张无关。

9.9 冲力与滞止压力——动量方程与伯努利方程的关系

一个小球垂直撞上一个质量无穷大的刚体平面，小球会原路反弹回来。对于弹性碰撞，则其反弹回来的速度与撞上去之前是一样的，这是能量守恒的体现。从力的角度分析，这个小球一定是受到了与运动方向相反的力，这个力就是冲力。冲力必须作用一定的时间才能改变物体的动量，可以用下式表示：

$$m\Delta V = \int_0^{\Delta t} F \mathrm{d}t$$

这个公式中的 Δt 就是小球与壁面保持接触的时间，可以想象这个时间一般是很短的，反过来说冲力一般都很大，这也是撞击容易导致物体损坏的原因所在。从小球的弹性角度分析，这个冲力就是物体的弹性力，对应着小球的变形。用简单的静力学估计，两物体碰撞时，从接触到最大变形期间，冲力是上升的，从最大变形到弹开期间，冲力是下降的。图 9-18 表示了在上述几个阶段时小球的变形和冲力的大小。

我们现在来讨论流体的冲力。流体打在壁面上时显然不是弹性碰撞，而是更接近于塑性变形。如图 9-19 所示那样，一个水柱垂直打在壁面上，水将四外散开，流向的动量完全转化为冲力，即

$$F = \dot{m}V = \rho A V^2$$

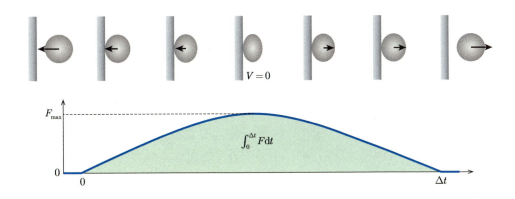

图 9-18　弹性小球与刚性壁面碰撞过程中的速度变化和所受的力

式中：A 为射流的横截面积。

流体从 V 减速到 0 所产生的力我们是学过的，对应着流体的动压：

$$p_\mathrm{d} = \frac{1}{2}\rho V^2$$

这就是射流中心处比大气压高出的压力。如果按照压力与面积的乘积计算射流对墙面的冲力，将这个压力乘以射流横截面积，则有

$$F = p_\mathrm{d} A = \frac{1}{2}\rho A V^2$$

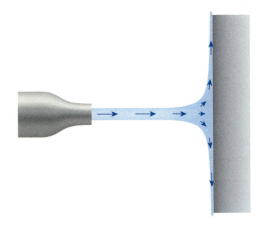

图 9-19　射流冲击壁面的流动形式

这个结果只有之前用动量方程得出的结果的一半，显然是错误的。

这是因为水流作用在墙壁上的面积已经不是射流面积，而是要大得多。要想用压力乘以面积的方法得到冲力，就需要知道作用面积，以及在这个面积内的压力分布（可参见图 6-29 的压力分布），然后用下面的公式计算：

$$F = \int_{A_0} p\mathrm{d}A$$

式中：A_0 为水与壁面接触的总面积。

可见，用伯努利方程来解决这样的问题并不合适，因为这个作用面积和压力分布都是未知的。这和固体小球碰撞墙壁的问题是一个道理，用动量方程求解容

易，但分析具体的受力就复杂得多了。

我们接着来分析另一个冲力的问题，就是放气的气球或者水火箭的推力问题。前面分析过，这个问题可以用动量定理解释，也可以用压差力来解释。用动量定理可以知道气球获得的推力为

$$T = \dot{m}V = \rho A V^2 = \rho A \frac{2(p_t - p_a)}{\rho} = 2(p_t - p_a)A$$

用图 9-8 所示的压差模型分析，如果认为气球内部除喷口外其他地方的压力均为总压，则可求出推力为

$$T = (p_t - p_a)A$$

可见，这样分析得出的结果只有实际值的一半。

这个错误的原因是气球内的压力并不能认为都是总压，在接近出口的地方，显然空气的速度不能忽略。随着流速的增加，压力会降低，这些地方壁面上的压力产生的向后的力不足以与相应投影面积上向前的力平衡，因此还产生一部分额外的推进力。

9.10 射流的压力——压力主导流动

在求解流体力学问题时经常要用到这样一个条件，即射流压力与环境压力相同。这个流动条件并不是强加给射流的，而是射流本身的特征所决定的。在亚声速的情况下这个条件基本上是精确的，超声速流动时射流的压力则可以与环境压力不同，我们这里只讨论亚声速且不可压缩流动的情况。

对于定常的理想流动而言，射流离开喷口后，如果压力与环境压力相同，这些流体就会保持匀速直线运动，而周围的流体仍然能保持静止，如图 9-20 所示。如果射流压力与环境压力不同会发生什么呢？

如果一开始射流压力低于环境压力，则射流迎面高压力的流体会使其减速，射流两侧高压力的流体也会挤压射流使其变细，图 9-21 表示了这种挤压作用。因此，射流中的流体微团的变形似乎应该为：长度缩短，直径变细。对于不可压缩流动，这显然是不会发生的。实际情况是：喷口处流体的下游被挤压，侧面被挤压，只有上游的压力低，所以这些流体会挤压上游，使来流减速。这样就可以保证流体微团的体积不变。这种减速运动向上游传播，使整个来流的速度都降低

了，直到喷口处射流速度的降低使压力提升到与环境压力相等为止。极端情况下，管内的流速已经降低为零，压力仍然没有提升到与环境压力相等的程度，则外部的流体就会倒灌进喷口，不能形成射流了。

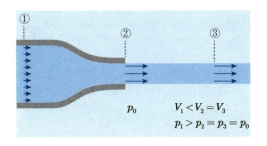

图 9-20　理想射流的速度和压力变化

如果一开始射流的压力是高于环境压力的，则射流一出来就会全方位向外扩张，体现为射流沿流向加速并沿横向直径变粗，貌似流体微团的体积会膨胀。显然对于不可压缩流动，这是不会发生的。实际情况应该是：喷口处流体有膨胀的趋势，于是射流内部的压力降低，这样上游的流体就会加速流到喷口来补充射流"空"出来的位置。也就是形成如图 9-22 所示的运动形式，这样就可以保证流体微团的体积不变。整个管内流动的加速会降低喷口处流体的压力，当压力下降到与环境压力一致时，就会稳定下来了。

只要喷口处的压力比环境压力高，则上述的加速行为就会一直进行下去。如果喷口已经达到了声速后，压力还是比环境高的话，此处的压力就降不下来了，

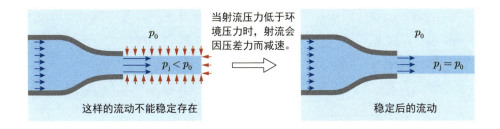

图 9-21　射流压力低于环境压力时的流动

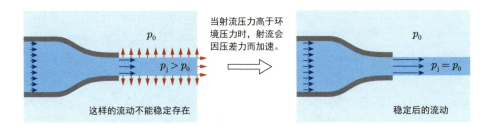

图 9-22　射流压力高于环境压力时的流动

因为收缩喷口最大的速度也就是声速了。这时，射流的压力就是比环境压力高的，在喷口处形成间断面，环境的压力无法影响喷口内部的流动。射流将在下游产生膨胀波来降压，这就不属于亚声速射流的问题了。

综上所述，只要流动是无粘且不可压缩的，射流出口的压力就一定等于环境压力。如果流动是可压缩的但保持亚声速，上述的分析会稍微复杂一些，但结论是一样的。对于超声速流动，因压力扰动不能上传到管内，环境压力是不影响来流的，射流压力并不一定等于环境压力，所有的压力平衡都在喷管外靠膨胀波、压缩波和激波解决。

当有粘性存在时，射流会带动环境的一部分流体流动起来，射流本身也将不再保持完全的平行流动，因而射流的压力与环境压力会有微小的差异。如果射流是进入到无限大的空间，则这个压力差异会比较小，一般不用考虑。如果是进入到一个有限空间内，则该空间内的流体被带动加速降压，射流的存在就会使该空间的压力比原本的压力低，这就是射流引射的原理。

9.11 水龙头对流速的控制—— 管内总压决定射流速度

水龙头和各种阀门的作用都是控制流量的，水龙头的阀门并不位于出口处，关小水龙头时，出口的面积并不变化。所以关小水龙头时流量的减小应该是出口速度减小造成的。这比较符合我们的经验，开大水龙头的过程中，出口的流速确实是在不断增大的。

从伯努利方程我们可以知道，出口处的流速由下式决定：

$$V = \sqrt{2(p_t - p_a)/\rho}$$

式中：p_t 为出口处水的总压；p_a 为大气压力；ρ 为水的密度。

显然阀门处的流通面积并不影响出口处的流速，根据连续方程 $A_1 V_1 = A_2 V_2$，阀门的面积可以只影响当地的流速，而不影响流量，也就不影响出口的流速。可以做这样一个实验，捏扁一点给草地浇水的橡胶管中部，出口的流速确实是不变的，但接着捏扁，出口的速度就会降低了。这是因为，当捏扁很多时，局部流动出现了分离，产生了较大的局部损失，于是下游的总压降低了。图 9-23 表示了捏扁一点和捏扁很多时流动的不同。

自来水龙头就是用增加局部压力损失的原理控制出口的流速的。

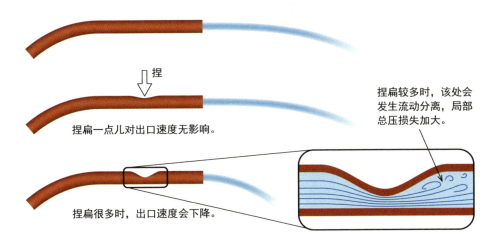

图 9-23　捏扁橡胶管的中部时出口水流速的变化

图 9-24 表示了一种自来水龙头的内部结构。流体流经龙头内腔时要经过收缩、扩张和转弯等流动过程，在这些过程中，由于局部的逆压梯度或者突然转折等因素而出现分离，产生较大的总压损失，使出口的总压降低。由于射流静压等于环境压力，出口的总压就决定了出口处的流速。很显然，设计阀门的原则应该是全开时损失尽量小，关的时候则应该尽量增大损失。最好让流量与关度呈某种规律（比如线性关系就是很好的规律），这可以通过优化内部流路设计来实现。例如，球阀的调节性就比一般的水龙头要好，而针阀的调节性更好，可以较为精确地控制流量。

图 9-24　自来水龙头内部的流动

9.12　捏扁胶管出口增加流速——总压决定射流速度

我们都有这样的生活经验，用橡胶软管给草地浇水的时候，如果捏扁出口，水的流速就会增加，如图 9-25 所示。有的书上用流量连续的原理来解释这个现象，认为在流量不变的前提下，减小出口的面积，流速就会增加，这个解释看似合理，其实是经不起推敲的。

诚然，如果流量保持不变，捏扁出口确实会使流速增加，但流量毫无理由会保持不变。实际上我们可以做这样一个实验：将出口面积变为原来的一半，出口的速度会增加一些，但达不到原来的两倍。又或者说，当出口的面积减小到接近于零的时候，难道流速会接近无穷大吗？所以说，捏扁出口时，流量并不会保持不变，实际上是会减小。那么出口的流速增加是什么原因呢？

我们知道，对于不可压流动，射流出口处的流速完全由当地总压和外界静压决定，根据伯努利方程，出口处速度为

$$V = \sqrt{2(p_\mathrm{t} - p_\mathrm{a})/\rho}$$

既然环境压力和水的密度都没有改变，出口处流速增大只能说明管内水的总压上升了。水管的上游可能是自来水，也可能是车载水箱，总之一般是一个类似于水箱的恒压装置。现在假设上游为水箱，由伯努利方程可知，在水箱内水面高度不变的情况下，橡胶管出口处的总压应该是一个固定值。

$$p_\mathrm{t} = p_0 + \rho g h$$

因此，可以说，橡胶管出口处的水流速度应该是个恒定值，跟面积无关。

这样，我们从理论上得出了一个与实际明显不符的结果，可见理论用错了。这里使用伯努利方程来解释管流问题显然是不合适的，因为橡胶管很长，沿程损

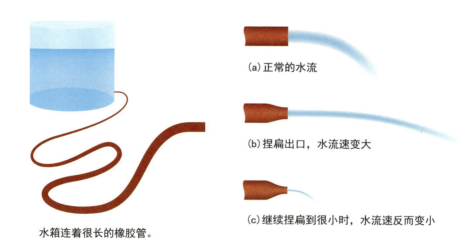

水箱连着很长的橡胶管。

(a) 正常的水流

(b) 捏扁出口，水流速变大

(c) 继续捏扁到很小时，水流速反而变小

图 9-25　捏扁橡胶管出口时水流速的变化

失比较大，是不能忽略粘性的。

这个现象的原理是这样的：出口处的流速由当地的总压决定，而当地的总压等于源头处的总压减去沿程的压降。当捏扁出口时，该处面积减小使整个系统的流量减小了，于是管道沿程各处的流速都降低了，沿程压降也就少了。这样，出口处的剩余总压就比捏扁前增大了，使出口水的流速增加。这个流速的增加当然会带来流量的增加，但总的来说流量比捏扁前还是小了。

上述分析是按照这个思路进行的：出口面积减小→流量减小→沿程损失减小→出口流速增加→流量恢复一部分。事实上，这个过程中上述各种变化是同时发生的。沿程压降决定出口速度，出口速度反过来也决定沿程压降，这两者是一个匹配关系。

现在我们假定水管长 10m，内径 2cm，来流表压 0.5atm，根据湍流沿程损失系数关系式（6-28a），就可以估算出这个匹配曲线了，结果如图 9-26 所示。图中横坐标是体积流量，纵坐标是出口流速。曲线表示了整个管道的工作特性，各条直线则对应着不同出口直径的工作特性。每条直线与曲线有一个交点，这就是对应的工作点，捏扁出口的过程中，工作点沿曲线向左上方移动。当出口面积接近于零时取得最大速度，这个速度就相当于没有沿程损失时水流能达到的速度。用伯努利方程可以得出这个最大速度为

$$V_{\max} = \sqrt{\frac{2 \cdot \Delta p}{\rho}} = \sqrt{\frac{2 \times 0.5 \times 101325}{1000}} \approx 10 \, \text{m/s}$$

这种现象有一个条件，就是管子必须很长，如果管道很短，几乎没有沿程损失的话，则出口面积变化并不影响出口速度。这时捏扁出口，速度是不变的。

如果真的把出口面积捏扁到很小，则在出口附近的收缩段会产生很大的局部损失，出口的流速反而会减小，如图 9-25（c）所示那样，并不会如图 9-26 所示那样趋向于最大速度。

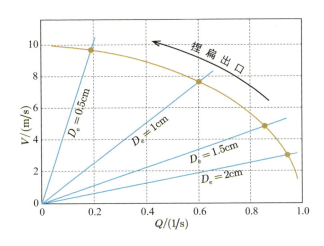

图 9-26　长管道与出口面积的共同工作

9.13 吸气与吹气——压力主导流动

生活经验告诉我们，即使流量相同，吸气和吹气的效果也明显不同。你可以轻松地吹灭几十厘米远的蜡烛，但如果你是在吸气，蜡烛的火苗一丝都不会动。站在电风扇前面可以感受到很大的风，但站在其后面却几乎一丝风也感受不到。这种差异的关键是：吹气的时候，气流是集中出去的，横截面积小，速度大；而吸气的时候，气流是从四面八方来的，横截面积大，速度小。下面来仔细分析一下它们的差异。

吹气是一种射流流动，如果不考虑粘性，射流的压力与环境压力相等，离开出口后保持匀速直线运动。即使有粘性的影响，射流也可以保持非常远的距离，一般在距喷口直径上百倍处也可以探测到流动。吸气则不同，当吸气开始时，在进口附近形成一个低压区，四周的流体都会在压差力的作用下向此处加速流动。对于亚声速流动来说，这种汇聚的流动使流体的压力降低，符合实际流动情况，因此这个低压区可以一直保持。对于超声速流动，汇聚使压力升高，既汇聚又加速显然是不可能的，所以再努力吸气，外部气流到达开口处顶多是声速，不可能加速到超声速。

图 9-27 表示了吸气时，开口附近的流动形式。因为流体是从四面八方流过来的，如果取一个控制体，让它的出口是吸气口，则进口是个刨除管道部分的一个球面。从这个示意图可见，这个控制体进口的面积远远大于出口的面积。根据流量连续，距吸气口不远的地方的流速就已经非常低了，这就是吸气对环境的影响距离远比吹气要小的原因。

有一些靠喷水推进的海洋生物，比如鹦鹉螺，它只有一个开口，通过间歇地吸入和喷出海水，自身就可获得推力向后运动。如果用控制体动量方程来分析，就会发现它吸水的时候，水是从四面八方进来的，沿运动方向的动量进出非常小，只会产生一个很小的负推力。而在喷水的时候，水是沿一个方向出去的，会产生一个较大的正推力。因此，当它间歇性地吸入和喷出海水时，总体上会获得一个足够大的正推力。

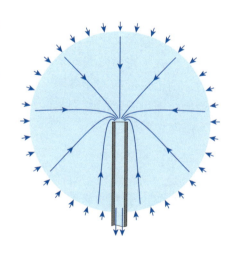

图 9-27 吸气时的流动形式

9.14 建筑与风—— 复杂的三维非定常流动

楼房旁边总可以找到这样的地方，不管东南风还是西北风，这里的风总是更大一些，南方人把这种风叫做弄堂风，因为这种风经常发生在弄堂里面。

有些书上对这种现象的解释使用的是流量连续的概念，风从宽阔的通道进入狭窄的通道，流速会增加。这种解释有一定的道理，但弄堂风的成因比较复杂，并不一定是这个原因形成的。况且流体的加速只由所受的力决定，应该从力的角度去分析更为合理。

关于这方面的研究是属于土木工程专业的内容，图 9-28 是有人通过风洞实验给出的风吹过各种形状的建筑时的流动形式。可以看到，这些流动具有高度的三维性，有些并不能用简单的一维理论解释。但无论变化如何，基本原理是相同的，由于这种流动的粘性力影响较小，空气的加减速的转弯基本上都是由压差力造成的。按照定常流动理解，楼房迎风面和背风面的风应该较小，而侧面处的风应该较大。

如果根据理想流体的圆柱绕流来估计，楼房侧面最大的风速可以达到平地风速的 2 倍。因此，平地刮 4 级风的话，这里就可能有 7 级风。当然，楼房一般

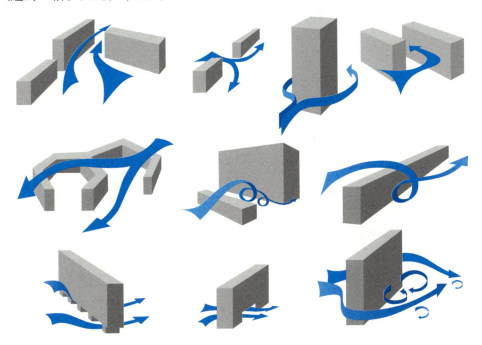

图 9-28　各种建筑物附近的风（根据 Gandemer J. 1978 绘制）

既不是流线形的也不是圆形的，流过楼房的风到处都存在着分离。分离流动具有非定常的特点，当平地刮 4 级风时，楼房附近瞬间的风速可能会超过 7 级。

建筑讲究通风，对于通透的板楼，当打开前后的窗户，一般能得到较好的通风效果，图 9-29 显示了几种风向的情况下，通过板楼房间窗户的通风情况。可见，多数情况下，这种通透的住宅的室内都能得到较好的通风效果。只有当风完全平行窗户的时候通风效果差一些。

图 9-30 表示了一种塔楼的两个窗户之间的通风作用。可以看出，即使窗户都朝向一侧，如果布置得当，并且风向也合适的话，也是有可能得到较好的通风效果的。不过如果塔楼的两个窗户位于一个平面上时，通风效果就不会太好了，这时也只能靠风的非定常性来通风了。

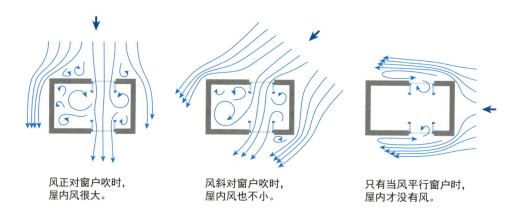

图 9-29　前后通透的板楼的通风效果

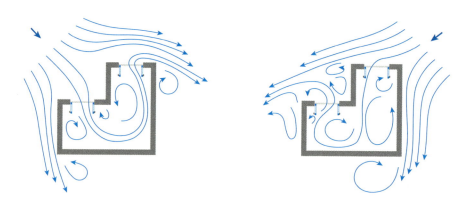

图 9-30　当风向合适时，塔楼房间也可能有不错的通风效果

9.15 科恩达效应——粘性作用必不可少

科恩达（Coandă）效应指的是流体会附着在外凸壁上，从而偏离原来运动方向的一种流动现象。图 9-31 表示了一种演示水流的科恩达效应的方法示意图，当勺子靠近自由下落的自来水时，水流会偏向勺子一侧并贴着勺背流动，不再竖直下落了。这种流动现象非常重要，因为升力的产生原理和扩张管道的增压原理都和这个效应有关。

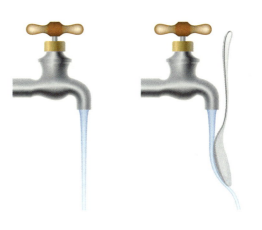

图 9-31 科恩达效应

科恩达效应的产生和流体的粘性作用是息息相关的，可以说没有粘性就不会有科恩达效应。如果流体是理想的无粘流动，则即使壁面向远离流动的方向弯折了，流体仍然可以沿着原来的方向流动，在流体与壁面之间会形成一个"死水区"，这时所有地方的压力都是一样的，主流的流体并不一定要向壁面弯折，形成如图 9-32（b）所示的流动。

可见，无粘流动中流体没有理由沿壁面曲线流动，粘性应该是科恩达效应产生的必要条件。现在假设一开始流动是无粘的，某一时刻突然变为有粘，则很快死水区上层的流体会被主流的粘性力带动而流动起来。由于这一剪切层的流体会被带走，造成了当地的压力下降，下层死水区的流体和上层主流的流体都会受到压差力作用偏转过来补充，都会被带入剪切层中，如图 9-33 所示，这就导致

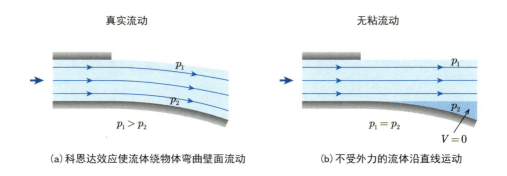

(a) 科恩达效应使流体绕物体弯曲壁面流动　　(b) 不受外力的流体沿直线运动

图 9-32 理想流体的流动并不存在科恩达效应

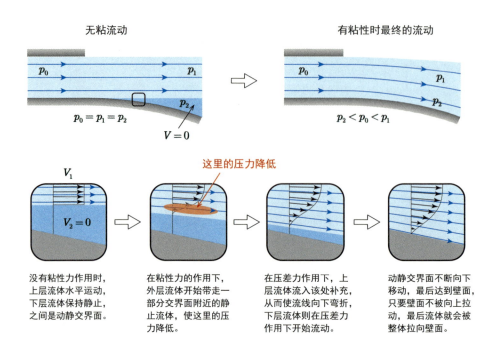

图 9-33 科恩达效应的产生机理

主流的流体被向壁面拉近了一点。当主流被拉向壁面时，就产生了扩张流动，下游的压力会升高，从而更加压迫主流使其横向偏转。如果壁面外折程度不大，则最终主流会完全依附于壁面流动。如果壁面外折程度较大，则壁面的边界层在下游会产生分离，分离后主流就不再能依附于壁面了。

对于科恩达效应引起的射流偏向位于一侧的壁面的现象，也可以这样解释：如果一个射流四周没有任何障碍物，它就会不断地卷吸入环境的流体。如果在射流的某一侧放置障碍物，射流仍然对这个障碍物有"吸引力"，但没办法把壁面吸过来，于是自己就被吸过去了。

对于图 9-31 所示的情况，水流和空气之间有交界面，在这个交界面上存在着表面张力，这一层流体中存在着很强的拉力，同时水和固壁之间也会存在较强的吸附力。所以，一旦水接触了勺背，就会产生很强的拉拢勺子的作用，勺子不动时，水流沿勺背流动，可以弯折相当

图 9-34 表面张力起重要作用

大的角度而不发生分离。如果把勺子换成一个圆柱形的杯子来做这个实验，会发现水流会绕着杯子流动好长一段距离，甚至会绕过最低点向上流一小段距离，流动形式如图 9-34 所示。显然，仅仅依靠粘性产生的压差力是不足以让水转过如此大的角度的，这时水的表面张力起到了决定性的作用。

9.16 雨滴的形状—— 由表面张力和大气压力决定

各种动画片和漫画书中雨滴的形状多如图 9-35 所示那样，是一个上尖下圆的水滴形状。这是不符合实际情况的，实际上只有在水刚要从物体上滴下来的时候才会是这样的形状。图 9-36 是从树叶尖端滴落的水滴形状，可见水滴还未离开树叶时，其上部被拉出一个尖，离开物体后，水滴受表面张力的作用，很快就趋于圆形了。

图 9-35　各种图片中雨滴的形状

那么，雨滴是圆球形的吗？回答这个问题需要仔细分析雨滴所受的力。一个下落的雨滴主要受到三种作用力：重力、表面张力、气动力。只有在真空里做自由落体运动的水滴才会呈圆形，因为这时水滴只受表面力的作用，不受气动力的作用。空气中下落的雨滴不是自由落体运动，而是匀速下落的，如果不考虑横向风的影响，雨滴在竖直方向上重力与空气阻力平衡。

图 9-36　滴落的水滴

空气阻力由摩擦阻力和压差阻力两部分组成，对于球体而言，压差阻力是主要的。图 9-37 表示了处于气流中的球体表面的压力分布示意图，图中红色的指向球内部的箭头指的是此处的压力大于大气压力，蓝色的指向外部的箭头指的是此处的压力小于大气压力。可见球体的前部受压力，两侧和后部受"吸力"，这种表面力的作用决定了雨滴偏离球形的程度。

雨滴越小，则表面张力作用越强，越接近于球形；雨滴越大，则压力的影响就越能体现出来，越远离球形。图9-38表示了不同大小的雨滴的形状，可见越大的雨滴越无法保持球形。大的雨滴下落时呈下部扁平的"馒头形"，当雨滴太大时，会出现表面失稳而破碎（向楼下倒一杯水就可以看到这种大团水的失稳现象了）。

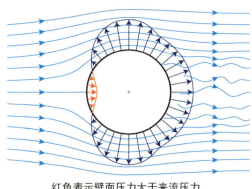

红色表示壁面压力大于来流压力，
蓝色表示壁面压力小于来流压力。

图9-37　气流中的圆球表面压力分布

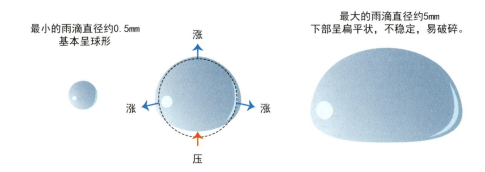

图9-38　不同大小雨滴的形状及成因

气体对雨滴表面产生的粘性剪切力也可能会有作用，这些力会在水滴表面形成波纹，影响水滴的稳定性。

在一定条件下，剪切力还可能使水滴内的水不断地循环流动。如图9-39所示，剪切力拖动表面的水从前缘开始沿表面向后流，水会从后部进入水滴内部，在内部流向前缘，再从前缘流出来。

雨滴表面剪切力分布　　雨滴内部可能存在的循环流动

图9-39　剪切力可能使雨滴内部存在循环流动

9.17 赛车中的真空效应——主要与来流速度相关

赛车运动中我们经常能发现这样的现象，原本紧跟着前车的赛车突然横向拉出来，瞬间加速超越了前车，这时候前车往往只能无奈地任其超越，似乎毫无招架之力。这是赛车中进行超越的常见手段，后车是利用了前车产生的真空效应。

图9-40表示了以两车为参考系的流动情况。流体经过前车之后，在其后形成了尾迹区，后车正好位于这个尾迹区内。我们知道，物体的阻力与来流速度的平方成正比，对于后车而言，其迎面的气流速度明显比前车小，因此所受的阻力也要小很多。另外一个影响因素是，前车后部的尾迹区的压力也是低于大气压力的，因此也会减少后车的压差阻力，不过比起来流速度减小造成的阻力下降来说，压力下降的影响是相对次要的。

因此，实际情况可能是，前车的车手已经把油门踩到最大了，而后车的车手尚留有一定余地就可跟住前车，当机会来到时，后车突然横向拉出，把油门踩到底，就可以在此速度的基础上加速而超越前车。

自行车比赛时，如果是团体赛，同一自行车队的几个车手组成纵队前进，轮流领骑，也是这个道理。根据流体力学知识可以估算出，跟骑队员所需要克服的阻力还不到领骑队员的60%，可见这种真空效应还是很强的。

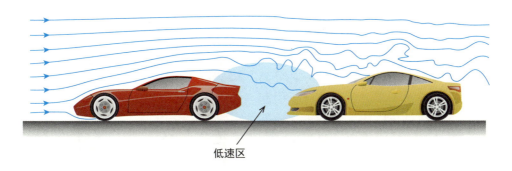

图9-40　赛车的真空效应

9.18 质量越大射程越远——尺度效应

现代步枪子弹的出膛速度为800～1000m/s，如果抬起枪管朝斜上方射击，子弹最远飞行的距离可达到5km。榴弹炮的炮弹的出膛速度大概也是这个量级，但射程却可达到20km。这是什么原因呢？

如果按照斜抛物体计算，一个初速1000m/s，方向斜上45°的物体的射程为51km。可见，子弹飞行的距离远远没有达到自由斜抛物体的理论值，炮弹飞行距离接近一点，但也差很多，图9-41表示了这三者的弹道关系。显然，实际射程与理论值不同的原因是空气阻力，而子弹和炮弹射程差别大的原因呢？

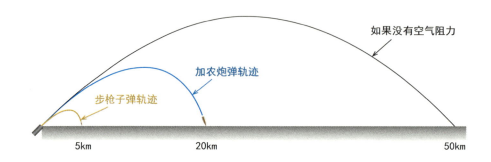

图9-41　初速为1km/s，仰角为45°的自由斜抛、炮弹及子弹的轨迹

我们可以这样分析：物体在空中运动的过程中，受空气阻力的作用而减速，使其射程低于理论值。假设子弹和炮弹的形状相同，只有大小差异，这将导致雷诺数的不同。雷诺数的不同对阻力的影响主要有两点：一是影响表面流态进而影响摩擦阻力，二是影响边界层分离位置进而影响压差阻力。

子弹和炮弹的飞行速度很大，可以计算得到这时的雷诺数是足够大的，两者的边界层基本上都是湍流，并且分离点位置也应该差不多。超声速飞行引起的激波阻力则只与物体形状和来流速度相关，也是一样的。所以，对于子弹和炮弹来说，其阻力系数基本上是一样的。

设两者的空气阻力系数均为C_D，迎风面积为A，体积为B，为了简化，设它们都是均质的，密度均为$\rho_\text{弹}$，则在速度为V时，其阻力为

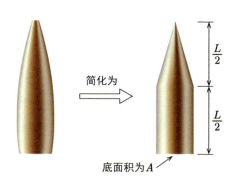

图9-42　简化的子弹形状

$$D = C_D \cdot A \cdot \frac{1}{2} \rho_\text{空} V^2$$

对于形状一定的物体来说，其体积与迎风面积有固定的关系，现在把子弹简

化成图 9-42 那样的圆锥 + 圆柱体，则体积与迎风面积的关系为

$$B = A \cdot \frac{L}{2} + \frac{1}{3}\left(A \cdot \frac{L}{2}\right) = \frac{2}{3}AL$$

于是，子弹或炮弹的质量为

$$m = \rho_{弹} B = \frac{2}{3} \rho_{弹} AL$$

空气阻力带来的加速度为

$$a = \frac{D}{m} = \frac{C_D \cdot A \cdot \frac{1}{2} \rho_{气} V^2}{\frac{2}{3} \rho_{弹} AL} = \frac{3}{4} C_D \frac{\rho_{气}}{\rho_{弹}} \frac{V^2}{L}$$

现在我们可以讨论子弹和炮弹尺度不同带来的影响了。上式中的 L 就代表了物体的尺寸，可见如果炮弹大小是子弹的 n 倍，则空气阻力引起的炮弹的反向加速度只有子弹的 $1/n$。一般炮弹的尺寸比子弹大几十倍，它们的空气阻力效果差别是很大的。

其实在这个问题里，炮弹射程能比子弹远那么多还有一个重要因素，是因为炮弹不但射程远，射高也相应大了不少，我们知道越高的地方空气越稀薄，空气阻力也就越小，这也是炮弹射程远的一个重要因素，不过这一切都源自于空气阻力对它的影响小这一条件，否则它也飞不了那么高。

可见，越是小的物体受空气阻力的影响就越大。两个大小不同的铁球在空气中下落，一定是大的那个先落地，因为空气阻力对小物体的作用更强一些。蚂蚁的身体密度并不比人小多少，但是从再高的地方落下来它也不会摔死，这也是小尺寸物体受空气阻力影响大的原因。当然，如果尺寸小到蚂蚁这么大，运动雷诺数就比较小了，较小的雷诺数对应的阻力系数也较大。

其实尺度效应不只体现在流体力学中，在固体力学中也是一样的。我们经常看科普书上说蚂蚁的力气大，大象的力气小，这是很不公平的。实际上小的东西力气都大，人也是一样的，看看世界举重纪录：男子 56kg 级抓举纪录 138kg，男子 105kg 级抓举纪录 200kg。小级别的举起的是体重的 2.5 倍，大级别的举起的只有体重的 1.9 倍。是不是小的东西力气大？

之所以小的东西力气大，是因为力气是由肌肉的横断面积决定的，大概是与尺度的平方成正比，而体重则是与尺度的立方成正比。这和前述空气阻力的分析一样，越小的东西越占便宜，越大的东西越吃亏。

题外话，生物学上尺度效应也很重要，比如小的生物需要吃更多的东西，做更多的活动来保持体温。这个现象部分属于传热学的问题，越小的生物表面积相对越大，散热越快。

9.19 河流倾向于走弯路——压力主导的通道涡

流过平原的河流通常都是蜿蜒曲折的，这本身并不奇怪，因为平原没有明确的落差方向，河水在每处都是按当地的下坡流动，必然是曲折的。然而，实际的河道即使一开始是直的，也会像图9-43那样逐渐变弯改道，这是为什么呢？

从图9-43可以看到，河道的变形规律是：弯的地方曲率不断增大，直到有些地方形成牛轭湖，河道改直，之后还是会继续弯曲。在河道弯曲的地方，外侧的河岸会不断地被侵袭而崩塌，内侧的河道则不断地被泥沙填塞，使河道外移。这些变化都是由河水流经弯曲处产生的旋涡流动造成的，这种旋涡流动通常被称为通道涡。

图9-44显示了河水经过弯曲河道处的流动，当流线弯曲时，外侧的压力一定是大于内侧的。对于河面而言，内外侧的河水都是大气压，是不能提供这个向

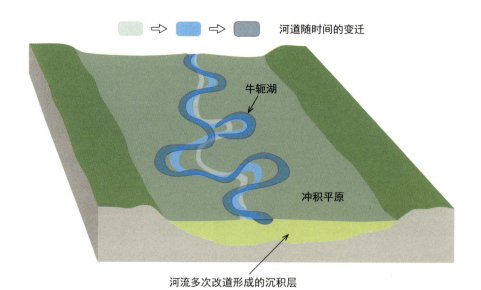

图 9-43 河道的变迁规律

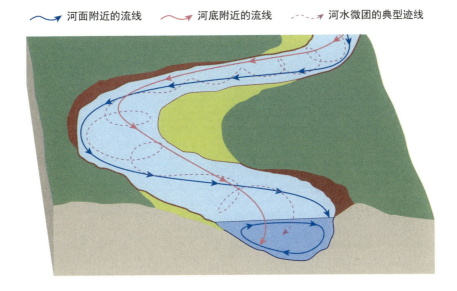

图 9-44　转弯处河水的流动规律和通道涡的形成

心力的，因此河流从直河道进入转弯的河道时，在河面上必然有一部分河水向外侧流动，使外侧的河面高于内侧。这样在河水内部相同海拔深度的地方，外侧的河水深度更大而产生更大的压力，提供了向心力使河水转弯。但是在河底附近存在着边界层，水流速较小，本来不需要那么大的向心力就可以转过相同的弯度，于是河底的水在这个向心力的作用下就会转过更小曲率半径的弯。

因此，当河水进入弯道时，河面的水向外侧流动，而河底的水向内侧流动，这种流动在横断面上看会形成一个旋涡运动，这种涡称为通道涡。这种运动使得河面上的水以高速冲刷外侧的堤岸，导致泥土侵蚀剥落。河底的水则将泥沙向内侧输运，逐渐堆积在内侧。天长日久，就使得河道向外侧移动，弯曲的河道越来越弯，这就是平原上的河道都是蜿蜒曲折的并且还不断变化的原因。

9.20　旋转茶水中的茶叶向中心汇聚——也是通道涡

试着做这样一个实验，泡半杯绿茶，让少量茶叶散落在杯底，搅动茶水使其旋转起来，可以看到杯底的茶叶会向杯子中央汇聚，最后停在杯底中部。这个现象曾经引起了很大的迷惑，因为沉在水底的茶叶比水重，按理来说在相同的旋转速度下应该有更大的离心力，从而向外圈运动到杯底的边缘附近才对。

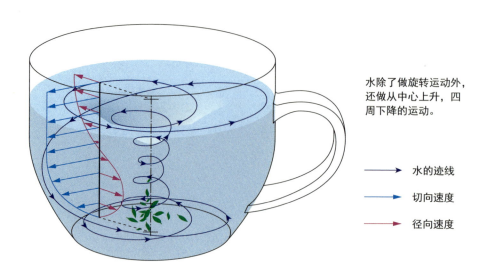

图 9-45　旋转的茶水内部的三维流动

实际上这个问题和之前的河流侵蚀河岸的通道涡现象一样，属于受粘性影响的涡旋运动问题。最早对这个问题给出解释的是爱因斯坦，他同时也解释了之前的转弯处河流侵蚀河岸的问题。

当杯内的水旋转时，杯底处存在边界层，这里的水旋转速度慢，不能产生与上部同等的离心力。但杯底外侧与内侧的压差提供的向心力却是由水面的高度决定的，这个向心力对于深度一半的地方旋转的水流正好是合适的，但对于杯底边界层内的水就过大了。于是底部的水会由于压差力的作用从外侧向内侧流动，这个流动形式是一个螺旋线。

于是，杯壁附近的水在压差力的作用下自上而下流动，中心的水则是自下而上地流动，形成如图 9-45 所示的三维旋涡流动形式。由于茶叶比水重，当旋转速度逐渐慢下来时中心的上升水流不足以托起它们，于是被留在杯底中心。

9.21 河底的铁牛逆流而上——压力主导的马蹄涡

有这么一个传统故事：有一年黄河发水把一个镇河铁牛冲走了，过了些时间，当地人下河打捞无果，顺流向下寻找也踪迹不见，最后却在上游找到了。有关这个现象的解释是：铁牛很重，水流冲不动它，但会掏空铁牛前部的泥沙，于是铁牛就往前面的坑里倾倒，长此以往，铁牛就滚到上游去了。这个解释是完全正确的，实际上将任何接近圆形或方形的重物放在具有厚厚泥沙的河底，都会发生这样的现象。图 9–46 表示了水底的石头向上游滚动的过程。在这里，我们要讨论的问题是：水流是如何掏空重物前部的泥沙的？

如图 9–47 所示，各层水平行流动，静压靠重力平衡，在河底附近存在边界层。在遇到物体的时候，主流区的水会滞止，物体前部速度为零处的压力为来流的静压与动压之和。底部边界层内的流体也一样会滞止，但这部分水的动压本来就小，所以压力提高有限。因此，越靠近河底的水滞止后的压力提升越小，在物体前缘处流速都为零，但压力并不平衡，就会产生沿着物体表面从上到下的流动。这种流动并不是只在物体表面存在，实际上只要来流开始减速，上层的流体就会获得更大的压力，就会开始挤压下层的流体，于是物体前部就形成了如图 9–47 所示的向下偏转的流动。

上述的流动会在物体前缘附近形成一个旋涡，这个涡在远离物体的两侧会被水流带动向下游偏转，形成一个半围绕着物体的形状，如图 9–47 所示。因为这个形状很像马蹄铁，因此英文里称其为马蹄铁涡（horseshoe vortex），大家惯常称它马蹄涡。在一般的流场中，只要有物体从一个表面上突出，就会有形成马蹄涡的趋势。

现在我们来看看铁牛引起的马蹄涡，它在铁牛前部和侧面形成这样的流动：挨近河底处的水流方向都是远离铁牛的，也就是说水在不断地刨铁牛附近的沙子，

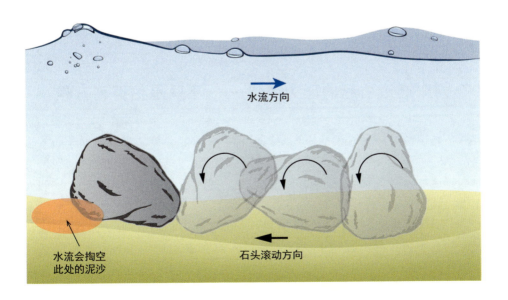

图 9–46　水底的石头向上游滚动

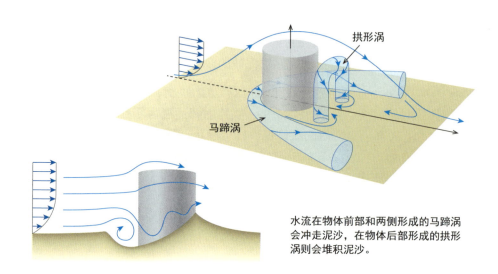

图 9-47 河底的物体附近的流动及水对泥沙的搬运作用

并将沙子运送到远离铁牛的地方。在铁牛正前方这种作用最明显，在两侧也有一定作用，这就是水流会将铁牛前部的沙子最先掏空的原因。

这种现象在空气中也会发生，风吹过大树和高楼的时候，在地面附近总是会形成马蹄涡。家住经常下大雪的地方的人可能会有这样的生活经验，下雪时如果一直在刮风，那么建筑物的迎风面附近一般会露出一片地面，而背风面则会堆积较高的积雪，其原因主要就是马蹄涡。

9.22 列车通过引起的压力变化—— 不只是伯努利方程

列车高速经过站台时，如果人距离过近，有可能会被"吸"向列车而发生危险。常见的解释是：紧挨着车身的空气被列车带动而具有较快的流速，根据伯努利原理，这部分空气就比正常大气的压力小，这个压差力就会产生把人推向火车的作用，如图 9-48 所示。

这个解释是有问题的，我们来回想一下伯努利方程的适用条件：沿流线、定常、无粘、不可压缩。在这个例子里，对 A 点和 B 点应用伯努利方程的话，这四个条件只有最后一条不可压缩是基本满足的。（如果只是定性分析，"流速高则压力低"这个论述并不要求流动不可压缩，也适用于可压缩流动。）下面我们来挨个分析前三个条件。

第9章 一些流动现象的分析

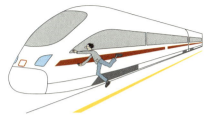

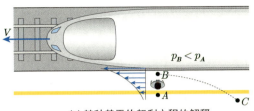

(a) 高速通过的列车可能会把附近的人卷入　　　(b) 某种基于伯努利方程的解释

图 9-48　列车对人的"吸力"及某种基于伯努利方程的的解释

首先，显然 A 点和 B 点并不在一条流线上，不过这并不影响应用伯努利方程。因为 B 点的空气是来自于远方某处 C 点，这个 C 点和 A 点具有相同的大气压力。这样，沿 C-B 应用伯努利方程，是可以用来比较 A 点和 B 点的。

其次，对于站台上的人来说，这个流动显然是非定常流动，列车会对原本静止的空气做功，并不能认为流速大压力就低。一个简单的反例是，列车正前方的空气被列车推动，速度增大，压力也增大。关于这点可以参考本书第4章的图 4-8 给出的运动球体前方的气流速度和压力。

第三，"紧挨着车身的空气被列车带动而具有较快的流速"这个描述的意思是 B 点处的空气是车身通过粘性力拖动的，所以这是个有粘流动，显然是不能应用伯努利方程的。当空气只是被粘性力拖动时，应该是速度增大，而压力保持不变。关于这点可以参考本章的图 9-13 给出的零厚度平板以零攻角拖动原本静止的空气所产生的流速和压力分布。而且，如果是车身侧面粘性带动空气流动，这就是边界层的概念，而列车侧面的边界层厚度应该是很薄的，人应该位于边界层之外。

因此，这个现象不能简单地用伯努利原理来解释。在流体力学中，这类流动通常是采用坐标转换的方法变成定常流动来分析的。也就是说，假设列车不动，空气迎面吹来，类似于风洞吹风的情况。忽略掉局部可能的分离和湍流引起的小范围非定常后，这个流动就变成了定常流动，影响应用伯努利方程的就只剩下粘性了。图 9-49（a）给出了以列车为参照物时，车身周围的流速和压力分布。可以看到，边界层非常薄，只分析无粘流动部分就可以了。车头前方有一个气流减速产生的高压区（红色所示），车头周围和偏后一点的地方有气流加速产生的低压区（蓝色所示），其他区域基本上维持为大气压力。通过坐标转换可以得到以地面为参考系的流速分布，如图 9-49（b）所示。可见在车头的排挤作用下，空气向远离车头方向流动，在围绕车头的范围内形成一个速度明显大于零的区域。

现在我们来分析站在铁轨附近的人所受到的气动力。人站在地面上，感受

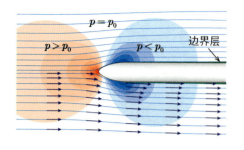
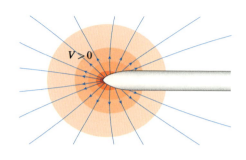

(a) 以列车为参考系的流线以及流速和压力分布　　　(b) 以地面为参考系的流线以及流速大小分布

图 9-49　两种坐标系下的列车附近的流速和压力分布

到的气流是如图 9-49（b）中那样的，感受到的静压则与坐标无关，是图 9-49（a）中所示那样的。把这个流速和静压画在一起，形成如图 9-50 左图那样。对于 $P_1 \sim P_5$ 五个位置上的人来说，显然 P_2 和 P_3 位置受到的气动力最大。人所受的气动力可以分为压差力和粘性力。对于人这样的非流线形钝体来说，粘性力较小可以忽略，只分析压差力。当地没有人时，已经存在压力梯度，会产生压差力，我们这里称它为"静压差力"。人的存在干扰了流速分布，会额外引入一个压差力，这个压差力是相对人流动的空气产生的，称为"动压差力"。粗略估算时，把这两者简单叠加起来就能代表总的压差力。

假定列车速度为 280km/h，人距车身侧面 0.5m，人的迎风面积为 0.7m²，风阻系数为 0.4，根据数值模拟结果还可以估算 P_2 和 P_3 处的其他气流参数为

　　P_2 位置人体前后的压差：200Pa

　　P_3 位置人体前后的压差：400Pa

　　P_2 位置空气相对人体的流速：10m/s

　　P_3 位置空气相对人体的流速：18m/s

静压差力为压差与面积的乘积，动压差力则是动压乘以面积再乘以风阻系数。这样，计算可得：

　　P_2 位置的静压差力：140N

　　P_3 位置的静压差力：280N

　　P_2 位置的动压差力：17N

　　P_3 位置的动压差力：56N

合力是静压差力与动压差力的矢量和，最后估算的结果是：当人处于 P_2 时，

第9章 一些流动现象的分析

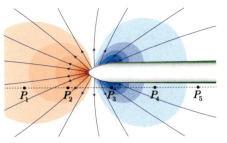

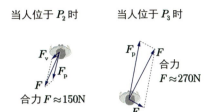

假设列车时速280km/h，人距车身侧面0.5m。

当人位于 P_2 时　　当人位于 P_3 时

合力 $F \approx 150N$　　合力 $F \approx 270N$

粗略估算时，可认为人所受的气动力由两部分叠加组成：静压差产生的力 F_p 和流速产生的力 F_v。

图 9-50　人处于不同位置时所受的气动力

所受到的气动力大概是150N，朝远离车身方向；当人处于 P_3 时，所受到的气动力大概是270N，朝向车身方向。

可见这个气动力还是比较大的，尤其是 P_3 位置，确实会把人"吸"向车身方向。只不过这个力的作用完全不是"紧挨着车身的空气被列车带动而具有较快的流速"引起的，而主要是气流绕过车头流动产生的低压区的作用。以列车为参考系，这个低压区确实可以用伯努利方程来解释，但气流的加速和车身的粘性带动无关。而且，从相对地面的速度（图 9-49（b））可以看出，P_3 位置的速度是朝后的，是车头排挤前面的空气，使空气"让路"产生的，或者说是压差力引起的加速。

至于其他几个位置，比如说 P_5，人站在这里基本不受气动力作用，也就是说，如果没有车头的作用，单纯的车身侧面对半米以外的人并不构成威胁。在远离车头的后部，车身侧面的边界层比较厚，人可能会处于当地的边界层中，这时气流就会对人有推力作用，这个推力是沿列车前进方向的。

综合来说，如果人站得距离铁轨过近，列车高速通过时，人会被先推离再拉向车头，在车身经过时则基本没有气动力作用，只是到了车尾附近可能受到沿列车行进方向的气动力。

9.23　机翼升力原理——科恩达效应是关键

关于机翼升力原理的解释大致有两类方法，对应着积分法和微分法。积分法的解释最为严谨，也少有争议，但不够直观。微分法的解释不易表述严谨，也有一些争议。这里对这两种方法分别介绍一下，希望让读者对类似的流动也能有自己的分析。另外，还有基于势流法和涡动力学从数学上解释的方法，因为不够直观，这里就不讨论了。

积分法的解释可以认为是牛顿第二和第三定律的结合。简单地说，空气流过机翼后如果产生了偏向下方的运动，机翼就一定获得向上的升力。原因也很容易解释：空气经过机翼后获得了向下的动量，必然是受到了机翼向下的力造成的，这可以用动量定理，或牛顿第二定律解释。再根据牛顿第三定律，空气就给予机翼向上的升力。

图 9-51 给出了几种能让气流偏向下方的"机翼"，都能获得升力。其中（a）图是常见的低速翼型在一定攻角下的情况，这时把气流向下驱动主要靠的是机翼上表面对气流的科恩达效应。（b）图是平板与来流成一定角度的情况，这时把气流向下驱动更多靠的是平板下表面对气流的导向作用。（c）图是楔形体上表面平行来流的情况，这时把气流向下驱动几乎完全靠的是其下表面对气流的导向作用。（d）图是旋转圆柱的情况，这时把气流向下驱动靠的是圆柱表面粘性力对气流的带动作用以及相应产生的压差力作用。

然而，也有很多人认为基于积分法的解释并不直观。因为升力是指机翼所受的力，一定是空气切实地作用在机翼表面的。既然机翼受到向上的升力，那么一定是因为其上表面压力低或者下表面压力高，或者两者兼有。基于机翼表面压力的解释似乎更有说服力一点。这种说法是有道理的，这也是科普书上都是基于机翼表面压力来解释升力的原因，下面我们就尝试分析机翼上下表面压力的方法来解释升力，也就是微分法。

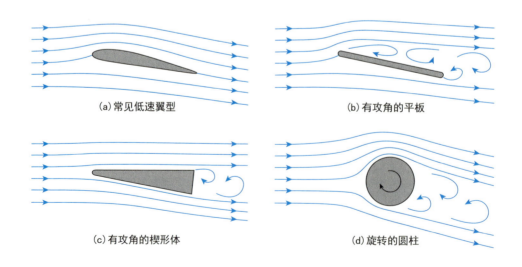

图 9-51　几种可产生升力的情况

第9章 一些流动现象的分析

有一种科普的解释是：机翼的形状是上表面凸，下表面平。这样气流经过机翼上表面的流程比下表面长。而机翼上下表面的气流必然同时到达尾缘，因此上表面的流速就大于下表面，再根据伯努利方程，就可得出上表面压力低于下表面的结论。这种分析貌似很有道理，却是不对的。事实上我们很容易找到反例，比如图 9-52 所示的上表面为波浪形的物体，空气通过上表面的流程显然要大于下表面，但这种形状却不能产生升力。

上面这种说法最大的问题在于想当然地认为机翼上下表面的气流必然同时到达尾缘，我们通过实验可以发现其实上表面的气流是先到达尾缘的。读者可以在视频网站搜索观看这类流动显示实验，这里给出了根据视频绘制的示意图，如图 9-53 所示。从图中

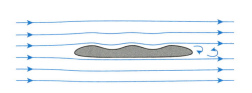

图 9-52　上表面波浪形的物体

可以看出，在 t_1 时刻齐头并进的流体在接近机翼前缘的 t_2 时刻，上半部流体已经有轻微加速，下半部有轻微减速。到了接触机翼的 t_3 时刻，上半部的流体除了紧挨壁面的流体形成边界层而减速外，其余部分都加速前进；而下半部的流体即使处于边界层之外的也都减速了。这种情况一直持续到尾缘，上半部的流体率先离开尾缘，下半部的流体并没有机会追上。

上下表面气流同时到达尾缘的说法可能来源于这样一种认识：飞机飞过时，那些距离较远未受扰动的空气显然保持着静止状态，以机翼为参考系来看，这些

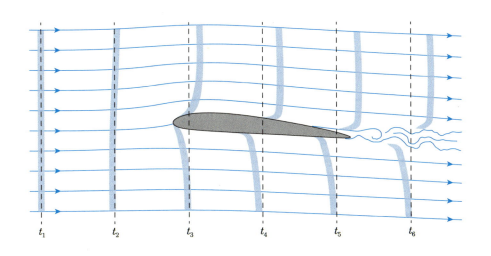

图 9-53　机翼上下表面的气流并不同时到达尾缘

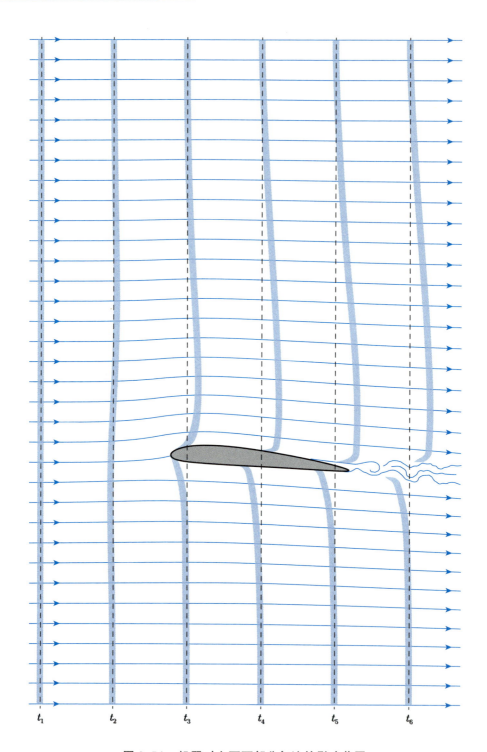

图 9-54 机翼对上下两部分气流的影响范围

第 9 章 一些流动现象的分析

空气的速度都相同，等于飞行速度。因此，机翼上方和下方未受扰动的空气具有同样的速度。这个论述是完全正确的，只不过一般我们的直觉认为机翼只扰动它附近的流体，实际上受到机翼扰动的流体范围要比我们想象的大得多。为了说明这一点，图 9-54 给出了更大范围的机翼上下表面的流动情况。可以看出，距离机翼上下表面几倍弦长的流线都受到了扰动。而在远上方和远下方的气流具有相同的速度。

回到升力的问题，显然用上下表面气流同时到达尾缘来解释上表面压力低是不对的。还有一种解释是基于连续方程的，基本思想是上表面上凸，使得上面的流通截面积变小，因此流体加速并产生低压。这种解释不能说不对，但不严谨。首先需要清楚的是，对于二维流动来说，未必收缩压力就降低，比如图 9-55 所示这种转弯加收缩的管道流动。假设流动为定常无粘不可压，用一维流动理论，截面积变小速度就增大，压力就降低，而实际情况是，压力变化还与流线的曲率有关。图中的 B 点处的压力就比 A 点还要大，因为流体需要向心力来转弯。另外，连续方程所论述的"流过各截面流量相等"是流动保持定常后的结果，而不是流速变化的原因。流体速度的变化显然与受力有关。加速一定是受到了驱动力，减速一定是受到了阻力。忽略粘性力，这种驱动力是压差力或者重力，这其实就是伯努利方程所描述的流速增加对应压力下降。按照牛顿定律来理解，应该是压力下降产生了流速增加。

机翼的升力是由其上表面压力低而产生的，而上表面气流的加速则是低压区对来流的加速作用而导致的。但上表面的低压区是怎么来的呢？是因为气流沿上凸的表面流动，需要向心力，这个向心力是压差力提供的。远离机翼的空气压力接近于大气压，则机翼表面的压力必然要低于大气压。例如图 9-55 中的 C 点处的压力很低，但并不是源自流道的收缩，而是因为流线在这里的曲率很大，需要的向心力也很大。机翼上表面，尤其是靠近前缘的上表面流动就是像 C 点这样，气流沿表面曲线流动，局部低压区是向心力的要求，或者说离心力的结果。至于气流为什么不走直线，而是贴着弯曲的机翼上表面流动，则是科恩达效应的结果。可以参考本章 9.15 节的论述。

可见，要严谨且有说服力地解释机翼的升力并不是一件简单的事。对上述分析的总结是：受科恩达效应的影响，气流沿机翼上表面流动并在离心力作用

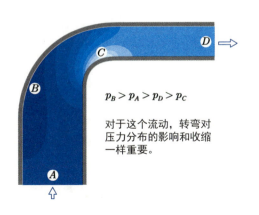

$p_B > p_A > p_D > p_C$

对于这个流动，转弯对压力分布的影响和收缩一样重要。

图 9-55　收缩同时转弯的流动

下产生低压区，从而在机翼上产生升力，这对应着微分法。同时，这个低压区将整个上方的气流向下"吸"，使气流经过机翼后偏向下方，这对应着积分法。总之，机翼上表面的低压区是升力的根源。

上面的论述中只讨论上表面，不讨论下表面，是因为对于一般的机翼来说，下表面的重要性远不如上表面。可以说，机翼的升力主要是其上表面的低压区产生的。在图9-54中可以看出，上表面对气流的影响范围要明显比下表面大，或者说，上表面将更多的空气引向下方。正因为上表面更重要，飞机的机翼下表面经常挂满各种东西（发动机、副油箱、武器、侦查装置等），而上表面必须保持尽量无障碍物。

我们可以参考图9-37所示的气流绕圆球的流动，可以看到，只在前部正对气流的一小部分区域的圆球表面压力是高于来流压力的，而大部分区域的压力都低于来流压力，而且负压的幅度也比正压要大。这是绕流的特点，流场中总是负压区更多，因为物体占据一定空间，气流要绕过它是需要加速降压的。

当然，如果一定要靠下表面产生高压区来提供升力，也是可以做到的。图9-51（c）就是靠下表面对气流的阻碍而产生出高压区的，其下表面大部分区域高于来流压力，只在尾缘附近会有一个低压区。因此，这种形状总体上会产生一定升力，但比较小，而且阻力很大。风筝的升力原理类似于图9-51（b）的有攻角平板，其升力仍然主要来源于上表面的低压，而不是下表面的高压。

9.24 热机的原理——利用工质的压缩性

热机是能把热量转化成机械功输出的机器，如蒸汽机、汽轮机、内燃机、燃气轮机等。理论上热源温度越高热机的效率越高，因此实用的热机需要能量密度高的加热方式，多数是用化学能或者核能作为热源。

热机工作需要工质，吸收的热量用于增加工质的内能，再将内能转化为功输出。内能在微观上是无序的，以理想气体为例，其内能体现为无序的分子热运动，理论上没有办法让所有分子都朝一个方向运动做功。不过，当一团气体在向外膨胀时，是可以推动活塞做功的。这是因为其他方向运动的分子都被缸体限制了，只有推动活塞那些分子可以运动，于是气体就对外做功了。当无摩擦且与环境无换热时，这种膨胀是等熵膨胀，做功的同时气体温度下降，消耗了内能。（气体膨胀时温度下降的原理可参见本书第4章的Tips"气体被压缩时温度为什么会升高"。）

根据第 4 章中的能量方程推导，把式（4.48）代入式（4.45）中，可以得到内能方程的变形为

$$\rho \frac{\mathrm{d}\hat{u}}{\mathrm{d}t} = -p\left(\nabla \cdot \vec{V}\right) + \Phi_\mathrm{v} + \frac{\partial}{\partial x_\mathrm{i}}\left(\lambda \frac{\partial T}{\partial x_\mathrm{i}}\right) + \rho \dot{q}$$

其中等式右端的前两项表示了机械功，后两项表示了换热。

可以看出，流体的机械能转化成内能有两种方式：体积功项和耗散项，耗散项来源于剪切力引起的剪切变形，流动中表现为摩擦和掺混。压缩产生的温度升高是可逆的，摩擦和掺混产生的温度升高则是不可逆的。从而可知，反过来的能量转换过程——热能转化成机械能就只有膨胀一种方式了。因此，热机能工作的最关键因素就是工质必须是可压缩的，这也是最先发明出来的热机是蒸汽机的原因，因为相变产生的体积变化很可观。对于工质是空气的热机，活塞式发动机是断续工作的，把空气关在气缸内进行压缩。燃气轮机是开放式的，为了能对气体进行压缩，压气机就必须以高速运转，达到高亚声速甚至超声速来对气体进行压缩。这就是活塞式发动机的慢车转速可以很低，而燃气轮机的慢车转速不能太低的原因所在。

理论上，一个热机要能工作，只需要对工质加热并让工质膨胀做功就可以了。比如公认的蒸汽机原型是公元前 1 世纪左右亚历山大港的希罗发明的汽转球（Hero's engine），如图 9-56 所示。对装满水的封闭的锅加热，蒸汽通过两个管道进入可转动的空心球中，再从球上的两个朝向相反的喷嘴射流而出，就可以驱动球旋转。这样，热能就转化成球旋转的机械能了。当然，这个装置用处不大，因为它的效率很低，而且不能持续工作，水烧干了就停了。如果要让其持续工作，需要有一个加水口，因为锅内蒸汽压力高于大气压，加水是需要加压的，这就是一种压缩过程。也就是说，要形成连续工作的热机，只有加热和膨胀过程是不完整的，还需要一个压缩过程。

图 9-56　希罗的"汽转球"

如果这个装置内部装的不是水，而只是空气，同样加热时，球就很难旋转起来了。这里面的关键就是水变成蒸汽后体积扩大很多倍，可以对外做较多的膨胀功。而在输入同等热量的情况下空气的膨胀就要小得多了。蒸汽机是利用相变的热机，从能量角度看相变的作用是吸热，实际上要想利用这些热量，相变最重要

的作用是通过体积膨胀对外做功。

常见的热机中，加热（或燃烧）部件可以分为封闭式和开放式两种。对于封闭式的等容加热来说，加热时工质的总量是一定的，其能量方程可以写为

$$Q = \Delta U + W$$

式中：Q 为对工质的加热量；ΔU 为工质内能的增量；W 为工质对外做的功。工质对外做的功必须通过在外部零件上产生机械运动来实现。

图 9-57 给出了典型的四冲程汽油发动机的工作示意图。在这四个冲程中，只有第三个"燃烧+做功"过程是从气体获得机械功的，其他三个过程都要靠飞轮惯性储备的机械能来工作。另一种常见的热机是燃气轮机，前面 9.6 节的图 9-10 所示的航空涡轮喷气发动机就是一种燃气轮机。燃气轮机中从气体获得机械功的部件是涡轮，压气机则是靠涡轮带动的，要消耗机械能。

燃气轮机与内燃机最大的不同是燃气轮机的进气和排气是同时进行的，或者说燃气轮机是开放式且连续工作的。虽然在结构形式上看起来完全不同，在原理上燃气轮机和内燃机是大同小异的，都是吸入空气→压缩→点火燃烧→膨胀做功。四冲程内燃机的理想化模型是奥托循环，燃气轮机的理想化循环是布雷顿循环。图 9-58 表示了这两种循环的 p–v 图，它们分别由四个过程组成，奥托循环的四个过程是等熵压缩（1→2）、等容加热（2→3）、等熵膨胀（3→4）和等容放热（4→1）。布雷顿循环的四个过程是等熵压缩（1→2）、等压加热（2→3）、

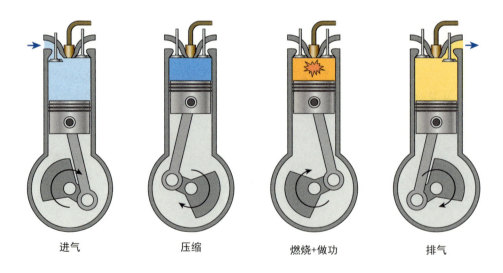

图 9-57　活塞式发动机的四冲程

第 9 章 一些流动现象的分析

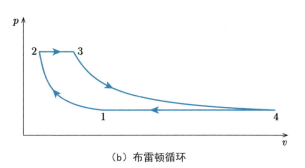

在相同初始条件（图中1点）和循环功的情况下，气体在奥托循环中会产生较高的压力（图a中3点），而在布雷顿循环中会膨胀到较大的体积（图b中4点）。

（a）奥托循环　　　（b）布雷顿循环

图 9-58　奥托循环和布雷顿循环的 p-v 图

等熵膨胀（3→4）和等压放热（4→1）。可以看到，它们的不同主要在于是等容加热还是等压加热。

p-v 图体现了工质与外界机械功的交换，循环曲线所围成的面积就表示了输出机械功的大小。很显然，要实现热机功能，一个循环中工质的压力和体积两项都必须有变化。从做功的角度来说就是力和移动距离两项缺一不可，而移动距离体现为工质的收缩和膨胀。如果工质是不可压缩的，只是整体移动来做功的话，是不符合热机原理的。直接利用工质的整体移动来做功的机械也有，比如水轮机和风力发电机，它们都不属于热机，因为并没有利用热能。

可以用一个形象的例子来说明压缩和加热的关系。图 9-59（a）表示了一个简单的气枪模型，原理是先用外力压缩缸内的空气，当扣动扳机松开活塞时，气体推动活塞，就把子弹发射出去了。如果要增加子弹的初速，就必须增加缸内气体的压力，这样就需要更费力的压缩。图 9-59（b）给出了一种不增加压缩的负担，而是利用热能来增加子弹初速的方法。在压缩后进行加热，增加缸内空气的压力，再放开活塞时，就获得了更大的弹射力，这样就把热能转化成了机械功。从 p-v 图可以看出，必须先压缩再加热，系统才输出正功。如果先加热再压缩，效果就是机械能转化成空气的内能了。对应的直观感受是：先压缩再加热，是趁气体弹性模量小的时候压缩它，然后加热增加弹性模量，等放开时就能获得更大的力。如果反过来，先加热的话，压缩的就是弹性模量大的空气，更费力了。等冷却后再放开，获得的力就小了。

297

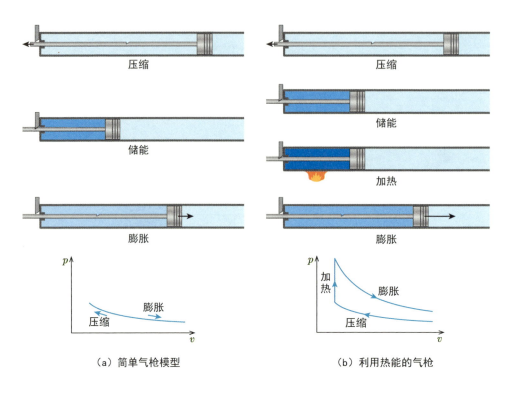

（a）简单气枪模型　　　　（b）利用热能的气枪

图 9-59　利用加热增加威力的气枪

9.25 压气机的增压原理—— 非定常压力做功

燃气轮机中利用旋转的叶片给空气增压的部件称为压气机。图 9-60 是多级轴流压气机的示意图以及其内部气流压力和速度的分布。可以看到，气流从进口到出口的流动过程中，压力是持续升高的。气流的速度在转子内升高，在静子内降低，总体上压气机出口的气流速度比进口低。

广义上说，只要能给气流增加压力的装置都可以称为压气机。中文里面说压气机一般就指上述燃气轮机中的增压部件，英文中的压气机（Compressor）则还包括空气压缩机，工业上使用的空气压缩机有各种各样的形式，比如活塞式、螺杆式、旋转叶片式和凸轮转子式空气压缩机等，如图 9-61 所示。

这些压气机的形式虽然各式各样，但从流体力学角度看，增压的原理是相同的。很显然靠伯努利原理的减速增压是不行的，因为对于在地面工作的压缩气来说，来流的总压是大气压，那么只靠减速能得到的最大静压也就是大气压，是无

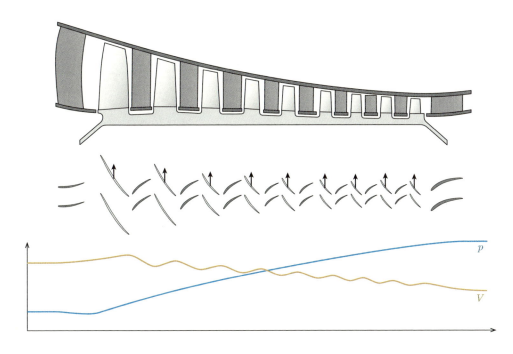

图 9-60　多级轴流压气机中气流参数的变化规律

法增压的。对于飞行器来说，只靠减速增压实际上是可行的，因为以飞行器为参考系，来流的总压要比大气压高很多。冲压发动机就是依靠高速气流冲入发动机后，在进气道内的减速增压。即使是装备涡轮发动机的战斗机，在以 2 倍声速巡航时，进气道对来流增压的比例也高于后面的压气机部分。

如果只讨论相对空气静止的压气机，就要用总压增量来衡量压气机的增压程度。什么时候总压会增加呢？是有输入功的时候。把能量方程（4.60）重新写在这里：

$$\frac{\mathrm{d}h_\mathrm{t}}{\mathrm{d}t} = \frac{1}{\rho}\frac{\partial p}{\partial t} + u_j\frac{\partial \tau_{\mathrm{v},ij}}{\partial x_i} + T\frac{\mathrm{d}s}{\mathrm{d}t}$$

这个式子中，右端第三项表示了熵增，是换热和摩擦掺混的作用，很显然在压气机中应该尽量让这一项尽量小。

上式右端第二项是粘性力做的可逆功，表示粘性力带动气流整体移动所做的功，这一项是定常的。在前面第 4 章的图 4-14 中流线②上的气体就受到轮毂粘性力的拖动而产生一定的总压增加。在压气机中存在这种增压效果，但增压量非常有限，而且一定伴随着剪切变形而产生损失。

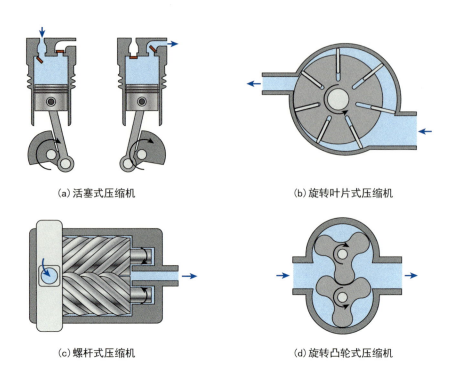

(a) 活塞式压缩机　　　　　　　(b) 旋转叶片式压缩机

(c) 螺杆式压缩机　　　　　　　(d) 旋转凸轮式压缩机

图 9-61　几种空气压缩机

上式右端第一项是压力所做的可逆功，而且这一项是纯非定常的，也就是说，无损失地增加气流总压的主要途径是非定常压力做功。这就是压气机和各种空气压缩机的基本原理。往复的活塞、旋转的螺杆、叶片、凸轮等都是产生非定常压力功的方法。用通俗的表述就是：要想增加气流的总压，就得用外力去推它、扇它、搅它。这个外力通常由固体零件完成，当然用液体和气体射流也可以产生非定常压力，但不太好用。

对气流做功可以是沿流向推动，也可以是横向推动，或者沿任何方向推动。因为流体的流动方向是可以用通道或者叶片来转向的，最终都可以转化为压力的增加。人力划船时，常见的有划桨和摇橹两种方式，划桨是向后推水，摇橹则是横向推水。最开始发明的轮船，轮子在两侧向后推水，类似于划桨。现在的轮船都使用螺旋桨，其实是沿周向推水，类似于摇橹。空气压缩机中，旋转叶片式压缩机和旋转凸轮式压缩机都是沿流向推动气体，而图 9-60 所示的轴流压气机和常见的各种风扇和螺旋桨则是沿周向推动气体的。

虽然是沿周向推动气体，但由于叶片具有特定的安装角度和弯度，气流沿轴向的速度大小也会发生改变，但气流所得到的能量输入完全是由周向的速度改变带来的。图 9-62 表示了一个低速的（不可压缩流动）双级压气机的流动情况。气流在进出口都是沿轴向的，在通过转子时，沿周向的速度越来越大，但沿轴向的速度不变，因此总速度增大。静压也是增大的，这可以从以转子为参考系的坐标看出来。以转子叶片为参考系，气流通道是扩张的，气流在转子通道中减速增压。在静子中，气流通过扩张通道，把转子增加那部分速度转化成压力，再增加一部分压力。同时，静子叶片还起到把气流拐直的作用，以供下一排转子再对气流周向加速。总体来说，气流通过压气机的转子和静子时，都沿旋转方向运动了一定距离，在多级压气机中气流的迹线大概是一条螺旋线。

还一种很好的方式是对转压气机，不用静子，而是让各排叶片相对旋转，这样就可以用更少的级数达到要求的压比，重量小，效率也可以更高。不过，受结构的限制，想让多级压气机的转子和静子都相互对转是难以实现的。

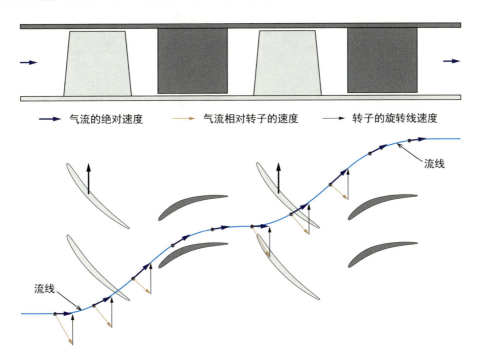

图 9-62　气流通过低速双级轴流压气机的流线和速度分布

参考文献

书籍

【1】陈懋章. 粘性流体力学基础[M]. 北京：高等教育出版社，2002.

【2】丁祖荣. 流体力学[M]. 2版. 北京：高等教育出版社，2013.

【3】董曾南，章梓雄. 非粘性流体力学[M]. 北京：清华大学出版社，2003.

【4】冯青，等. 工程热力学[M]. 西安：西北工业大学出版社，2012.

【5】李素循. 激波与边界层主导的复杂流动[M]. 北京：科学出版社，2007.

【6】刘沛清. 自由紊动射流理论[M]. 北京：北京航空航天大学出版社，2008.

【7】刘玉鑫. 热学[M]. 北京：北京大学出版社，2004.

【8】毛根海. 奇妙的流体运动科学[M]. 杭州：浙江大学出版社，2012.

【9】吴子牛. 空气动力学（上册）[M]. 北京：清华大学出版社，2007.

【10】潘锦珊，等. 气体动力学基础[M]. 修订版. 北京：国防工业出版社，1989.

【11】潘锦珊. 气体动力学基础[M]. 修订版. 西安：西北工业大学出版社，1995.

【12】彭泽琰，等. 航空燃气轮机原理[M]. 北京：国防工业出版社，2008.

【13】钱翼稷. 空气动力学[M]. 北京：北京航空航天大学出版社，2004.

【14】王保国，等. 气体动力学[M]. 北京：北京理工大学出版社，2005.

【15】王献孚，熊鳌魁. 高等流体力学[M]. 武汉：华中科技大学出版社，2003.

【16】王新月，等. 气体动力学基础[M]. 西安：西北工业大学出版社，2006.

【17】武居昌宏. 漫画流体力学[M]. 高丕娟，译. 北京：科学出版社，2010.

【18】夏雪湔，邓学蓥. 工程分离流动力学[M]. 北京：北京航空航天大学出版社，1991.

【19】小峰龙男. 图解流体力学[M]. 高丕娟，译. 北京：科学出版社，2012.

【20】徐芝纶. 弹性力学简明教程[M]. 北京：高等教育出版社，1980.

【21】雅科夫·伊西达洛维奇·别莱利曼. 趣味物理学[M]. 哈尔滨：哈尔滨出

版社，2012.

［22］雅科夫·伊西达洛维奇·别莱利曼.趣味力学［M］.哈尔滨：哈尔滨出版社，2012.

［23］张三慧.热学［M］.北京：清华大学出版社，2004.

［24］张兆顺.湍流［M］.北京：国防工业出版社，2002.

［25］张兆顺，等.湍流理论与模拟［M］.北京：清华大学出版社，2005.

［26］章梓雄，董曾南.粘性流体力学［M］.北京：清华大学出版社，1999.

［27］周光垌.史前与当今的流体力学问题［M］.北京：北京大学出版社，2002.

［28］朱明善，等.工程热力学［M］.北京：清华大学出版社，2001.

［29］Anderson J D. Modern Compressible Flow［M］. Columbus: McGraw-Hill, 1982.

［30］Anderson J D. Fundamentals of Aerodynamics［M］. Columbus: McGraw-Hill, 1984.

［31］Anderson J D. Computational Fluid Dynamics-The Basic with Applications［M］.影印版.北京：清华大学出版社，2002.

［32］Cumpsty N A. Compressor Aerodynamics［M］. Baltimore: Krieger, 2004.

［33］Currie I G. Fundamental Mechanics of Fluids［M］. 3rd Ed. Abingdon: Marcel Dekker Inc. 2003.

［34］Dyke M V. An Album of Fluid Motion［M］. Stanford: The Parabolic Press, 1982.

［35］Elger D F. Engineering Fluid Mechanics［M］. 10th Ed. Hoboken: John Wiley & Sons, Inc, 2012.

［36］Fenn J B.热的简史［M］.李乃信，译.北京：东方出版社，2009.

［37］Greitzer E M, et al. Internal Flow-Concepts and Applications［M］. Cambridge: Cambridge University Press, 2004.

［38］Hewitt P G. Conceptual Physics［M］.11th Ed.影印版.北京：机械工业出版社，2012.

［39］Hughes W F, Brighton J A.流体动力学［M］.徐燕候，等译.北京：科学出版社，2002.

［40］Incropera F P, et al.传热和传质学基本原理［M］.北京：化学工业出版社 2014.

【41】Krause E. Fluid Mechanics with Problems and Solutions, and an Aerodynamic Laboratory［M］. New York: Springer, 2005.

【42】Kuethe A M. Foundations of Aerodynamics［M］. 5th Ed. Hoboken: John Wiley & Sons Inc. 1998.

【43】Kundu P K, et al. Fluid Mechanics［M］. 5th Ed. Salt Lake City: Academic Press, 2012.

【44】Landau L D, Lifshitz E M. Fluid Mechanics［M］. 2nd Ed. 影印版. 北京：世界图书出版公司, 1989.

【45】Munson B R, et al. Fundamentals of Fluid Mechanics［M］. 6th Ed. Hoboken: John Wiley & Sons Inc., 2009.

【46】Oertel H, et al. 普朗特流体力学基础［M］. 朱自强，等译. 北京：科学出版社，2008.

【47】Pope S B. Turbulent Flows［M］. Cambridge: Cambridge University Press, 2000.

【48】Schetz J A. Boundary Layer Analysis［M］. Upper Saddle River: Prentice-Hall, 1993.

【49】Tennekes H, et al. A First Course in Turbulence［M］. Cambridge: MIT Press, 1972.

【50】Walker J. 物理马戏团：热力学和流体问题［M］. 罗娜，等译. 北京：电子工业出版社，2012.

【51】White F M. Fluid Mechanics［M］. 4th Ed. Columbus: McGraw-Hill, 1998.

【52】White F M. Viscous Fluid Flow［M］. 3rd Ed. Columbus: McGraw-Hill, 2005.

【53】Wyngaard J C. Turbulence in The Atmosphere［M］. Cambridge: Cambridge University Press, 2010.

论文

【1】朱克勤. 神奇的超流体［J］. 力学与实践, 2010, 32 (1)：98-100.

【2】Bernard S F. Laplace and the Speed of Sound［J］. ISIS, 1964, 55 (1)：7-19.

【3】Blasius H. Grenzschichten in Flüssigkeiten Mit Kleiner Reibung［J］. Journal of

Math and Physics, 1908, 56 (1): 1-37.

【4】Fowler M. Viscosity [R]. Charlottesville: University of Virginia, 2006.

【5】Gandemer J. Discomfort Due to Wind Near Buildings: Aerodynamic Concepts [R]. Paris: NBS, 1978.

【6】Hodson H P, et al. A Physical Interpretation of Stagnation Pressure and Enthalpy Changes in Unsteady Flow [J]. Journal of Turbomachinery, 2012, 134 (6): 1-8.

【7】Hunt J C R. Kinematical Studies of the Flows around Free or Surface-mounted Obstacles; applying topology to flow visualization [J]. Fluid Mechanics, 1978, 86 (1): 179-200.

【8】Hunt J C R. Lewis Fry Richardson and His Contributions to Mathematics, Meteorology, and Models of Conflict [J]. Annual Review of Fluid Mechanics, 1998, 30 (1): 13-36.

【9】Jimenez J. The Physics of Wall Turbulence [J]. Physica A, 1999, 263 (1): 252-262.

【10】Joseph D D. Potential Flow of Viscous Fluids: Historical Notes [J]. International Journal of Multiphase Flow, 2006, 32 (3): 285-310.

【11】Jovan J, et al. Persistence of The Laminar Regime in a Flat Plate Boundary Layer at Very High Reynolds Number [J]. Thermal Science, 2006, 10 (2): 63-96.

【12】Oke T R. Street Design and Urban Canopy Layer Climate [J]. Energy and Buildings, 1988, 11 (1): 103-113.

【13】Panton R L. Overview of the Self-sustaining Mechanisms of Wall Turbulence [J]. Progress in Aerospace Sciences, 2001, 37 (4): 341-383.

【14】Purcell E M. Life at Low Reynolds Number [J]. American Journal of Physics, 1997, 45 (3): 3-11.

【15】Reneau L R, et al. Performance and Design of Straight Two-Dimensional Diffusers [J]. Journal of Fluids Engineering: Series D, 1967, 89 (1): 141-150.

【16】Simpson R L. Aspects of Turbulent Boundary-layer Separation [J]. Progress of Aerospace Science, 1996, 32 (5): 457-521.

【17】Wood R M. Aerodynamic Drag and Drag Reduction: Energy and Energy Savings(C). Reno: 41st Aerospace Sciences Meeting and Exhibit, 2003.

[18] Youschkevitch A P. A. N. Kolmogorov: Historian and Philosopher of Mathematics on the Occasion of His 80th Birthday [J]. Historia Mathematica, 1983,10 (4):383–395.

网站

【1】http://www.nasa.gov

【2】http://www.sciencelearn.org

【3】http://www.efluids.com

【4】http://blog.sciencenet.cn

【5】http://www.cfluid.com

【6】http://www.wiley.com

【7】http://www.potto.org

【8】http://www.engapplets.vt.edu

【9】http://www.phys.virginia.edu

【10】http://www.mne.psu.edu

【11】http://udel.edu/~inamdar

【12】http://www.tech-domain.com

【13】http://www.wikipedia.org

【14】http://baike.baidu.com

【15】http://www.youtube.com

【16】http://www.shutterstock.com